Peter Klau

Hacker, Cracker, Datenräuber

Aus dem Bereich IT erfolgreich nutzen

Kostenstellenrechnung mit SAP R/3®
von Franz Klenger und Ellen Falk-Kalms

Produktionscontrolling mit SAP®-Systemen
von Jürgen Bauer

Controlling mit SAP R/3®
von Gunther Friedl, Christian Hilz und Burkhard Pedell

Die Praxis des E-Business
von Helmut Dohmann, Gerhard Fuchs und Karim Khakzar

Geschäftsprozesse mit Mobile Computing
von Detlef Hartmann

Datenschutz als Wettbewerbsvorteil
von Helmut Bäumler und Albert von Mutius

Projektkompass eLogistik
von Caroline Prenn und Paul van Marcke

Datenschutz beim Online-Einkauf
von Alexander Roßnagel

Integriertes Knowledge Management
von Rolf Franken und Andreas Gadatsch

CRM-Systeme mit EAI
von Matthias Meyer

Sales and Distribution with SAP®
von Gerhard Oberniedermaier und Tamara Sell-Jander

Marketing-Kommunikation im Internet
von Dirk Frosch-Wilke und Christian Raith

Handbuch Web Mining im Marketing
von Hajo Hippner, Melanie Merzenich und Klaus D. Wilde

Projekt-und Investitionscontrolling mit SAP R/3®
von Stefan Röger, Niko Dragoudakis und Frank Morelli

Die Praxis des Knowledge Managements
von Andreas Heck

Best-Practice mit SAP®
von Andreas Gadatsch und Reinhard Mayr

Hacker, Cracker, Datenräuber
von Peter Klau

Peter Klau

Hacker, Cracker, Datenräuber

Datenschutz selbst realisieren, akute Gefahren erkennen, jetzt Abhilfe schaffen

Die Deutsche Bibliothek – CIP-Einheitsaufnahme
Ein Titeldatensatz für diese Publikation ist bei
der Deutschen Bibliothek erhältlich.

1. Auflage August 2002

Der Verlag Vieweg ist ein Unternehmen der Fachverlagsgruppe BertelsmannSpringer.
www.vieweg.de

Umschlaggestaltung: Ulrike Weigel, www.CorporateDesignGroup.de
Druck- und buchbinderische Verarbeitung: Lengerischer Handelsdruckerei, Lengerisch
Gedruckt auf säurefreiem und chlorfrei gebleichtem Papier.

ISBN-13: 978-3-528-05805-0 e-ISBN-13: 978-3-322-84979-3
DOI: 10.1007/ 978-3-322-84979-3

Vorwort

Alle Jahre wieder zieht der Innenminister Bilanz über das Verbrechen in Deutschland. Der Schlüssel 8970 in der Kriminalstatistik betrifft die Computerdelikte und die stiegen im letzten Jahr um rund 40 Prozent.

Für den Anwender ist es nicht immer ganz einfach, sich unter „Computerkriminalität" etwas vorzustellen. Von „Dateneinbrüchen" ist da die Rede, von Sabotage und Wirtschaftsspionage, von „Hacker-Terrorismus" oder gar vom „Cyberkrieg". Regelmäßig malen Sicherheitspolitiker Horrorszenarien an die Wand und warnen Computerbenutzer vor der wachsenden Bedrohung.

Viele schütteln da den Kopf: Das klingt doch sehr nach Panikmache, die nur darauf abzuzielen scheint, Freiheiten einzuschränken. Doch die Computerkriminalität ist leider kein Hirngespinst. Wie Sie der Kriminalstatistik 2001 für die Bundesrepublik Deutschland schwarz auf weiß entnehmen können stieg die Anzahl der registrierten Delikte auf 79283 Fälle. Eine imposante Zahl, wenn man bedenkt, dass viele Delikte gar nicht zur Anzeige gebracht werden.

Auf den eigentlichen Computerbetrug entfielen übrigens 17310 Delikte, und wahrscheinlich betreffen diese vor allen schlecht informierte Anwender. So gehören Betrügereien zum Beispiel bei Online-Auktionen längst zum Alltag. Das gilt auch für die fast zehn Prozent der Delikte, die man unter dem Oberbegriff „Zugangserschleichung" zusammenfassen kann. Dahinter verbergen sich neben dem Hack eines kostenlosen AOL-, T-Online- oder sonstigen Internet-Zugangs auch die berüchtigten 0190-Betrügereien. Das Täterprofil ist auffallend jugendlich, sagt auch das Bundesinnenministerium.

Die Bedrohung existiert also durchaus, auch wenn die so genannten Cyber-Terroristen nur eine verschwindend kleine Gruppe darstellen. Irgendwo da draußen gibt es sie wirklich: Hacker, Cracker und Datenräuber.

Das Leben ist ganz schön schwierig und es gibt noch nicht einmal eine Gebrauchsanweisung. Auch als Computer- oder Handy-Benutzer können Sie ganz schnell im Regen stehen, wenn es beispielsweise um das Thema Sicherheit geht. Hier ist fachkundige Hilfe angesagt. Vielleicht fragen Sie sich: „Was kann ich tun, um den ganzen Schmutz, Viren und Würmer von meinem Computer fernzuhalten?" „Wie schütze ich mich vor Hackern und Datendieben?" Wie verhalte ich mich richtig beim Chatten?" „Mit welchen Gefahren muss ich beim Online-Banking rechnen?" „Was muss ich tun, wenn mein Handy weg ist?" Fragen über Fragen. Die Antworten warten auf Sie – in diesem Buch.

Das Buch besteht aus fünf Teilen. Im Einzelnen sind das:

Teil 1: Schädlinge am PC

Bauen Sie Ihre erste Verteidigungslinie auf. Geben Sie Datenschnüfflern keine Chance und halten Sie Ihren Rechner von Viren, Würmern und sonstigen Getier rein. Hier sind Sie gefordert umgehend zu reagieren. Schützen Sie Ihren Computer oder Ihr Netzwerk und bauen Sie eine Firewall.

Teil 2: Internet – die Welt am Draht

Identitätsdiebstahl ist eine unangenehme Sache, treffen Sie Vorsichtsmaßnahmen. Hinterlassen Sie keine verräterischen Datenspuren und fegen Sie lästige Krümel von der Festplatte. Achten Sie auf Spyware und Webkäfer und lassen Sie sich nicht von gewieften Dialern ausnehmen. Manche reagieren mit Herzrasen darauf. Aber das Leben ist zu kurz, um sich über so etwas ärgern zu müssen.

Teil 3: Sichere Kommunikation

Werbe-Mails sind ungefähr so beliebt wie Gefriertruhen in der Arktis, doch die Flut steigt. Lesen Sie, wie Sie den Deich ein wenig erhöhen können. Erfahren Sie außerdem, wie Sie bei der elektronischen Post und beim Chatten Ihre Privatsphäre schützen. Manchmal heißt es eben rennen – oder überrannt werden.

Teil 4: E-Commerce

Kaufen Sie gerne Online ein – ohne Ladenschluss und Parkplatzsorgen? Gehen Sie bei einer Online-Auktion gerne auf Schnäppchenjagd? Zahlen Sie mit der Kreditkarte oder per Online-Banking? Das ist alles sehr schön und bequem. Mit den richtigen Vorsichtsmaßnahmen sorgen Sie dafür, dass es auch so bleibt – ganz sicher. Da tanzt die Maus.

Teil 5: Mobile Revolution

Handys, Handheld-Computer, drahtlose Netze, endlich unabhängig und ohne Strippen. Doch Vorsicht! Das Gelände ist vermint! Lesen Sie, was Sie gegen Saboteure im Funknetz tun können und was Ihnen in der mobilen Funworld sonst noch die Laune verderben könnte. Da kommen Sie aus dem Staunen gar nicht mehr heraus.

Icons

In diesem Buch werden Ihnen ab und zu ein paar Icons begegnen. Sie haben folgende Bedeutung:

- Dieser kleine Polizist symbolisiert sozusagen den erhobenen Zeigefinger. Wenn dieses Icon erscheint, ist es ist eine gute Idee, den Text besonders aufmerksam zu lesen. Er enthält nützliche Ratschläge oder Hinweise.

- Diskette und CD sagen Ihnen: Hier gibt es Software zum Downloaden, häufig sogar kostenlos. Die Software hilft Ihnen ein Sicherheitsproblem auf Ihrem PC oder Handheld-Computer zu lösen.

- Diese Werkzeuge weisen ebenfalls auf ein wichtiges Programm hin. Nur, dass Ihnen an dieser Stelle die einzelnen Funktionen in detaillierten Schritten vorgestellt werden.

Dieses Buch richtet sich vor allem an berufliche Nutzer von Computern und mobilen Kommunikationsgeräten, Netzwerk-Verwalter in kleineren Unternehmen, IT-Sicherheitsbeauftragte, Freiberufler sowie IT-interessierte Privatanwender.

Folgen Sie den leicht nachvollziehbaren und praxisnahen Anleitungen. Besondere Vorkenntnisse werden nicht vorausgesetzt. Dieses Buch bemüht sich, ohne viel Fachchinesisch, dafür aber mit viel Elan und etwas Humor, Ihnen die Grundlagen der Sicherheit von Computern und mobilen Kommunikationsgeräten zu vermitteln. Die Lage ist schwierig, aber nicht hoffnungslos.

Dortmund, im August 2002 Peter Klau

Inhaltsverzeichnis

Teil 1: Schädlinge am PC

1 Keine Chance den Datenschnüfflern

Es ist schon seltsam: Unsere Wohnung schließen wir ab, unser Auto verriegeln wir – aber unseren Computer lassen wir offen wie ein Scheunentor. Das ist wie eine Einladung zum Datendiebstahl. Warum das nicht so weitergehen kann, lesen Sie in diesem Kapitel. Hier erfahren Sie, wie Sie den Zugang zu Ihrem Computer mit einem Passwort schützen, Dateien verschlüsseln und sicher löschen können. Und das alles kostet Sie keinen Cent. Lesen Sie außerdem, warum ein Backup Ihrer Daten lebenswichtig sein kann. Danach erhalten Sie noch ein paar Tipps, wie Sie Notebook-Dieben das Leben schwer machen. Zum Schluss finden Sie eine Checkliste, wo noch einmal alle wichtigen Ratschläge zusammengefasst werden.

1.1 Warum Sie Ihren PC mit einem Passwort schützen sollten

Arbeiten Sie in einem großen Büro oder an einem Platz, wo andere Menschen auf Ihren PC zugreifen können? Dann sind Sie in großer Gefahr, dass Ihre vertraulichen, geschäftlichen und privaten Daten gestohlen werden – nicht von Hackern, Crackern oder Datenjägern, sondern von Ihren eigenen Kollegen und Mitarbeitern.

Die Vorstellung ist nicht angenehm, aber alltägliche Realität. Kollegen schnüffeln sehr gerne auf fremden PCs, Konkurrenten tun es noch viel lieber. Aber es kommt noch schlimmer: Fast alle Büros werden von fremden Personen aufgesucht. Auch für Besucher, Lieferanten, Wartungs- und Reinigungspersonal ist es sehr leicht, in einem günstigen Augenblick ein bisschen auf dem PC zu schnüffeln.

Selbst wenn Sie ein eigenes Büro haben, gut gesichert und bei Abwesenheit abgeschlossen, sind Sie keineswegs sicher vor solchen Angriffen. Auch in Ihr Büro kommt, manchmal sogar nach Feierabend, der Handwerker oder der Techniker für den Computer oder das Netzwerk. Außerdem wäre es nicht das erste Mal, dass eine Putzfrau geschäftliche Dateien kopiert und sie an die Konkurrenz verscherbelt.

Für den PC zu Hause gilt im Grunde das Gleiche. Zwar haben die Familienmitglieder einen ungleich größeren Vertrauensvorschuss, aber müssen Ihre Kids unbedingt über Ihre Korrespondenz oder Ihre finanziellen Transaktionen Bescheid wissen?

An einen ungesicherten Computer kann jeder, der davor sitzt, die folgenden Dinge erledigen, auch wenn der Besitzer nur kurz abwesend ist:

- Wichtige Dateien mit vertraulichen oder persönlichen Daten auf eine Diskette kopieren.
- Alle Passwort- und Zugangsdateien kopieren, beispielsweise für den Zugang zum Internet, das Online-Banking, Online-Shopping etc.
- Ihre E-Mails lesen, kopieren und Nachrichten in Ihrem Namen verschicken.
- Dateien löschen oder zerstören.
- Ein Schnüffel-Programm auf Ihren Rechner installieren, dass versteckt Daten sammelt und über das Internet verschickt.

Nur das Sie eine Vorstellung davon bekommen, was Sie erwartet. Es gibt noch viele weitere Gemeinheiten – und der Einfallsreichtum mancher Zeitgenossen ist ernorm. Glücklicherweise gibt es einen sehr einfachen aber wirkungsvollen Schutz: das Passwort. Lesen Sie, wie sie in drei Minuten Ihren PC sicherer machen.

1.2 For your eyes only – ein Passwort einrichten

Durch die Einrichtung eines Passworts (Kennwort) erreichen Sie zweierlei. Bei jedem Start des Computers werden Sie nach dem Passwort gefragt. Schaltet sich der Bildschirmschoner ein, können Sie nur durch die Eingabe des Passworts auf den Computer zugreifen. Auf einem Windows XP-Rechner ist es sehr leicht ein Passwort-Schutz einzurichten. Sie müssen dazu als Benutzer mit Administratorrechten angemeldet sein. So geht´s:

1. Klicken Sie auf den ***Start***-Button und wählen Sie die Option ***Systemsteuerung***.
2. Ein doppelter Klick auf das Symbol ***Benutzerkonten*** öffnet die Benutzerverwaltung von Windows XP.
3. Selektieren Sie das Benutzerkonto, für das Sie ein Passwort einrichten wollen und wählen Sie dann die Option ***Kennwort erstellen***.

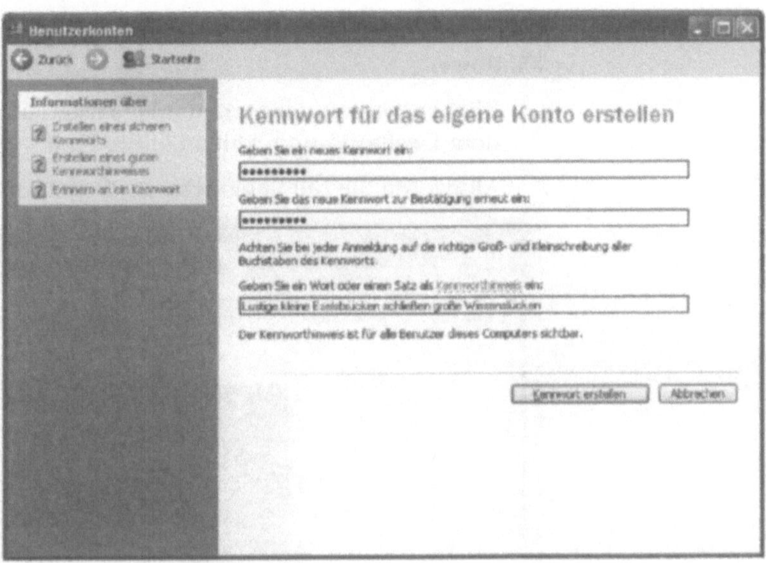

Abb. 1-1: Ein Kennwort erstellen

4. Geben Sie jetzt das Kennwort in das dafür vorgesehene Eingabefeld ein. Wiederholen Sie die Eingabe im Feld darunter. Damit Sie sich das Passwort besser merken können, haben Sie die Möglichkeit, im unteren Eingabefeld einen Merksatz einzugeben.
5. Klicken Sie auf den Button ***Kennwort erstellen***.
6. Um Dateien und Ordner für die eigene Verwendung einzuschränken klicken Sie auf dem Button ***Ja, nur für eigene Verwendung***.
7. Ihr Konto ist nun mit einem Kennwort geschützt. Der Schutz der eigenen Dateien wird aufgebaut, das kann ein paar Minuten dauern. Schließen Sie danach alle Dialogfenster.

Noch ist der Schutz nicht vollständig, denn wenn Sie sich mit Ihrem Passwort am Rechner angemeldet haben und eilig Ihren Arbeitsplatz verlassen, wäre der Computer wieder ungeschützt. Die Sicherung ist erst komplett, durch die Aktivierung eines Bildschirmschoners.

Ein Bildschirmschoner ist ein Programm, das nach einer bestimmten Zeit der Inaktivität automatisch den Bildschirm löscht und Sie nur durch Eingabe eines Kennworts den Rechner wieder benutzen können. So aktivieren Sie den Bildschirmschoner unter Windows:

1. Klicken Sie mit der rechten Maustaste auf eine freie Stelle auf dem Desktop und wählen Sie die Option ***Eigenschaften***.
2. Aktivieren Sie die Registerkarte Bildschirmschoner.

Abb. 1-2: Den Bildschirmschoner aktivieren

3. Wählen Sie ein Motiv für den Bildschirmschoner aus der Auswahlliste. Klicken Sie auf den Button ***Einstellungen***, wenn Sie verschiedene Einstellungen zu diesem Motiv vornehmen wollen. Der Button ***Vorschau*** liefert Ihnen eine komplette Ansicht des Bildschirmschoners.

4. Legen Sie die ***Wartezeit*** fest, nachdem sich der Bildschirmschoner einschalten soll. Denken Sie daran, dass der Computer nicht zu lange ohne Schutz bleiben sollte.

5. Klicken Sie auf ***Übernehmen*** und schließen Sie alle Dialogfenster, um den Vorgang zu beenden.

Gute Passwörter – schlechte Passwörter

Ein Passwort sollte aus einer Abfolge von Ziffern, Buchstaben und Sonderzeichen in sinnloser oder sinnvoller Kombination bestehen. Wie lang sollte ein Passwort sein? Die Antwort ist einfach: Je länger das Passwort, desto größer ist die Sicherheit. Doch die wenigsten Benutzer sind bereit bei jedem Start ihres Computers ganze Sätze einzugeben. So verlassen sie sich auf ein kürzeres Passwort, zum Nachteil der Sicherheit.

Verwenden Sie keine Namen, Zitate, Sprichwörter, Song- oder Buchtitel oder bekannte Sätze. Wenn Sie ein Freund der Star Trek-Serie sind ist „Beam me up, Scotty“ eine ganz schlechte Lösung. Ein sinnloser Text ist nicht schlecht, aber den kann man sich kaum jemand merken. „Un9ewönLLi5e 5chrei6weihsen und GrOssSchrEibUng“ und das Zufügen von erhöht die Sicherheit. Umlaute dagegen sollten Sie nicht verwenden, da sie von verschiedenen Anwendungen unterschiedlich interpretiert werden.

- Verwenden Sie niemals „leere“ Passwörter. Das sind die schlechtesten aller Passwörter.
- Ungeeignete Passwörter sind die Namen von Familienangehörigen, Freunden, Haustieren oder Konto- und Telefonnummern. Vermeiden Sie Wörter, die man in Wörterbüchern findet.
- Wenn es geht, benutzen Sie per Zufall generierte Passwörter. Programme dazu finden Sie in großer Zahl im Internet.
- Wählen Sie nie den Benutzernamen zum Passwort.
- Ändern Sie jeden Monat Ihr Passwort. Ändern Sie es sofort, wenn Sie es jemanden mitgeteilt oder das Gefühl haben, das es unsicher ist.
- Schreiben Sie ein Passwort nie auf.
- Verwenden Sie ein Passwort nicht mehrfach.

Abb. 1-3: Ohne Passwort geht nichts

> Passwortgenerator für Faulpelze
>
> Wer sichere, aber dennoch leicht zu merkende Passwörter sucht, ist mit dem „Password Generator" gut beraten. Das Online-Tool spuckt auf Knopfdruck 18 Passwörter aus, die weder in einem Wörterbuch zu finden sind noch einen Namen enthalten. Zusätzlich haben sie mitten im Wort eine Zahl eingebaut. Die Länge des Passworts kann zwischen sieben und 25 Zeichen frei gewählt werden. Frische Passwörter gibt es unter:
>
> paulding.net/password.html.

1.3 Volle Kontrolle – Dateien verschlüsseln

Kennwörter, wie das eben eingerichtete, sind gut gegen neugierige Kollegen und Gelegenheitsschnüffler. Für professionelle Hacker sind sie eher ein Spaß, denn die wissen, wie man sie umgehen oder knacken kann. Da heißt es nachrüsten, zum Beispiel durch die Verschlüsselung der wichtigen Dateien. Bei der Verschlüsselung wird eine Datei mit Hilfe eines geheimen Codes in eine Folge sinnloser Zeichen verwandelt, die niemand mehr lesen kann – auch der coolste Hacker nicht. Verschlüsselte Dateien sind für einen Hacker wertlos.

Das geht natürlich nicht per Hand, dazu brauchen Sie ein leistungsfähiges Verschlüsselungsprogramm. Ein solches Programm ist zum Beispiel PGP (Pretty Good Privacy). Die gute Nachricht ist: Sie können die Software für den privaten Gebrauch kostenlos benutzen. Der Nachteil ist: Vergessen Sie das Passwort, können Sie die damit verschlüsselte Datei auch gleich vergessen.

Abb1-4: PGP – Dateien perfekt verschlüsseln

PGP spielt bei der Verschlüsselung von E-Mails eine große Rolle. Wir werden uns deshalb im Kapitel über die Sicherheit bei der elektronischen Post ausführlich damit beschäftigen. Dort erfahren Sie u.a. wo Sie das Programm bekommen und wie Sie es installieren.

Ab in die Bit-Burg – so verschlüsseln Sie eine Datei

1. Nach der Installation klicken Sie mit der rechten Maustaste auf das Symbol der Datei, die Sie verschlüsseln wollen.
2. Wählen Sie aus dem aufklappenden Kontextmenü die Optionen ***PGP/Verschlüsseln***.
3. Es ist sehr wichtig, dass Sie aus der angezeigten Liste Ihren eigenen Schlüssel auswählen. Markieren Sie den Schlüssel und ziehen Sie ihn in das Feld ***Empfänger***.
4. Klicken Sie anschließend auf ***OK***, die Datei wird nun verschlüsselt.

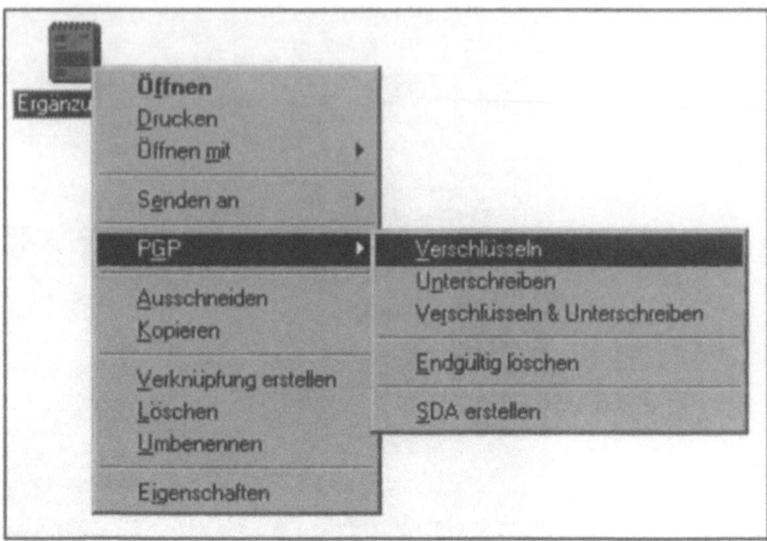

Abb. 1-5: Datei mit PGP verschlüsseln

PGP ist zwar das am häufigsten benutzte, aber bei weitem nicht das einzige Verschlüsselungsprogramm, es gibt noch ein Dutzend andere – Cryptext, Puffer, WinXFiles und Blowfish, um nur ein paar zu nennen. Sie bekommen die Software kostenlos oder für eine Handvoll Euro über all auf den Download-Sites im Internet (versuchen Sie es bei www.download.com).

Dateien verschlüsseln mit Windows XP

Als Benutzer des Betriebssystems Windows XP Professional können Sie das „eingebaute“ Verschlüsselungssystem benutzen, wenn Sie das NTFS-Dateisystem verwenden.

1. Starten Sie den Windows Explorer und suchen Sie die zu verschlüsselnde Datei.
2. Klicken Sie mit der rechten Maustaste darauf und wählen Sie die Option ***Eigenschaften***.
3. Wechseln Sie zur Registerkarte ***Allgemein*** und klicken Sie dort auf den Button ***Erweitert***.
4. Im Dialogfenster ***Erweiterte Attribute*** können Sie die Verschlüsselung aktivieren. Klicken Sie auf ***Inhalt verschlüsseln, um Daten zu schützen***.

5. Windows fragt Sie daraufhin, ob der ganze Ordner verschlüsselt werden soll. Treffen Sie Ihre Wahl.

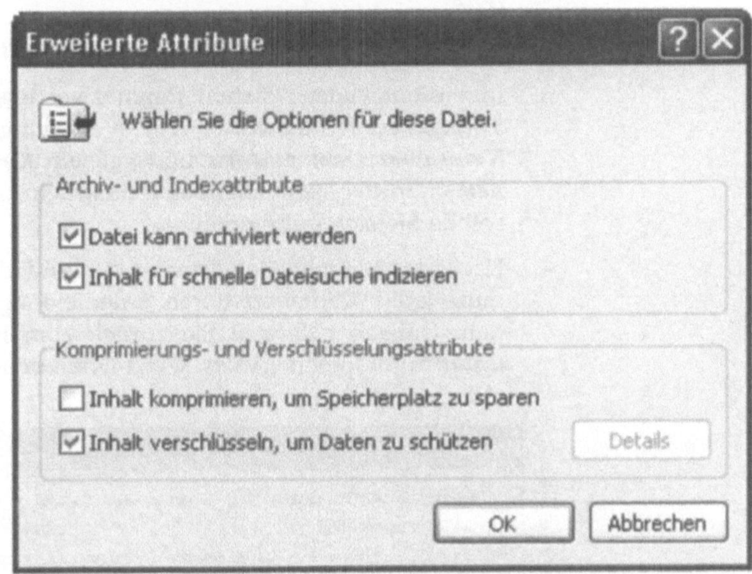

Abb. 1-6: Dateien mit Windows XP Professional verschlüsseln

In den meisten Fällen ist es sinnvoll, den gesamten Ordner und alle Unterordner zu verschlüsseln. Nach der Verschlüsselung kann die Datei nur noch vom Besitzer geöffnet werden. Das geschieht automatisch und ohne Passwort. Selbst ein Netzwerk-Verwalter kommt an den Inhalt nicht mehr heran. Selbst nach dem Löschen bleibt eine Datei verschlüsselt im Papierkorb, bis sie endgültig gelöscht wird.

Aber wie gesagt: Die Verschlüsselung funktioniert nur unter Windows 2000 und XP Professional, unter XP Home müssen Sie PGP oder ein anderes Programm verwenden.

Word-Dateien verschlüsseln

Viele wissen es gar nicht: Ganz ohne zusätzliche Software kann ein Microsoft Word-Dokument vor dem Zugriff Unbefugter mit einem Passwort geschützt werden. Diese Schritte führen bei Word 2002 zum Erfolg, bei älteren Versionen gibt es Abweichungen:

1. Klicken Sie nach dem gewohnten Verfassen eines Word-Dokumentes auf den Menüpunkt ***Optionen*** im Menü ***Extras***.
2. Aktivieren Sie die Registerkarte ***Sicherheit***.
3. In diesem Fenster stehen Ihnen zwei Eingabefelder für die Vergabe der Passwörter zur Verfügung. Geben Sie ein ***Kennwort zum Ändern*** und ggf. ein ***Kennwort zum Öffnen*** in die entsprechenden Felder ein. Diese Kennwörter sollten Sie sich gut merken.
4. Nach der Eingabe der Kennwörter und dem Klick auf ***OK***, muss jedes Kennwort durch erneute Eingabe bestätigt werden. Danach gelangen Sie zurück zum Fenster ***Speichern unter*** und speichern das Word-Dokument am gewünschten Ort.

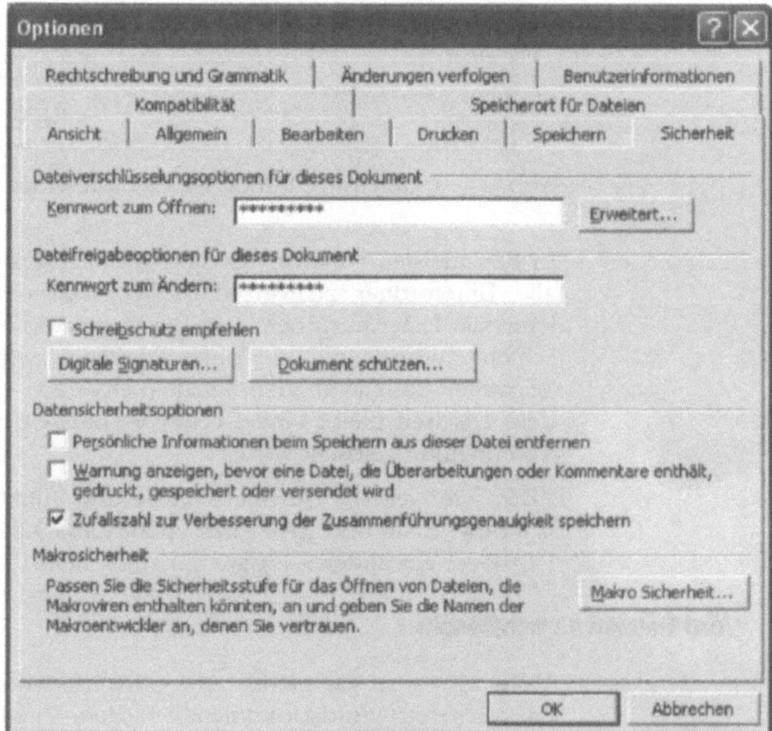

Abb. 1-7: Word-Dateien verschlüsseln

Wollen Sie die Datei später öffnen, müssen Sie das Kennwort eingeben. Das Kennwort kann nur bei geöffneter Datei geändert werden.

Die Alternative I – verstecken Sie Ihre Dateien einfach

Durch die Verschlüsselung machen Sie Datenschnüffler erst recht auf wichtige Dateien aufmerksam. Zum Entschlüsseln fehlen ihm wahrscheinlich die Möglichkeiten, aber er wird alles daran setzen, Ihr Passwort zu knacken. Und da sind seine Chancen erheblich größer (siehe oben: Gute Passwörter – schlechte Passwörter).

Eine Alternative wäre es, sensible Dateien zu verstecken, nach dem Motto: „Was man nicht sieht, kann man nicht stehlen". Auch hierbei sind Sie auf die Mithilfe von Software angewiesen. Wenn Sie Dateien oder Ordner auf Ihrem Computer verstecken wollen, suchen Sie die Online-Seiten von RSE Software (www.pc-magic.com) auf. Dort finden Sie das Shareware-Programm ***Magic Folders***, das Sie herunterladen und ausprobieren können. Ein ähnliches Programm ist ***Win-Secure-It*** von Shetef Solution (www.shetef.com).

Alternative II – keine schwarze Magie

Weil verschlüsselte Dateien immer verdächtig sind und weil manche Staaten ihren Bürgern die Verwendung von PGP schlicht verbieten, benutzen manche Computer-Besitzer ein anderes System zum sicheren Datenschutz: Steganografie. Das Wort leitet sich aus dem griechischen Steganos (dt. ~ versteckt) und Graphein (dt. ~ schreiben) ab. Das raffinierte an diesem Verfahren ist, dass es die Daten verschlüsselt und in anderen Dateien versteckt, zum Beispiel in Bilder- oder Audio-Dateien. Und wer ahnt schon, dass in einem harmlosen Bildchen oder einem Musikstück wichtige Informationen versteckt sind.

Stegano-Software bekommen Sie an vielen Stellen im Internet. Die Frankfurter Steganos GmbH (www.steganos.com/de), eine der führenden Hersteller von Verschlüsselungssoftware, bietet auf ihrer Internet-Seite zahlreiche Programme zum Download und Testen an.

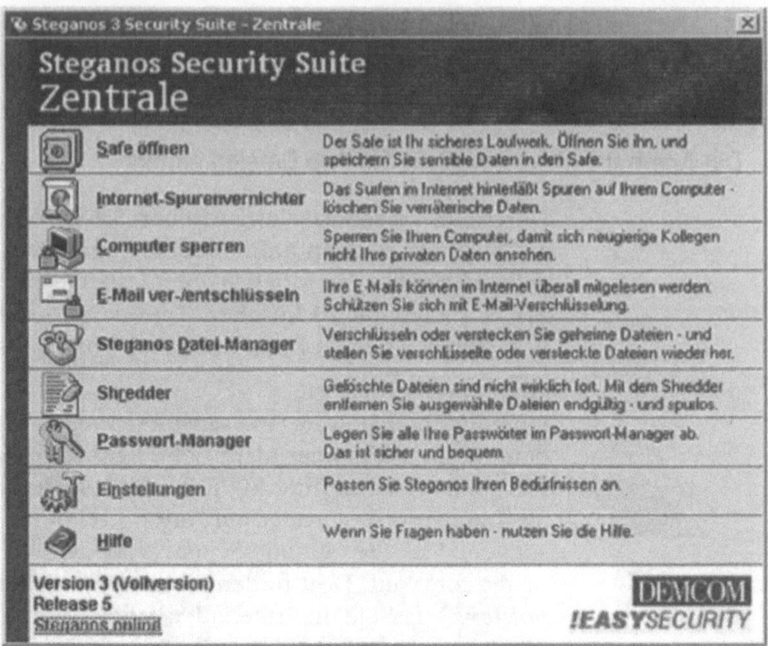

Abb. 1-8: Steganographie – Daten verschlüsseln und verstecken

1.4 Sensible Daten spurlos entsorgen

Nicht nur Geheimdienstinformationen oder vertrauliche Patientendaten müssen gelegentlich beseitigt werden. Praktisch alle Unternehmen, Behörden und Regierungsstellen aber auch Privatpersonen haben mit dem Problem der vollständigen Löschung der Daten von Speichermedien zu tun.

Löscht ein Betriebssystem wie Windows oder Linux Dateien von einem Datenträger, werden lediglich die Verweise auf diese Dateien entfernt. Ihr Inhalt bleibt weiterhin auf dem Datenträger gespeichert und lässt sich durch entsprechende Software wiederherstellen. Sollen die Daten unwiederbringlich von der Festplatte verschwinden, muss der Anwender auf spezielle Löschwerkzeuge zurückgreifen. Die meisten Lösch-Tools funktionieren nach demselben Prinzip: Sie überschreiben eine Festplatte mit festen oder zufälligen Mustern. Das können nur Nullen oder nur Einsen sein oder auch eine Kombination aus beidem.

Normalerweise haben dann nicht einmal professionelle Datenretter die Möglichkeit, eine einmal überschriebene Platte wieder zu rekonstruieren. Prinzipiell verfügt aber die Magnetschicht über eine Art Gedächtnis, so dass zumindest Geheimdienste am noch vorhandenen Restmagnetismus zu erkennen versuchen, was e-hemals auf der Festplatte stand. Für normale Firmen oder Datenschnüffler ist dieser Aufwand viel zu hoch.

Time to say good bye – der Datenshredder

An dieser Stelle kommt wieder PGP ins Spiel. Das Modul ***PGP Wipe*** ist ein richtiger Datenkiller. Es entfernt nicht nur Dateien ein für allemal von der Festplatte, es bereinigt sogar den auf vielen Systemen vorhanden virtuellen Arbeitsspeicher. Folgen Sie diesen Schritten, wenn Sie beschlossen haben, sich von einigen Dateien oder Ordnern für immer zu trennen.

1. Gehen Sie mit dem Windows Explorer in das Verzeichnis, in dem sich die zu löschende Datei oder der zu löschende Ordner befindet. Klicken Sie mit der rechten Maustaste darauf. Tipp: Wenn Sie gleichzeitig die Taste ***Strg*** drücken, können Sie auch mehrere Dateien oder Ordner zur Löschung markieren.
2. Wählen Sie die Optionen ***PGP*** und ***Endgültig löschen*** aus dem Kontextmenü.
3. Klicken Sie auf ***Ja***, wenn Sie die Datei(en) endgültig löschen wollen.

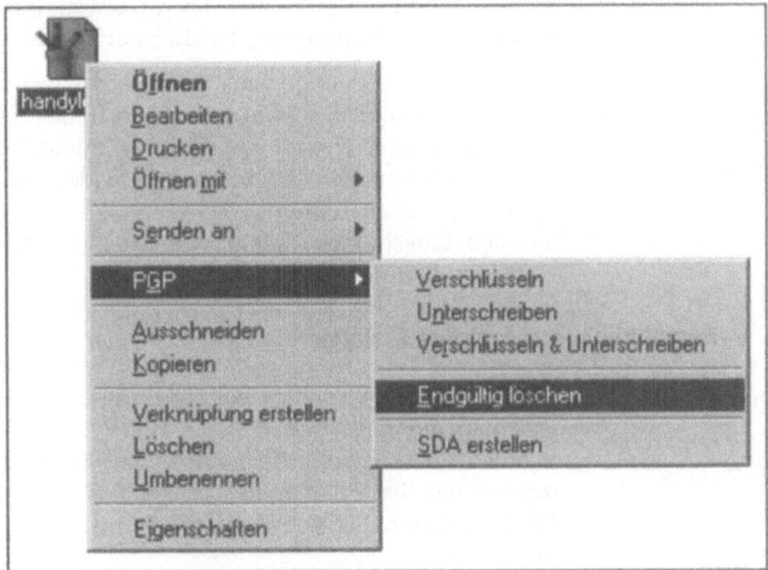

Abb. 1-9: PGP – Dateien sicher löschen

PGP löscht die Informationen jetzt von der Festplatte und überschreibt den frei werdenden Speicherplatz mit lauter Einsen und Nullen. Solange der Vorgang andauert haben Sie die Möglichkeit ihn abzubrechen. Aber niemand garantiert Ihnen, dass Ihre Dateien schon zu Datenschrott verarbeitet wurden

Risiko! – Denken Sie an die Sicherungskopien! Oft reicht es nicht nur die Originaldateien ins digitale Nirvana zu befördern, viele Applikationen stellen automatisch Sicherungskopien her. Um die Informationen also vollständig von der Festplatte zu entfernen, müssen auch die Sicherungskopien mit PGP Wipe gelöscht werden.

Wenn Sie einen Computer oder eine Festplatte verkaufen, sollten Sie vorher alle persönlichen Daten vernichten. Ein einfaches Löschen oder Formatieren reicht da nicht aus. Möchten Sie PGP nicht verwenden, können Sie auch einen anderen „File Shredder" benutzen. Kostenlose Programme dieser Art finden Sie zum Beispiel bei www.download.com. Suchen Sie mit dem Stichwort „File Shredder".

1.5 Katastrophenschutz – Daten sichern ist wichtig

Bisher haben wir in diesem Kapitel immer davon gesprochen, wie Sie Daten vor anderen Personen in Sicherheit bringen können. Aber ihren Dateien kann noch etwas anderes zustoßen. Was ist, wenn die Festplatte ihren Geist aufgibt? Dann wären alle Ihre Dateien verloren – und sicher auch viele Arbeitsstunden.

Es gibt verschiedene Arten, durch ein sogenanntes Backup die Daten zu sichern. Dafür eigenen sich Band- oder ZIP-Laufwerke, Sie können aber ebenso gut die (verschlüsselten) Dateien auf eine CD schreiben. Viele Internet-Provider bieten ihren Kunden Speicherplatz auf einem Web-Server an. Für welches Verfahren Sie sich entscheiden, hängt von Ihren Vorlieben ab – nur verzichten sollten Sie darauf keinesfalls.

Personal Backup – Master of Disaster

Microsoft hat ein eigenes Backup-Programm. Merkwürdigerweise ist es so gut geschützt wie die britischen Kronjuwelen. Warum Microsoft das Backup-Programm nicht in Windows XP Home integriert hat, ist ein weiteres Rätsel des Lebens. Aber, Gates sei Dank, können Sie es nachträglich noch in das Betriebssystem einbinden.

1. Legen Sie die CD mit Windows XP Home in das Laufwerk. Die CD startet automatisch, auf dem Bildschirm erscheint ein Menü.
2. Klicken Sie auf die Option ***Zusätzliche Aufgaben durchführen***.
3. Wählen Sie anschließend die Option ***Diese CD durchsuchen***.
4. Wechseln Sie in den Ordner ***VALUEADD/MSFT/NTBACKUP***.
5. Doppelklicken Sie auf das Symbol ***NTBACKUP***. Die Installation beginnt.
6. Nach einem Neustart können Sie das Programm unter ***Zubehör/Systemprogramme/Sicherung*** starten.

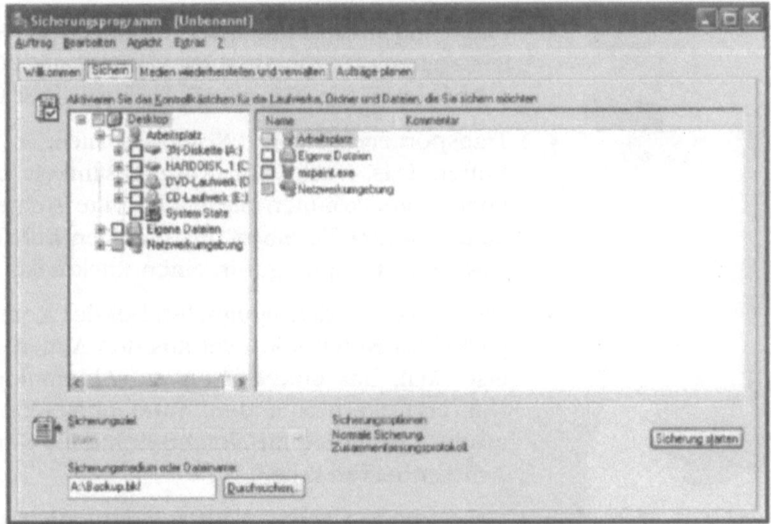

Abb. 1-10: Backup mit Windows XP

1.6 Das Notebook – beliebt und begehrt

Unangenehme Dinge geschehen immer dann, wenn man am wenigsten damit rechnet. Und besonders einem Notebook können eine Menge unangenehmer Dinge zustoßen. Stellen Sie sich einmal vor, Sie sind im Urlaub und haben, weil Sie ein bisschen an Ihrer Karriere basteln wollen, das Notebook mitgenommen. Und dann passiert die Katastrophe: Während Sie am Strand Gummitiere aufblasen wollen, klaut jemand Ihren Computer.

Dumm gelaufen! Gut, der finanzielle Verlust ist gering, das Teil war sowieso schon abgeschrieben. Aber was ist mit der Kundenliste, der vertraulichen Korrespondenz, den Kalkulationen für die Angebote, das Telefonverzeichnis mit den privaten Notizen, etc.? Alles kann vom Dieb ungehindert gelesen werden (was noch das Harmloseste ist). Erklären Sie das mal Ihrem Chef. Er wird in die Luft springen – aber nicht vor Freude. Danach wird es in der Firma etwas ungemütlich für Sie.

Notebooks gehören heutzutage neben Handys zum begehrten Diebesgut. Wenn Sie Ihr Arbeitsgerät nicht wegschließen können, gibt es dafür inzwischen raffinierte Bewegungssensoren, die lautstark Alarm schlagen, wenn der Rechner unautorisiert von der Stelle bewegt wird. Hier sind noch ein paar Tipps, die Ihnen helfen, dass Sie auch in Zukunft noch mit Ihrem Notebook arbeiten können.

- Eine Verschlüsselung Ihrer wichtigen Dateien sollte für Sie jetzt keine Frage mehr sein. Wie das mit PGP genau funktioniert lesen Sie in Kapitel 13, Und wer liest Ihre E-Mail?
- Transportieren Sie Ihr Notebook nicht in einem Notebook-Koffer. Das weckt nur Aufmerksamkeit potentieller Diebe. Ebenso gut könnten Sie auch „Bitte stehlen!" darauf schreiben. Nehmen Sie einen unauffälligen Behälter, ein Notebook passt zum Beispiel gut in einen Rucksack.
- Lassen Sie auf dem Flughafen bei der Kontrolle des Handgepäcks das Notebook nicht aus den Augen. Es wäre nicht das erste Mal, das eine Person ein Ablenkungsmanöver startet, während sich eine andere mit dem Notebook aus dem Staub macht. Geben Sie Ihr Notebook nie als Gepäck auf, wenn es sich vermeiden lässt.
- Gravieren Sie Ihren Namen oder den Namen Ihres Unternehmens in das Notebook ein. Diebe sind auf leichte Beute aus, Gravuren stören da sehr.
- Machen Sie ein Foto von Ihrem Rechner und schreiben Sie die Gerätenummer auf, diese Angaben werden Sie bei einer Diebstahlanzeige brauchen.
- Beim Verlassen Ihres Autos gehört ein Notebook in den Kofferraum – niemals auf den Rücksitz.

Safety First – Präventivmaßnahmen

Checkliste

- ✓ Schützen Sie Ihren PC mit einem Passwort. Die weitaus meisten Angriffe (95%) kommen von Personen innerhalb des Unternehmens. Sie haben es darauf abgesehen Daten zu stehlen, zu verändern, zu löschen oder vertrauliche Informationen zu lesen.
- ✓ Wenn Sie Ihren Arbeitsplatz verlassen, melden Sie sich vom lokalen Netz ab.
- ✓ Verschlüsseln Sie wichtige Daten mit Verschlüsselungs-Software.
- ✓ Verwenden Sie bei Bedarf Stegano-Software
- ✓ Löschen Sie sensible Daten mit einem besonderen Löschprogramm.
- ✓ Machen Sie ein Backup von allen wichtigen Daten auf Ihrem PC.
- ✓ Sichern Sie Ihr Notebook durch einen Bewegungsmelder, erhöhte Aufmerksamkeit, eine Gravur und natürlich durch ein Passwort und die Verschlüsselung der wichtigen Dateien.

2 Vorsicht Wurm! – Angriffe durch die Hintertür

Wenn Sie das Geschehen im Internet verfolgen, kennen Sie Namen wie ***Melissa***, ***Code Red***, ***I Love You***, ***Sircam*** oder ***Klez***. Das sind Namen für E-Mail-Würmer, destruktive Programme die auf Ihrem Computer großen Schaden anrichten können. Ohne einen effektiven Schutz vor Viren und Würmern können Sie heute mit einem PC kaum noch sinnvoll arbeiten. Würmer sind zu einer echten Landplage im Internet geworden. Viele verpuffen harmlos, andere richten großen Schaden an.

In diesem Kapitel beschäftigen wir uns mit diesem Thema. Lesen Sie, was Würmer sind, wie sie Schaden anrichten und warum meistens Windows-PCs Ziel dieser Attacken sind. Sie erfahren natürlich auch, wie Sie sich dagegen schützen – und was Sie tun können, wenn Ihr Computer infiziert ist.

2.1 Haben Sie Würmer?

Viele Anwender stöhnen bereits, wenn sie nur an ihre E-Mail denken. Kein Wunder: Ihr Postfach ist regelmäßig von Würmern befallen. Die destruktiven Minidateien sind eigentlich leicht enttarnt und mit flinkem Finger gelöscht. Aber wehe, wenn auch nur einer dieser Würmer dem Anwender entfleucht und aus Versehen aktiviert wird.

Würmer sind schädliche Programme die es vor allem auf eines abgesehen haben: sich möglichst schnell zu verbreiten. Einmal „auf die Reise geschickt" nutzt ein Wurm alle Möglichkeiten, sich im Internet, über E-Mails oder in Firmennetzen selbst weiter zu verschicken. Das hat unterschiedliche Folgen. Manche Würmer wie etwa ***Nimbda*** verlangsamen Rechner durch ihre ständigen Versuche, sich weiter zu verbreiten. Andere Würmer transportieren einen Virus oder Trojaner wie ***Badtrans-B***. Und der entwickelt dann in allen befallenen Systemen seine schädlichen Aktivitäten. Eine Schadensfunktion für die Definition als „Wurm" nicht erforderlich.

Der Trennung zwischen Viren und Würmern ist etwas schwierig, da sich in der Praxis auch nicht immer echte Unterschiede zeigen. In der klassischen Definition ist ein Virus, ein Programm, das zu seiner Verbreitung ein anderes benötigt. Aber das galt in den frühen Tagen des Internet. Heute benutzen selbst Würmer andere Programme (meistens Microsoft Outlook), um sich zu verbreiten.

Während der erste Internet-Wurm im Jahr 1988 es gerade mal auf 6000 infizierte Systeme brachte, konnte Melissa schon innerhalb von nur drei Tagen 100000 Systeme lahm legen. Die Schäden sind dadurch natürlich ungleich höher als noch vor über 10 Jahren. Sind also die heutigen Würmer moderner und leistungsfähiger als ihre Vorfahren? Im Grunde genommen nicht: Moderne Würmer verwenden heute eine ähnliche Strategie, wie der erste Wurm aus dem Jahre 1988. Der große Erfolg von Würmern heutzutage ist auf ihre verbesserten „Lebensbedingungen" zurückzuführen. Folgende Faktoren sind für die schnelle Verbreitung der Würmer verantwortlich:

- Die monopolartige Verbreitung von Windows, sorgt für eine gute Angriffsfläche. Standardisierte Software erleichtert das Aufspüren con Sicherheitslöchern.
- Ende des Jahres 2000 waren weltweit laut Computer Industry Almanach etwa 380 Millionen PCs durch Internet-Zugang miteinander verbunden. Die Kommunikationsinfrastruktur ist so gut ausgebaut, dass PC-Benutzer auf dem ganzen Globus miteinander kommunizieren können. Und sie tun es auch sehr rege. Je höher die Kommunikationsdichte, umso schneller können sich Würmer verbreiten.
- Immer mehr Internet-Benutzer lassen sich in Internet-Verzeichnissen, Mailbox-Seiten oder Chatrooms als Besucher eintragen und geben so ihre E-Mail-Adresse jedermann preis. Würmer zapfen jedoch nicht nur private E-Mail-Verzeichnisse an, sondern auch öffentliche, um sich automatisch an alle diese Adressen zu versenden.
- Kaum ein fortschrittliches Office-Programm verzichtet noch auf Makros, die der Laie bequem nach Handbuch mit VBS (Visual Basic Script) anfertigen kann. Auch Würmer lassen sich mit dieser einfachen Programmiermethode rasch herstellen. Für manchen Wurm reichen das Microsoft-Handbuch, ein verregneter Nachmittag und eine ordentliche Portion kriminelle Energie, um einen riesigen Schaden anzurichten.

2.2 Wie Würmer wirken

Der Ärger beginnt, wenn Sie eine E-Mail bekommen, an die eine Datei angehängt ist. Das sogenannte Attachement kann zum Beispiel aus einem Programm, einem Bild oder einem Musikstück bestehen. Wenn der Absender ein Nachbar, Arbeitskollege oder ein Freund ist, schöpfen Sie keinen Verdacht. In der Betreff-Zeile stehen meistens unverbindliche Aussagen, wie „Probier das mal aus“ oder „Das könnte Dich interessieren“.

Es soll hier nicht der Eindruck erweckt werden, dass alle E-Mail-Anhänge mit Viren oder Würmern verseucht sind. Aber auch wenn die Nachricht von einer bekannten Person stammt, seien Sie auf der Hut, rufen Sie den Absender an und fragen Sie, was es mit der Datei auf sich hat.

Sie öffnen den Mail-Anhang und nichts passiert. Ein Fehler, denken Sie, und vergessen das Ganze schnell wieder. Aber im Hintergrund beginnt der Wurm sein teuflisches Werk. Er schaut zunächst in das Adressbuch Ihres E-Mail-Programms. Danach verschickt er ohne ihr Wissen, aber in Ihrem Namen (oder im Namen Ihres Unternehmens), Nachrichten an alle Personen aus dem Adressbuch – und hängt sich selbst daran. Auf den Zielrechnern beginnt das gleiche Spielchen, der Wurm hat seinen Zweck erfüllt. Gegenüber Ihren Kommunikationspartnern stehen Sie nun dumm da. Sie werden es schwer haben nachzuweisen, dass Sie nicht der Urheber dieser Nachricht sind. Das bedeutet Ärger und verschwendete Zeit.

Je nach Laune zerstört der Wurm auf Ihrer Festplatte dann willkürlich Dateien oder verschickt Sie an öffentliche Adressen im Internet. Dort kann dann die ganze Welt Ihre Korrespondenz mit dem Finanzamt oder vertrauliche, geschäftliche Mitteilungen nachlesen.

Obwohl Würmer am häufigsten immer noch durch E-Mail übertragen werden, gibt es auch andere Verbreitungsarten, die zunehmend an Bedeutung gewinnen. Bei Instant Messenger-Programmen wie ICQ, AIM, Yahoo Messenger oder bei Internet-Tauschbörsen ist die Infektionsgefahr sehr hoch.

Von Server zu Server

Eine andere Variante der Internet-Würmer verbreitet sich nicht über das E-Mail-System. Die Verbreitung geschieht hier von Server zu Server. Das schlimmste Beispiel für diese Art ist ***Code Red*** und seine Derivate.

Würmer, die von Server zu Server verbreiten, benutzen dafür unterschiedliche Techniken. Einige nutzen Löcher im Betriebssystem, andere beim TCP/IP-Protokoll. ***Code Red*** nutzte ein Loch im Internet Information Server (IIS) von Microsoft. Bei Ihren Attacken greifen die Würmer die Server nicht nur an, sie dienen auch als Ausgangsbasis für die Angriffe auf andere Server.

2.3 Outlook – ein wolkiger Ausblick

Es gibt eine Eigenschaft, die allen Wurm-Attacken gemeinsam ist: Sie benutzen bei Ihrer Verbreitung das E-Mail-Programm Outlook oder Outlook Express von Microsoft.

Warum gerade dieser Programme? Das hängt damit zusammen, dass Outlook und Outlook Express auf fast jedem Windows-Rechner zu finden sind. Outlook Express ist Bestandteil von Windows, Outlook ist Bestandteil von Office. Während Outlook Express vom Prinzip her recht unsicher ist, können Sie bei Outlook alle Funktionen auch durch Makros steuern, Was zu Vereinfachung gedacht war, kann aber auch von einem Wurm genutzt werden.

Von einem Wurm geht keine Gefahr aus, solange Sie die Datei nicht öffnen. Die meisten E-Mail-Programme öffnen Attachements nur durch einen Mausklick. Benutzen Sie Outlook Express 5 oder Outlook 97, sieht die Sache etwas anders aus. Diese Programme öffnen die Anhänge schon beim Lesen der Mail. Outlook Express bietet eine Voransicht, dazu muss der Anhang natürlich geöffnet werden. Outlook Express 5.0, Outlook 97, 98 und wahrscheinlich 2000 erlaubten den angehängten Programmen so ziemlich alles. Erst danach hat Microsoft die Einstellungen so gesetzt, dass angehängte Dateien sich nicht mehr automatisch auf der Festplatte austoben konnten.

Sollten Sie deshalb das E-Mail-Programm wechseln? Nicht unbedingt, aber Outlook- und Outlook Express-Benutzer sollten immer auf der Hut sein. Und Sie sollten Outlook Express die Lücken in diesem Programm schließen.

Outlook Express sicher einrichten

Trotz seiner großen Verbreitung zählt Outlook Express nicht zu den sichersten E-Mail-Programmen und hat viel zur Verbreitung von E-Mail-Würmern beigetragen. Ein Grund für die Unsicherheit sind einige durchaus gut gemeinte Funktionen, die dem Benutzer das Leben erleichtern sollen und großen Freiraum für individuelle Einstellungen lassen.

Leider gibt es immer wieder Personen die versuchen, durch Scriptviren, die meistens in Visual Basic programmiert sind, verschiedene Funktionen des E-Mail-Programms für Ihre Zwecke zu nutzen. Oft sind es auch die Benutzer, die es mit den Sicherheitseinstellungen nicht so genau nehmen.

Das E-Mail-Konto sicher konfigurieren

Außerdem ist Outlook Express ein bequemes Programm, das dem Benutzer viele Aufgaben abnimmt. Aber diese Bequemlichkeit hat ihren Preis – hinter automatisch ablaufenden Funktionen lässt sich gut ein verseuchter Anhang verstecken. Als sicherheitsbewusster Anwender, sollten Sie Ihren Computer durch die folgenden Einstellungen schützen. Sie finden diese im Menü ***Extras*** unter der Option ***Konten***.

1. Aktivieren Sie die Registerkarte ***E-Mail***. Hier sind die bereits bestehenden E-Mail-Konten aufgelistet. Wählen Sie das Konto aus, das als Standardkonto definiert wurde. Klicken Sie dann auf ***Eigenschaften***.
2. Im nächsten Dialogfenster klicken Sie auf die Registerkarte ***Server***. Hier wird Ihnen die Konfiguration des E-Mail-Kontos angezeigt. Unter Posteingangsserver finden Sie bereits Ihren Kontonamen – aber hoffentlich nicht das Passwort. Falls doch, löschen Sie das Passwort und entfernen Sie das Häkchen bei ***Kennwort speichern***.

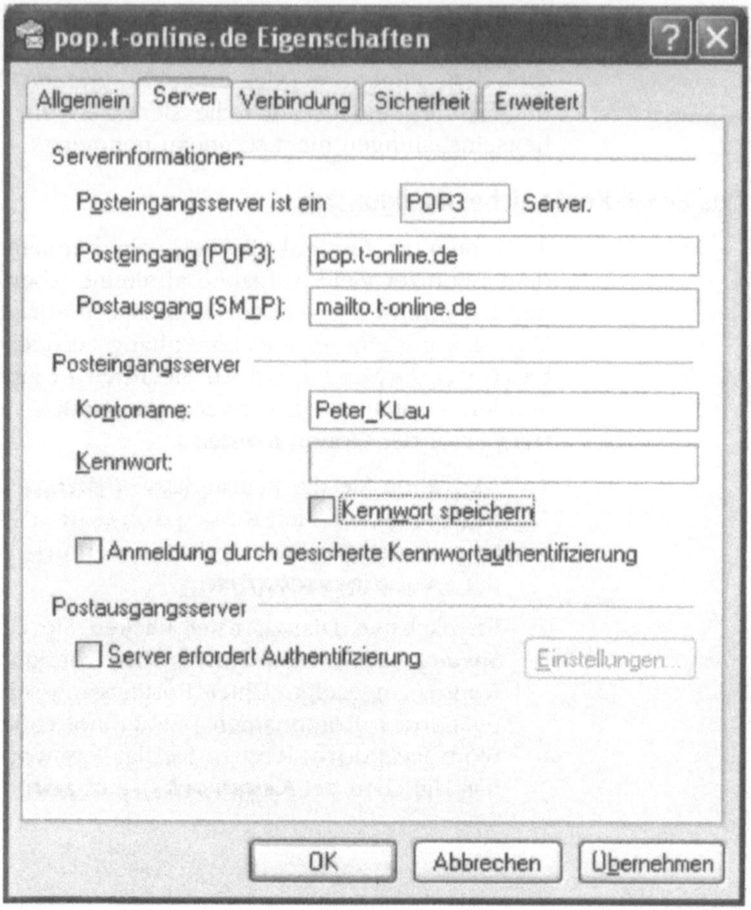

Abb. 2-1: Kein Kennwort speichern

Auch wenn es lästig ist, jedes Mal das Kennwort neu eingeben zu müssen, Sie verhindern dadurch, dass sich Outlook Express selbstständig in das Netz einwählt und die E-Mails abholt oder versendet. Damit ist der Infektion des Rechners Tür und Tor geöffnet.

Allgemeine Optionen

Um zu verhindern, dass Outlook Express sich selbstständig macht und Ihren Rechner praktisch automatisch verseucht, gibt es noch ein paar allgemeine Optionen, die die Sicherheit des E-Mail-Programms verbessern. Diese Einstellungen finden Sie im

Menü ***Extras*** unter dem Befehl ***Optionen***. Es öffnet sich ein Dialogfenster mit mehreren Registerkarten.

1. Aktivieren Sie die Registerkarte ***Allgemein***.
2. Entfernen Sie unter der Rubrik ***Allgemein*** alle Häkchen. Auch wenn Ihnen das vielleicht merkwürdig vorkommt, aber wenn sofort der Ordner ***Ungelesene Nachrichten*** geöffnet wird, ist die Wahrscheinlichkeit größer, dass Sie eine infizierte Mail lesen, als wenn Sie manuell diesen Ordner öffnen. Auch eine Verbindung zum Windows Messenger sollte nicht automatisch aufgebaut werden.

Abb. 2-2: Allgemeine Einstellungen

3. Unter der Rubrik ***Nachrichten senden/empfangen*** lassen Sie nur das Häkchen bei ***Signalton bei Nachrichteneingang***, alle anderen Häkchen sollten Sie entfernen. Die beiden Optionen ***Beim Start von Outlook Express Nach-***

richten senden und empfangen, sowie ***Nachrichteneingang alle 30 Minuten prüfen*** dienen einzig der eigenen Bequemlichkeit und sind sicherheitstechnisch sehr bedenklich. Alle automatisch ausgeführten Funktionen verringern Ihre Vorsicht, weil Sie schlicht nicht daran denken werden.

4. Aktivieren Sie nun die Registerkarte ***Lesen***.
5. Deaktivieren Sie die Funktion ***Nachrichten im Vorschaufenster automatisch downloaden.*** Auf diese Weise werden die infizierten Mail-Anhänge mit auf Ihren Computer geladen und bösartige Scripte ausgeführt.
6. Aktivieren Sie jetzt die Registerkarte ***Senden***.
7. Stellen Sie in der Rubrik ***Format für „Nachrichten Senden"*** und ***Format für „News senden"*** das Format für die herausgehenden Sendungen auf ***Nur Text***.

Abb. 2-3: Sendeoptionen festlegen

Durch diese Einstellung müssen Sie zwar darauf verzichten eigenes Briefpapier oder eine besondere Schriftgrößen zu verwenden, dafür können die Empfänger Ihrer Nachrichten aber keine verseuchten Nachrichten mehr erhalten.

HTML-Mails sind sicherlich eine schöne Art Nachrichten individuell zu gestalten, eine ausgefallene Schrift zu verwenden oder besondere Formatierungen vorzunehmen. Allerdings ist der Preis hierfür sehr hoch, denn in solchen HTML Mails können potentielle Angreifer ganz hervorragend destruktiven Scriptcode einfügen, der unbemerkt gestartet wird, wenn solche Mails geöffnet werden. Außerdem greifen nicht nur Marketingexperten sehr gerne auf die Möglichkeit zu, 1-Pixel große Grafiken (Webbugs genannt) in HTML Mails einzufügen, die beim Öffnen der Mail von einem entfernten Server abgerufen werden. Auf diese Weise erhält der Experte zumindest Ihre momentan aktuelle IP-Adresse, die zur Kommunikation zwischen Server und E-Mail-Client ausgetauscht wird.

8. Aktivieren Sie die Registerkarte ***Erstellen***.
9. Entfernen Sie hier die Häkchen bei den Optionen ***Briefpapier***, denn Sie wollen ja zukünftig sichere Mails senden.
10. Entfernen Sie auch die Häkchen an den Optionen ***Visitenkarten***, denn einerseits gilt der automatische Versand von Visitenkarten mittlerweile als störend und andererseits verschicken Sie mit dieser Optionen vielleicht mehr persönliche Daten, als Sie eigentlich wollten (je nachdem, welche Einträge Sie in den Visitenkarten vorgenommen haben).

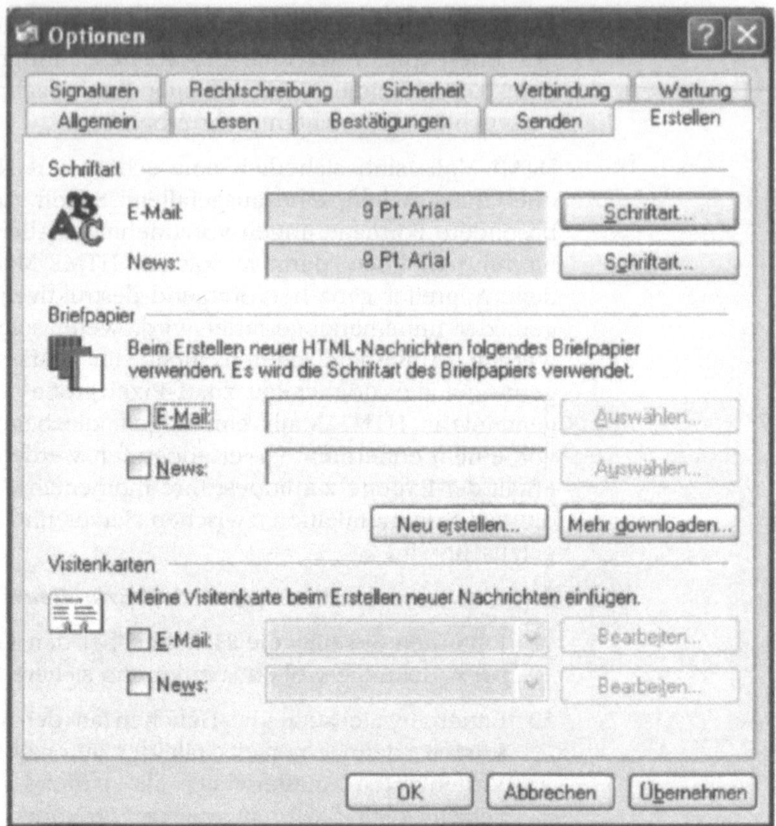

Abb. 2-4: Kein Briefpapier, keine Visitenkarten

11. Aktivieren Sie die Registerkarte ***Sicherheit***.
12. Stellen Sie unter Virenschutz den größtmöglichen Schutz ***Zone für eingeschränkte Sites*** ein. An dieser Stelle können Sie die Sicherheitseinstellungen mit denen des Internet Explorers synchronisieren. Mehr zu den Sicherheitszonen lesen Sie in Kapitel XX.
13. Aktivieren Sie die Häkchen bei ***Warnung anzeigen, wenn andere Anwendungen ...*** und ***Speichern oder Öffnen von Anlagen ...***

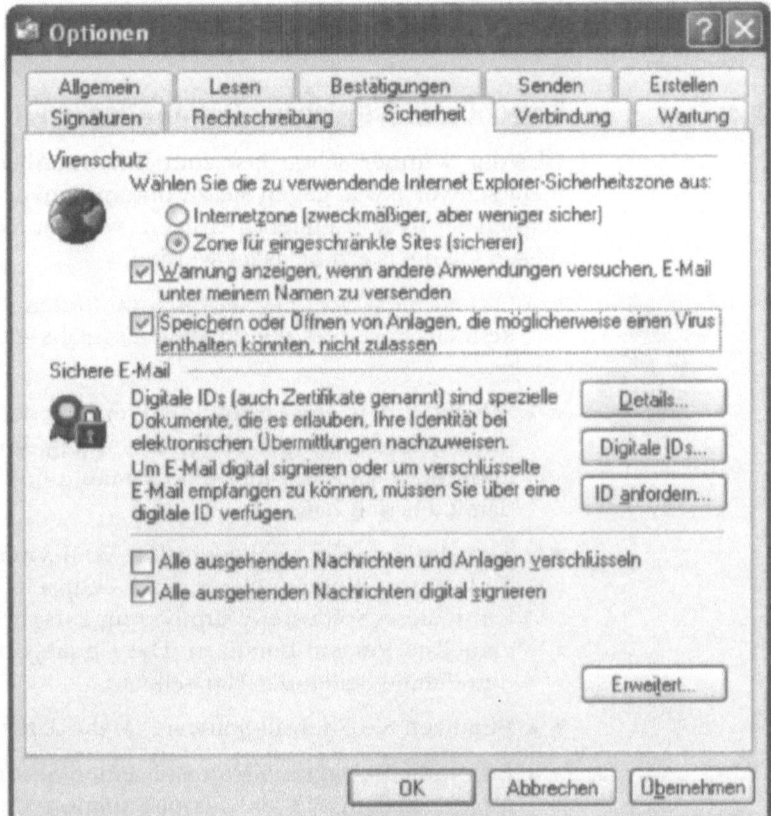

Abb. 2-5: Sicherheitseinstellungen

Besitzen Sie eine digitale ID, sollten Sie diese auch verwenden. Aktivieren Sie die Funktion Alle ausgehenden Nachrichten digital signieren. So stellen Sie sicher, dass diese Nachricht wirklich von Ihnen stammt.

Mit Outlook Express ist es außerdem möglich, die Nachrichten verschlüsselt zu versenden. Microsoft verwendet dazu den S/MIME-Standard. Das macht aber nur Sinn, wenn der Empfänger über ein E-Mail-Programm verfügt, die diesen Standard unterstützt. Klicken Sie in diesem Fall auf den Button ***Erweitert*** und legen Sie den Verschlüsselungsgrad und weitere Optionen fest.

Durch diese Einstellungen ist Ihre Outlook Express-Welt wieder ein kleines bisschen sicherer geworden. Später sollten Sie auch den Internet Explorer vor Angriffen aus dem Cyberspace schützen. Darüber wird noch in Kapitel XX zu reden sein.

2.4 So schützen Sie sich vor Wurm-Attacken

Obwohl Würmer schon fast zum Internet-Alltag gehören, ist es nicht schwer etwas gegen sie zu unternehmen. Wenn Sie die folgenden Tipps konsequent befolgen, werden Sie wohl kaum von diesen Quälgeistern belästigt werden.

- Öffnen Sie keine E-Mail-Anhänge, deren Herkunft Sie nicht kennen. So etwas gehört ungelesen ins elektronische Nirvana.
- Schickt Ihnen ein Bekannter, Freund oder Geschäftspartner unaufgefordert eine E-Mail mit Anhang, greifen Sie zum Telefon oder schicken ihm eine E-Mail, und fragen ihn, was es damit auf sich hat.
- Aktualisieren Sie regelmäßig Ihre Anti-Viren-Software. Viren- und Wurm-Programmierer sind sehr einfallsreich, deshalb kann diese Software Würmer nur aufspüren, wenn Sie die aktuellste Version benutzen. Die Updates bekommen Sie auf den Online-Seiten des Herstellers.
- Benutzen Sie Firewall-Software. Mehr darüber in Kapitel 6.
- Besorgen Sie sich bei Microsoft einen Security-Patch für Outlook. Schalten Sie die Script-Funktion des Programms ab. Damit verhindern Sie die Ausführung von JavaScript- oder ActiveX-Programmen.
- Halten Sie sich über aktuelle Würmer auf dem Laufenden.

Russisches Roulette: Das Öffnen unbekannter Dateien

Die Programmierer von Würmern kommen auf die aberwitzigsten Ideen und benutzen jedes Werkzeug in ihrem Arsenal, um die PC-Benutzer in die Irre zu führen. Eine Möglichkeit ist zum Beispiel das Verstecken des vollständigen Dateinamens beim Anhang einer E-Mail.

Unter Windows sind alle Namenserweiterungen, wie zum Beispiel EXE, DOC, TXT, verborgen. Wenn Sie eine E-Mail mit einer angehängten Datei bekommen, können Sie den vollständigen Dateinamen nicht erkennen.

Trickreiche Wurm-Programmierer nutzen diese Möglichkeit, um die angehängte Datei zu maskieren. So hieß zum Beispiel der

LoveLetter-Wurm mit vollem Namen LOVE-LETTER-FOR-YOU.TXT.vbs. Die Endung ***vbs*** kennzeichnete die Datei als ausführbare Script-Datei, doch diese Endung wurde von Windows nicht dargestellt. Nach dem Öffnen begann der Wurm sein verhängnisvolles Werk.

Schützen Sie sich davon. Lassen Sie sich von Windows den vollständigen Namen anzeigen.

1. Starten Sie den ***Windows Explorer***.

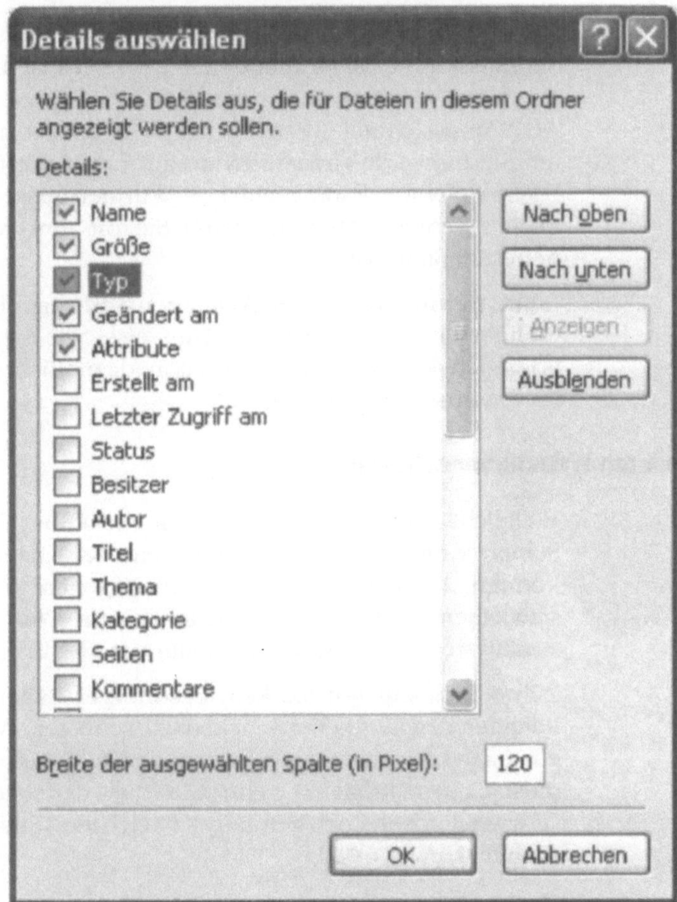

Abb. 2-6: Vollständigen Dateinamen anzeigen lassen

2. Wählen Sie im Menü ***Ansicht*** die Option ***Details***.
3. Klicken Sie anschließend auf ***Details auswählen***.

4. Im neuen Fenster können Sie die Details auswählen, die im Internet Explorer angezeigt werden sollen. Wichtig ist, dass Sie hier die Option ***Typ*** markieren.
5. Klicken Sie anschließend auf ***OK*** und schließen Sie alle Bildschirmfenster.

Was tun, wenn ein Wurm zugeschlagen hat?

Nehmen wir den schlimmsten Fall, dass ein Wurm Ihren Computer infiziert hat – was können Sie tun?

Sie müssen nicht in Panik geraten, aber es ist auch keine Zeit für gepflegte Kontemplation. Ihre Reaktion hängt davon ab, welche Art Wurm sich auf Ihren Rechner eingenistet hat. Als erstes sollten Sie Ihre Anti-Viren-Software auf den neuesten Stand bringen. Diese Software kann nicht nur Würmer ausspüren, sondern sie auch ausrotten. Aber das kann Sie oft nur, wenn Sie auf dem neuesten Stand ist.

Beim Herunterladen der Anti-Viren-Software finden Sie auf den Online-Seiten des Herstellers Hinweise, wie Sie gegen den Wurm vorgehen können. Aber das kann dazu führen, dass Sie ganze Programme löschen müssen.

Wie Sie Ihren Web-Server schützen

Vielleicht haben Sie zuhause einen Web-, FTP- oder E-Mail-Server. Computer, von denen Benutzer Dateien herunterladen können. Dann sind Sie verwundbar gegen Wurm-Attacken, die sich einen Server als Ziel suchen. ***Code Red*** war einer der destruktivsten Würmer, die bis heute veröffentlicht wurden.

Zum Glück müssen Sie kein besonderer Experte sein, um Ihren Rechner gegen solche Attacken zu schützen. Microsoft hat dazu ein paar Informationen zusammengestellt. Am besten finden Sie diese Informationen, wenn Sie auf der Microsoft-Homepage (www.microsoft.com/germany) nach dem Stichwort ***Code Red*** suchen.

Safety First – Präventivmaßnahmen

✓ Würmer sind zerstörerische Programme, die meistens per E-Mail verbreitet werden. Öffnen Sie keine E-Mail-Anhänge, von Nachrichten, die Sie nicht erwartet haben, das könnte Sie später wurmen.

Checkliste

- ✓ Zügeln Sie Ihre Neugier. Öffnen Sie niemals den Anhang einer E-Mail unbekannter Herkunft. So etwas gehört ungelesen in den elektronischen Papierkorb.
- ✓ Verwenden Sie nur die neueste Anti-Viren-Software.
- ✓ Benutzer bestimmte Outlook- und Outlook Express-Versionen sind bei Wurm-Attacken besonders gefährdet. Stopfen Sie die Sicherheitslücken durch die Aktualisierung der Software (Patch) und verwenden Sie die richtigen Einstellungen. Deaktivieren Sie vor allem die Voransicht (Preview).
- ✓ Installieren Sie eine Firewall (darüber lesen Sie mehr in Kapitel 6).
- ✓ Lassen Sie sich unter Windows den vollständigen Dateinamen anzeigen. Die Dateitypen ***DOC, XLS, PPT, PPS, MDB*** sind Microsoft Office-Dateien. Sie können schadhafte Scripte enthalten.
- ✓ Sichern Sie ggf. Ihren Server durch die Maßnahmen, die Sie auf der Microsoft-Homepage nachlesen können.

3 Heimlich, still und leise – Viren und Trojaner

Bösartige Programme wie es Computerviren nun mal sind, können auf Ihrem Rechner eine Menge Schaden anrichten. Sie lauern im Hintergrund bis zu einem bestimmten Datum, wie Freitag der 13., oder haben einen anderen Auslösemechanismus. Danach gibt es kein Halten mehr. Sie stehlen Passwörter, hängen sich an E-Mails, löschen Daten oder die ganze Festplatte – kurz, sie benehmen sich wie ein Rottweiler in der Metzgerei.

In diesem Kapitel lesen Sie, wie sich Viren von Trojanern unterscheiden und auf welchem Wege Sie Ihren Computer infizieren können. Sie erfahren außerdem, wie was Sie Ihren Rechner gegen solche ungebetenen Gäste schützen können, wie Sie Anti-Viren-Software einsetzen – und bekommen Ratschläge, was Sie tun sollten, wenn Ihr Computer „krank" ist. Dann wird es Zeit, dass Sie erfahren, wo Sie die aktuellsten Anti-Virenprogramme bekommen können und was es mit sogenannten Hoaxes auf sich hat. Machen Sie sich schon mal locker.

3.1 Guten Tag, Sie sind übrigens verseucht!

Die Zahl der Virenattacken ist in den vergangenen Jahren drastisch gestiegen. Von Januar 2000 bis Ende August 2001 meldeten 300 Firmen und Organisationen in Nordamerika 1,2 Millionen Fälle, in denen insgesamt über 666.000 Computer durch einen bösartigen Code infiziert wurden. Der monatliche Durchschnitt lag bei 103 Virusattacken je 1000 Rechner. Und das ist erst der Anfang.

Jeden Tag werden mehr als 100 neue Viren und Trojaner entwickelt und ins Netz geschleust. Insgesamt sind derzeit weit über 50000 verschiedene Schädlinge und deren Unterarten bekannt.

Viren – wie sie funktionieren

In vielfacher Weise entsprechen Computerviren ihren biologischen Pendants. Biologische Viren dringen in Körperzellen ein, übernehmen die Befehlsgewalt und machen aus der Zelle eine Viren-Fabrik. Jede infizierte Zelle kopiert den Virus … jeder neue Virus infiziert wieder eine andere Zelle und so weiter.

Computerviren arbeiten auf die gleiche Art. Sie können nicht allein existieren, deshalb verstecken Sie sich in einer Datei auf der Festplatte – meistens Programmdateien mit der Endung ***EXE*** oder ***COM***. Aber sie können auch andere Arten von Dateien infizieren.

Die Top 10 der weltweit verbreiteten Viren, sowie stündlich aktualisierte Vireninformationen, finden Sie auf den Online-Seiten des Nachrichtenmagazins DER SPIEGEL unter:

www.spiegel.de/netzwelt.

Anhand einer Weltkarte erfahren Sie die Virennamen, das Verbreitungsgebiet, Zeitraum, befallenen Dateien oder Rechner.

Von allein kann ein Virus nicht starten Nach der Infektion muss die Datei geöffnet werden, damit er sein teuflisches Werk beginnen kann. Als erstes sieht er sich nach anderen Programmen um, die er infizieren kann. Je nachdem was der Virus-Programmierer vorgesehen hat, setzt dann irgendwann die Schadensroutine ein. Wenn Sie die Symptome bemerken, ist es oft schon zu spät.

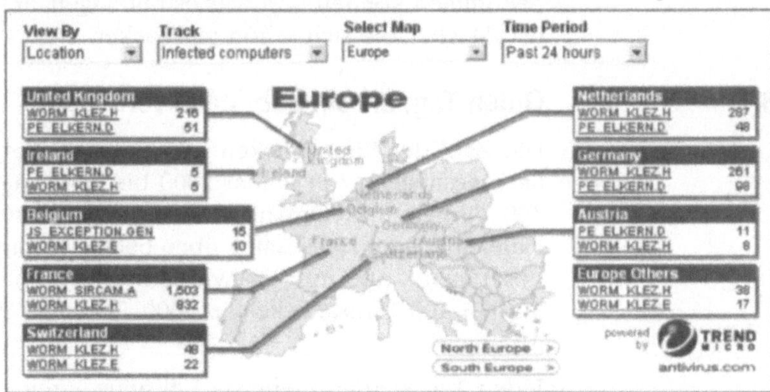

Abb. 3-1: Aktuelle Virenwarnungen (Quelle: Trend Micro)

Die Familie des Bösen – und ihre Verwandten

Computerviren gibt es in vielen Ausprägungen. Zum Glück sind nicht alle der 50000 Arten problematisch. Als extrem schädlich werden von den Virenforschern ungefähr 200 Viren bezeichnet. Die zehn häufigsten Viren sind für ein Drittel aller Schäden verantwortlich. Es ist immer gut, zu wissen, mit wem man es zu tun hat. Deshalb hier eine kleine Aufzählung der wichtigsten Arten:

- ***System- oder Bootviren***: Sie befallen zum Beispiel den Bootsektor von Datenträgern, ersetzen den vorhandenen Programmcode durch ihren eigenen und setzen ihren eigenen Programmcode vor den ursprünglichen Code, um sicherzustellen, dass sie ausgeführt werden. Diese Art ist sehr gefährlich, weil sie vor anderen Programmen gestartet werden und so leicht andere Dateien infizieren können.
- ***Dateiviren***: Sie befallen ausführbare Dateien (z.B. .EXE, .COM, .DLL, .SCR, etc.) und hängen ihren eigenen Programmcode an diese Dateien an. Beim Start einer infizierten Datei wird zuerst der Virus gestartet und fängt an sich zu vervielfältigen und weitere Dateien zu infizieren.
- ***Makroviren***: Diese Art ist noch relativ neu, dafür aber gehören sie aber schon zu den weitverbreitetsten Viren. Sie werden in einer Makrosprache (meistens VBS oder VBA) geschrieben, die für Anwendungsprogramme wie Microsoft Word oder Excel entwickelt wurden. Die Viren betten sich in die erstellten Dokumente ein und verbreiten sich üblicherweise per E-Mail. Viren dieser Art sind weitgehend Plattformunabhängig, sofern das ausführende Programm für mehrere Plattformen verfügbar ist.
- ***Polymorphe Viren***: Sie verändern und/oder verschlüsseln sich, so dass sich das Erscheinungsbild des Virus bei jeder neuen Infektion ändert. Dadurch erschweren sie den Viren-Scannern die Arbeit. Ziel ist es, den Virus vor der Entdeckung zu schützen.
- ***Stealth-Viren***: Hierbei handelt es sich um raffinierte und hochspezialisierte Viren mit einer Tarnkappenfunktion. In der einfachsten Versionen gaukeln sie dem Anti-Viren-Programm eine falsche Dateilänge vor; gefährliche Exemplare können sich, kurz bevor der Scanner sie zu entdecken droht, aus der Datei entfernen, um sie danach sofort wieder zu befallen. Verschlüsselnde Viren wehren sich geschickt dagegen, gelöscht zu werden: Sie machen sich unverzichtbar, indem sie etwa Teile der Festplatte verschlüsseln.

Vorsicht! Infektionsgefahr! – die Übertragungswege

Um Ihren Computer zu infizieren, muss ein Virus in Ihr Computersystem gelangen. Aber wie schafft der das? Eine Infektion ist einfacher, als Sie vielleicht glauben. Hier sind die wichtigsten Infektionswege:

- Beim Herunterladen von infizierten Dateien aus dem Internet oder aus einem anderen Netzwerk.
- Software, die Sie im Geschäft kaufen.
- Eine Diskette, die Sie von einem Freund bekommen haben.
- Durch das Lesen eines Dokuments am Bildschirm (Word, Excel, etc.), das Sie von jemanden erhalten haben.
- Durch das Öffnen eines E-Mail-Anhangs.

3.2 Gefahr erkannt – Gefahr gebannt?

Ein Virus im Computer ist nicht gerade das, was man sich als Anwender wünscht. Doch keine Angst – Panik braucht Sie deswegen nicht zu befallen. Das geht nicht im Schnellwaschgang und mit eigener Hand haben Sie keine Chance einen befallenen Rechner von einem Virus zu befreien. Die beste Möglichkeit bietet Anti-Viren-Software (kurz AV-Software genannt). Eine gute Anti-Viren-Software ist unbedingt erforderlich, um einigermaßen sicher am PC arbeiten zu können. Wichtig ist dabei die Möglichkeit regelmäßiger Updates. Denn ein veralteter Viren-Scanner ist so gut wie nutzlos.

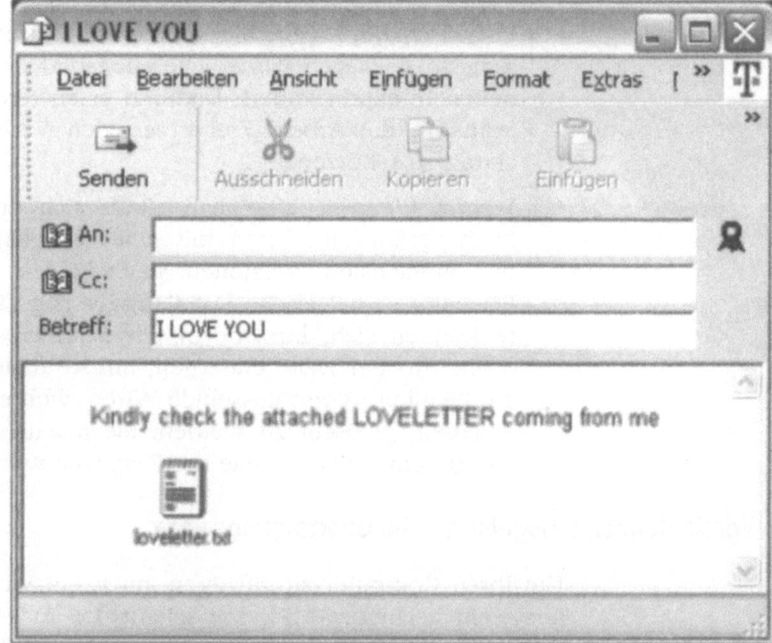

Abb. 3-2: Loveletter-Virus

Daten in Not – was tun, wenn es Sie erwischt hat?

Erste Regel: Ruhig bleiben. Entweder Sie haben keine Anti-Viren-Software installiert oder diese Software ist deaktiviert. Eine aktive Anti-Viren-Software hätte eine Infektion verhindert. Wenn Sie glauben, dass Ihr Rechner sich etwas „gefangen" hat, starten Sie zur sofortigen Hilfe die Anti-Viren-Software. Schalten Sie Ihren Computer nicht aus, aber trennen Sie ihn vom Heimnetzwerk. Alle Anti-Viren-Programme haben eine Desinfektionsroutine, rufen Sie diese auf.

Haben Sie keine Anti-Viren-Software installiert, ist die Angelegenheit etwas komplizierter.

1. Stellen Sie einen Internet-Verbindung zu einem Hersteller von Anti-Viren-Software her (Beispiel: www.norton.de).

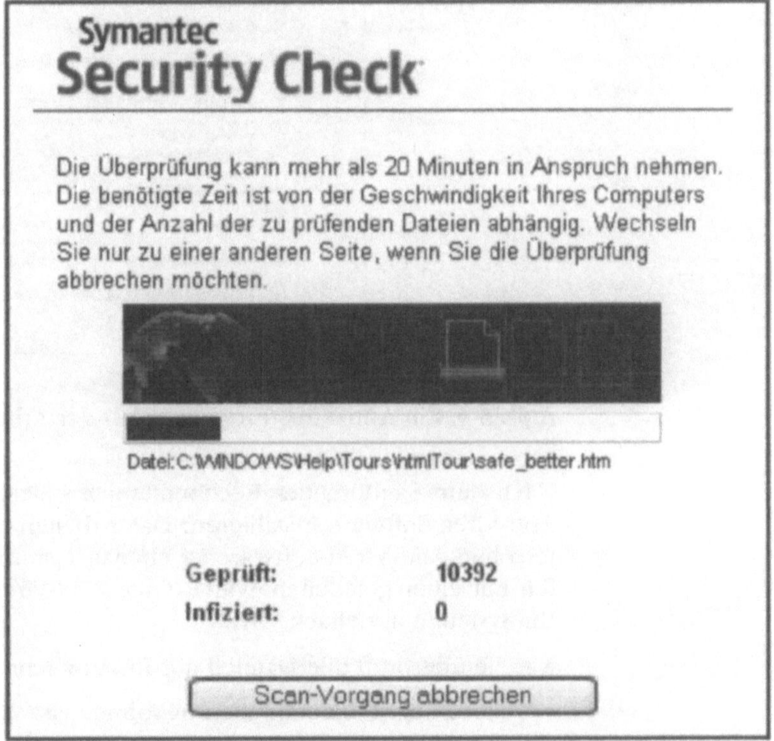

Abb. 3-3: Online Anti-Viren-Check

2. Suchen Sie auf der Homepage des Herstellers nach einem ***Security Check*** oder eine ***Virenanalyse***.

3. Starten Sie die Virenanalyse. Wird eine Infektion festgestellt, kann sie meistens an Ort und Stelle behoben werden (sagen die Hersteller).

Auch am Arbeitsplatz ist die erste Regel: Ruhig bleiben – und sofort Hilfe holen, wenn Sie glauben, dass Ihr Rechner „krank" ist. Rufen Sie Ihren IT-Sicherheitsbeauftragten an, aber halten Sie andere nicht von der Arbeit ab. Schalten Sie Ihren Computer nicht aus. Wenn Sie genau wissen, wie das geht, dann trennen Sie Ihren Rechner vom Firmennetzwerk und vom Internet.

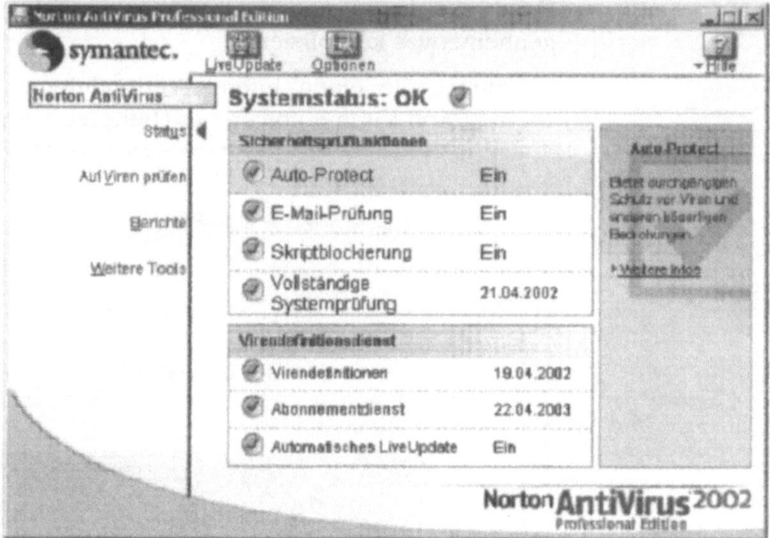

Abb. 3-4: Ein Anti-Virus-Programm bei der Arbeit

Nach dem Säubern des Rechners sollten Sie in jedem Fall eine Anti-Viren-Software installieren. Das Arbeiten auf einem Computer ohne Anti-Viren-Software ist ebenso gefährlich, wie das Spielen mit einer geladenen Waffe. Gute Anti-Viren-Software schützt Ihr System auf vielfache Art.

- Sie überprüft alle Dateien auf Ihrem Rechner auf Infizierung.
- Sie erkennt eine Infizierung ohne dass die Dateien vorher ausgeführt werden müssen.
- Sie überprüft Systemdateien auf Infizierung.
- Sie entfernt einen aufgespürten Virus.

- Sie repariert die befallenen Dateien, sofern dieses noch möglich ist.

Gute Schutzprogramme sind derzeit ab rund 50 Euro zu haben, allerdings gibt es auch kostenlose Programme, die ihren Zweck durchaus erfüllen. Oft nämlich geben Hersteller ihre Antiviren-Software aus Werbegründen an Privatnutzer kostenfrei ab und verlangen nur für die kommerzielle Nutzung Geld.

Es empfiehlt sich, auf dem Rechner grundsätzlich zwei verschiedene Virenscanner parallel laufen zu lassen. Das Plus an Sicherheit hat allerdings einen Nachteil: ein zweiter Scanner verbraucht zusätzlichen Arbeitsspeicher und kostet zusätzliches Geld.

Als gute Viren-Scanner gelten beispielsweise:

- ***AVP*** von Kaspersky Labs (www.datasec.de) ist kostenpflichtig, eine Testversion erhältlich.
- ***Norton Antivirus*** von Symantec (www.symantec.de) ist kostenpflichtig, eine Testversion erhältlich.
- ***McAfee Anti-Virus*** von Network Associates (www.nai.com) ist kostenpflichtig, eine Testversion ist (in englischer Sprache) erhältlich.
- ***AntiVir*** von H+B EDV (www.free-av.de) ist kostenlos für die private Nutzung.
- ***F-Prot*** von Frisk Software (www.f-prot.com/f-prot/download) ist (in englischer Sprache) ebenfalls kostenlos für die private Nutzung.
- ***AntiVirenKit*** von G-Data (www.g-data.de) ist kostenpflichtig.

Die Grenzen der AV-Software

Viren und Würmer sind kein Problem auch neue werden mit heuristischer Suche gefunden. Schwieriger sieht die Lage bei den Trojanern aus. Sie zeigen keine einheitliche Verhaltensweise, also ist keine Heuristik möglich. Ein AV-Programm findet deshalb nur bekannte Trojaner.

> Als Heuristik bezeichnet man ein erkenntnistheoretisches und methodisches Verfahren zur Gewinnung neuer wissenschaftlicher Erkenntnisse und zur Problemlösung.

3.3 Trojaner – oder: die Welt wird schlechter

Fast jeder kennt sie, die Geschichte des berüchtigten Trojanischen Pferdes aus der griechischen Mythologie. Im Krieg mit den Trojanern hatten die Griechen zehn Jahre lang ohne Erfolg versucht in die Stadt Troja zu gelangen. Militärisch war die Stadtmauer nicht zu überwinden, also musste ein Trick her. Deshalb bauten Sie ein hölzernes Pferd, innen hohl, mit genug Platz ein paar Soldaten aufzunehmen. Nach dem Abzug des griechischen Heeres zogen die Trojaner das vermeintliche Geschenk in die Stadt – und feierten ausgiebig ihren Sieg. Das böse Erwachen kam am nächsten Morgen. Die im Pferd verbliebenen Soldaten hatten ein Stadttor geöffnet und das zurückgekehrte Heer konnte die Stadt übernehmen. Der Rest ist Geschichte.

Abb. 3-5: Das Trojanische Pferd

Ein Trojanisches Pferd, kurz Trojaner, wird in der Programmierung ein Programm genannt, das eine versteckte Schadensroutine enthält. Die Programme tarnen sich als Spiele oder nützliche Tools, sind aber im Grunde nur darauf aus, das befallene Computersystem zu schädigen. Im Gegensatz zu Viren, kopieren sich diese Programme nicht in andere Software oder Bootsektoren. Die Tarnung ist ihr Schutz, und der Programmierer des Trojaners hofft, dass das Programm weitergegeben wird, bevor die Bombe hochgeht.

Die Internet-Seiten Trojaner-Info befassen sich sehr ausführlich mit Themen rund um Trojanische Pferde. Sie finden dort Informationen zu einzelnen Trojanern, Suchanleitungen, Suchprogramme, Tests verschiedener Antivirenprogramme und vieles mehr. Das alles wird von einem fachlich sehr kompetenten Team sehr leicht verständlich aufbereitet. Die Adresse:

www.trojaner-info.de

Die Grenzen zwischen Trojaner und Würmern sind oft fließend, deshalb werden sie auch häufig verwechselt. Während sich Trojaner in einem anderen Programm verstecken, benutzen die Würmer ihren eigenen Code, um sich zu verbreiten.

Wenn es im Computer spukt – Symptome einer Infizierung

In einem Netzwerk fällt ein Trojaner oft dadurch auf, dass identische E-Mails zur gleichen Zeit auf zwei oder mehr Rechnern auftauchen. Eine E-Mail-Nachricht mit der gleichen Betreff-Zeile und dem gleichen Anhang auf mehreren Rechnern ist ein untrügliches Zeichen, dass etwas im Gange ist. Der E-Mail-Server und das gesamte Netzwerk werden sehr langsam und zeigen Spuren der Überlastung. Eine Firewall meldet starken Datenverkehr über Ports (Datenkanäle), die sonst kaum genutzt werden.

Auf einem einzelnen PC macht sich ein Trojaner meistens durch die starke Verlangsamung der Arbeitsgeschwindigkeit bemerkbar. Die Auslastung nähert sich 100%, der Mauszeiger bewegt sich nur noch langsam. Andere Symptome sind merkwürdige Fehlermeldungen, fremde Programme im Arbeitsspeicher, Programme werden beendet, neue Dateien mit dem aktuellen Datum erscheinen, manchmal öffnet und schließt sich das CD-ROM-Laufwerk. Alle diese Zeichen deuten darauf hin, dass ein Trojaner am Werk ist.

Auf den Online-Seiten von Sicherheitsaspekte.de erfahren Sie, wie Hacker vorgehen, was Viren anrichten und was Würmer von Viren unterscheidet. Weiterhin finden Sie viele Hinweise, wie Sie sich am besten vor Angriffen schützen. Bereits auf der Startseite erfahren Sie alles über die aktuellsten Viren-Attacken, Workshops und Sicherheitsmethoden. In der Rubrik „Software" werden Schutzprogramme vorgestellt. Von jedem dieser Artikel kommen Sie über einen direkten Link zur Downloadseite.

Schadensmeldungen – wo sind meine Daten hin?

Auch bei den Trojanern sind der Fantasie und dem Einfallsreichtum der Trojaner-Programmierer wieder keine Grenzen gesetzt. Ganz oben auf der Beliebtheitsskala stehen folgende Schäden:

- ***Fernsteuerung*** – Hacker haben den infizierten Rechner voll im Griff – ein etwas beunruhigender Gedanke.
- ***Hintertürchen*** – durch den infizierten Computer erhalten Hacker Zugang zu anderen Rechnern. Kann unangenehm werden, wenn der Besitzer beweisen muss, dass er den Schaden auf dem fremden Rechner nicht angerichtet hat.
- ***Angriff*** – der infizierte Computer wird zu Attacken auf andere Computer eingesetzt. Das macht den Besitzer zum unfreiwilligen Verbündeten des Hackers.
- ***Direkte Aktion*** – auf dem infizierten Rechner werden Daten manipuliert oder gelöscht. Das Ergebnis vieler Arbeitsstunden ist vernichtet.
- ***Passwort-Diebstahl*** – alle Passworte und Zugangskennungen werden gestohlen. Der Besitzer wird es später merken.
- ***Zugangs-Erschleichung*** – über den infizierten Rechner kann der Hacker kostenlos im Internet surfen. Scheint besonders beliebt zu sein.
- ***Tastatur-Überwachung*** – der Trojaner zeichnet jeden Tastendruck auf. Der Hacker erfährt nicht nur alle Passwörter, auch Kontonummern für das Home-Banking und private Zeilen können gelesen werden.

Was tun? – Stärken Sie Ihre Abwehr!

Die Liste der Schadensmeldungen lässt sich noch weiter fortsetzen. Wichtiger sind aber die Fragen: „Was können Sie dagegen tun?“ Oder: „Ist ein Trojaner genauso gefährlich wie ein Virus?“ Hier sind ein paar Antworten.

- Grundsätzlich sollten Sie immer einen aktuellen Viren-Scanner auf Ihrem Rechner laufen lassen.

- Installieren Sie Trojaner-Scanner, Portblocker, spezielle Trojaner-Remover und andere Programme zum Schutz gegen Trojanische Pferde und andere Schädlinge.
- Nutzen Sie Programme zur System-Analyse, die dem Anwender helfen Trojaner im System aufzuspüren.
- Installieren Sie eine Firewall oder Programme zum Schutz vor Angriffen aus dem Internet bzw. unberechtigter Zugriffe des PCs in das Internet (mehr darüber in Kapitel 6).
- Verwenden Sie Backup-Tools, Löschprogramme zur sicheren Entfernung von Dateien und Verschlüsselungssoftware.

Alle diese Programme bekommen Sie größtenteils kostenlos im Internet, beispielsweise auf den Seiten von Trojaner-Info (siehe oben). Diese zwei gehören zu den besten Anti-Trojanern:

TrojanCheck ist ein ausgezeichnetes Anti-Trojaner-Programm, das dem Anwender ermöglicht, bekannte und sogar unbekannte Trojanische Pferde auf einem System zu ermitteln und entfernen. Obendrein ist es Freeware (kostet also kein Geld) und komplett in deutscher Sprache. Sie bekommen es im Internet unter der Adresse: www.trojancheck.de.

ANTS ist ein kostenlos erhältlicher Trojaner-Scanner, der mit vielen Erkennungsmethoden und somit auch technisch extrem ausgereiften Trojanischen Pferden fertig werden kann. Obwohl ANTS kostenlos ist, gehört es zu den besten Programmen zur effektiven Trojaner-Bekämpfung überhaupt. Das Programm ist komplett in deutscher Sprache und sehr einfach zu bedienen. Selbstverständlich erkennt ANTS nicht nur Trojaner, sondern kann diese auch entfernen. Sie bekommen ANTS im Internet unter: www.ants-online.de.

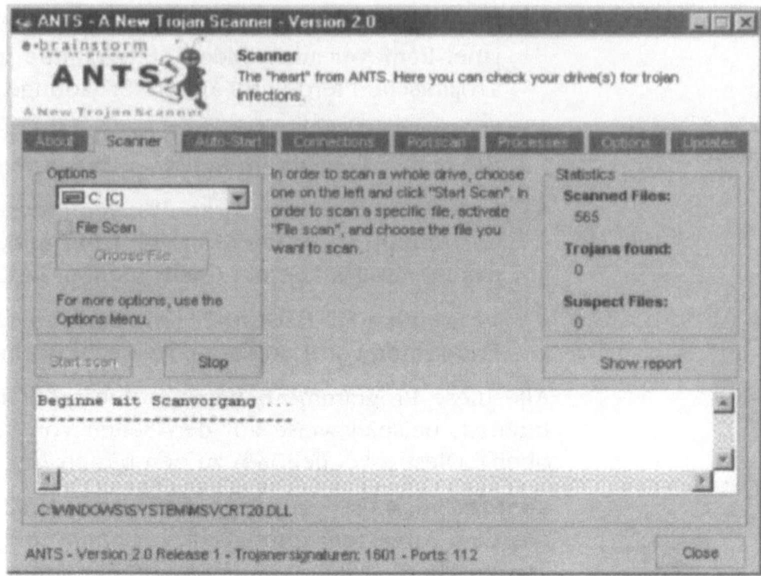

Abb. 3-6: ANTS – hat etwas gegen Trojaner

Das besondere Problem bei Trojanern ist, dass es sich auf den ersten (und manchmal auch auf den zweiten) Blick immer um ein anscheinend nützliches Programm handelt. Man ist also darauf angewiesen, dass irgendwann jemand – mehr oder weniger zufällig – die verborgene Schadensfunktion entdeckt.

Ab diesem Zeitpunkt kann auch die Signatur des Programms in die Musterdateien der Virenscanner aufgenommen werden und wird von da an als Trojaner erkannt. Solange allerdings niemand merkt dass das Programm eine Schadensfunktion hat, wird das Programm von den Virenscanner in der Regel nicht entdeckt.

3.4 Scherzkekse und dumme Sprüche

Lügen, Märchen, falscher Alarm – per E-Mail wird weltweit eine Menge dummes Zeug verbreitet. So kursieren Warnungen vor Computerviren, die gar nicht existieren. Oder erfundene, sterbenskranke Menschen suchen letzte Rettung. Eine ***Hoax*** (dt. ~ Falschmeldung, Scherz, Ente), wie solche Nachrichten genannt werden, ist jedem schon einmal in den elektronischen Briefkasten geflattert.

Es gibt Hoaxes, die einfach nur doof sind: Falschmeldungen, die darauf setzen, dass sie von gutgläubigen und -meinenden Empfängern weitergeleitet werden. Kleine Ärgernisse, die keine großen Schäden verursachen. Trotzdem sind Hoaxes manchmal eine schlimmere Belästigung als Viren.

Ein Beispiel? Bitte sehr:

VORSICHT HOAX!

Wenn sie eine Nachricht auf Ihr Handy erhalten, dass sie unter der Nummer 0141 455414 zurückrufen sollen, antworten sie auf keinen Fall darauf. Ihre Rechnung steigt sonst ins Unermessliche. Diese Information wurde von der "Zentralstelle zur Unterdrückung von betrügerischen Machenschaften" (Office Central de Repression du Banditisme) herausgegeben.

Seit einiger Zeit haben Betrüger eine Möglichkeit gefunden, mit der sie Ihr Mobiltelefon auf betrügerische Weise nutzen können: Sie rufen Sie auf Ihrem Mobiltelefon an und geben sich als Ihr Provider aus. Sie fordern sie dann auf, eine Geheimnummer, entweder die 09 oder die 90 einzugeben, mit der Erklärung, dass dies dazu dient, die richtige Funktionsweise zu überprüfen.

Auf keinen Fall diese Geheimnummer eingeben und sofort auflegen! Mit dieser Geheimzahl verfügen die Betrüger ansonsten über eine Möglichkeit, die Nummer Ihrer SIM-Karte zu lesen, mit der dann eine neue Karte erstellt werden kann.

Und dann gibt es Hoaxes, die es in sich haben. Langlebig sind sie und tauchen, teils seit Monaten oder Jahren bekannt, in unregelmäßigen Abständen immer wieder auf.

Niemand, der ein ernsthaftes Anliegen hat, wird es per E-Mail-Kettenbrief verbreiten. Wenn Sie also jemand vor einem Virus warnt, vor dem es keine Rettung gibt, oder zur Knochenmarkspende für einen Leukämiekranken aufruft, dann sollten Sie die Nachricht nicht weiterleiten, sondern die Löschtaste betätigen.

Beim Hoax-Info Service an der TU-Berlin erhalten Sie wichtige und interessante Informationen über Computerviren, die keine sind sowie andere Falschmeldungen und Gerüchte. Dort können Sie auch einen Newsletter abonnieren und vieles mehr. Adresse: www.hoax-info.de

Safety First – Präventivmaßnahmen

✓ Bevor Sie eine fremde Datei aus dem Internet oder auf einer Diskette öffnen, lassen Sie diese von einem Virenscanner überprüfen.

- ✓ Es gibt keine dämlichen Fragen – und EDV- und IT-Sicherheitsbeauftragte sind sowieso permanent genervt: Nerven Sie mit, wenn Sie Zweifel haben. Lieber einmal zu viel nachfragen, als ein Firmennetzwerk im virtuellen Nirvana versenken.

- ✓ AV-Software schützt vor Viren und erkennt eine Vielzahl bekannter Würmer und Trojaner. Nach einem Update kann die Software einen neuen Virus problemlos bereinigen. Wichtig: Guter Support.

- ✓ Wenn Sie Ihren Computer ein paar Tage oder im Urlaub nicht benutzen, trennen Sie ihn auch physikalisch (Kabel rausziehen) vom Telefonnetz/Internet.

- ✓ Installieren Sie Anti-Trojaner-Software oder besser noch eine Firewall zum Schutz gegen unberechtigte Zugriffe auf Ihren PC.

- ✓ Wenn Sie zu Hause arbeiten, folgen Sie den gleichen Sicherheits-Regeln wie in der Firma. Das „Einschleppen" von Viren von privaten zu Firmenrechnern ist alles andere als selten.

- ✓ Virenwarnungen und Ähnliches nur an den IT-Beauftragten weiterleiten. Der (oder die) kann diese überprüfen und Ihnen mitteilen, ob es sich um eine echte Warnung, oder um einen dämlichen Scherz handelt. Leiten Sie keine E-Mails an Kollegen, Freunde und Verwandte weiter, die genau das von Ihnen verlangen: Das sind fast immer Hoaxes – und das gilt ganz besonders für die Vielzahl der dringenden Hilfsappelle.

- ✓ Identifizieren Sie den Anhang einer E-Mail und lassen Sie sich unter Windows den vollständigen Dateinamen anzeigen. Die Dateitypen ***COM, EXE, SCR, BAT, CMD, PIF, LNK, HTA, HTM(L), VBS, VBE, JS, JSE, VXD, CHM, EML*** werden von Windows direkt ausgeführt und können Viren oder Trojaner enthalten. Dateien mit der Endung ***PDF*** und ***RTF*** galten lange als sicher, können aber leider mittlerweile auch Schädlinge enthalten.

4 Aktive Inhalte – Java, JavaScript und ActiveX

Internet und Sicherheit, das passt so gut zusammen, wie Alkohol und Feuerwaffen. Aus dem Web ist ein dynamischer, interaktiver Platz geworden, an dem Sie mehr tun können als Texte lesen oder ein paar Bilder anzuschauen. Verantwortlich sind dafür sind hauptsächlich drei Technologien: Java, einige Scriptsprachen und ActiveX. Sie ermöglichen es, dass Sie an Online-Spielen teilnehmen können, sie besorgen Ihnen die aktuellen Aktienkurse, vergleichen Preise miteinander, helfen Ihnen bei der Navigation und vieles mehr.

So schön das alles auch ist, diese Technologien bergen auch ein großes Gefahrenpotenzial. Nehmen Sie sich die Zeit und lesen Sie in diesem Kapitel warum kleine Java-Programme so gefährlich werden können. Lernen Sie, was es mit den JavaScript auf sich hat, was ActiveX ist und wie es funktioniert. Und lesen Sie vor allem, wie Sie die Gefahren, die von dieser Software ausgeht, eliminieren können – das ist doch besser, als jedes Fernsehprogramm.

4.1 Verletzungsgefahr – Java und Sicherheit

Java ist eine vollwertige Programmiersprache, die von der Firma SUN entwickelt wurde. Ziel der Entwicklung war, eine portable Programmiersprache zu schaffen, die auf allen Plattformen, wie zum Beispiel Unix, Linux oder Windows und auf allen Prozessorarchitekturen (Intel, Sparc, MIPS) ohne größere Änderungen läuft.

Schon mit der ersten Welle der Begeisterung kamen Befürchtungen auf, Java werde eine Flut von Sicherheitsproblemen mit sich bringen. Die Angst war nicht ganz unbegründet. Grundsätzlich laufen Java-Programme in einer Laufzeitumgebung, die sie auch in ihrer Funktion deutlich einschränkt – meistens im Web-Browser. Diese Laufzeitumgebung ist auch die einzige Komponente, die für eine Übertragung eines Programms von einer Plattform auf die andere zur Verfügung stehen muss. Dummerweise werden diese Laufzeitumgebungen (manchmal auch Runtime-Umgebung genannt) von Menschen programmiert, die ab und an das eine oder andere übersehen.

Um zu verstehen was bei einem Java-Programm alles passieren kann, müssen wir kurz in die Java-Welt abtauchen. Aber keine Sorge, wir kommen schnell zurück in die reale Welt.

Java Virtual Machine

Java ist eine Programmiersprache mit der Programme erstellt werden können, die innerhalb Ihres Browsers laufen, wenn Sie im Web surfen. Alle interaktiven Ein- und Ausgaben können über Java-Programme gesteuert werden. Durch Java wird das Web lebendiger, bunter und informativer. Java-Programme, die dieses erledigen werden Applets genannt. Diese sind meistens relativ klein und können schnell auf den Rechner des Benutzers übertragen werden.

Der Java-Programmierer stellt das Applet auf einer Web-Seite bereit. Dort sind sie dann versammelt und machen erst einmal nichts. Bis ein Besucher kommt. Dann wird das Applet auf den Rechner des Besuchers übertragen. Der Browser startet ein Programm das Byte-Code-Interpreter genannt wird und dieser Interpreter führt das Applet dann aus. Meistens geschieht das im Browser-Fenster, das Programm nimmt Eingaben entgegen, schießt auf Aliens, holt die Börsenkurse ab – oder was auch immer es tun soll.

Die Entwickler von Java haben geahnt, dass hier ein großes Sicherheitsproblem liegt. Sie wollten nicht, dass andere Applets schreiben, die auf den Inhalt der Festplatte zugreifen oder Daten löschen. Deshalb sperrten Sie die Applets in einen Käfig, der ***Sandbox*** genannt wird. In diesem Käfig können Applets keinen Schaden anrichten.

> Sandbox nennt sich ein von Java genutztes Sicherheitsmodell. In einer Java-Umgebung läuft ein Applet nur innerhalb einer fest definierten Umgebung, der Sandbox. Dadurch, dass sich das Applet nur innerhalb der ihm zugewiesenen Umgebung aufhalten kann, wird verhindert, dass es Daten zerstört, Dateien löscht oder gar die Festplatte neu formatiert.

Das klingt beruhigend – ist aber leider reine Theorie. Die Praxis sieht etwas anders aus. Es gibt eine Menge Sicherheitslöcher, wie Hacker und Sicherheitsexperten schnell herausgefunden haben. Es gelingt Java-Programmen diese Lücken gezielt zu nutzen und aus dem Käfig auszubrechen. Damit haben Sie die gleichen Zugriffsmöglichkeiten, wie die lokalen Programme. Zugegeben, das Risiko ist gering, aber es ist vorhanden. Das sollten Sie wissen und Sie sollten auch wissen, was Sie dagegen tun können.

Schutzmaßnahmen – Java-Applets ausschalten

Java-Applets sind so vertrauenswürdig, wie die Quelle, aus der sie stammen. Wenn Sie eine Web-Seite besuchen die als sicher gilt, werden Sie keine Probleme bekommen. Aber das kann anders aussehen, wenn Sie einmal vom Wege abgekommen sind und sich in die dunklen Bereiche des Internets verirrt haben.

Sie selbst müssen entscheiden, ob Java-Applets auf Ihrem Computer laufen dürfen oder nicht. Im folgenden Beispiel sehen Sie, wie Sie Java im Internet Explorer 6 ausschalten können, andere Browser verfügen über ähnliche Möglichkeiten.

1. Starten Sie den Internet Explorer.

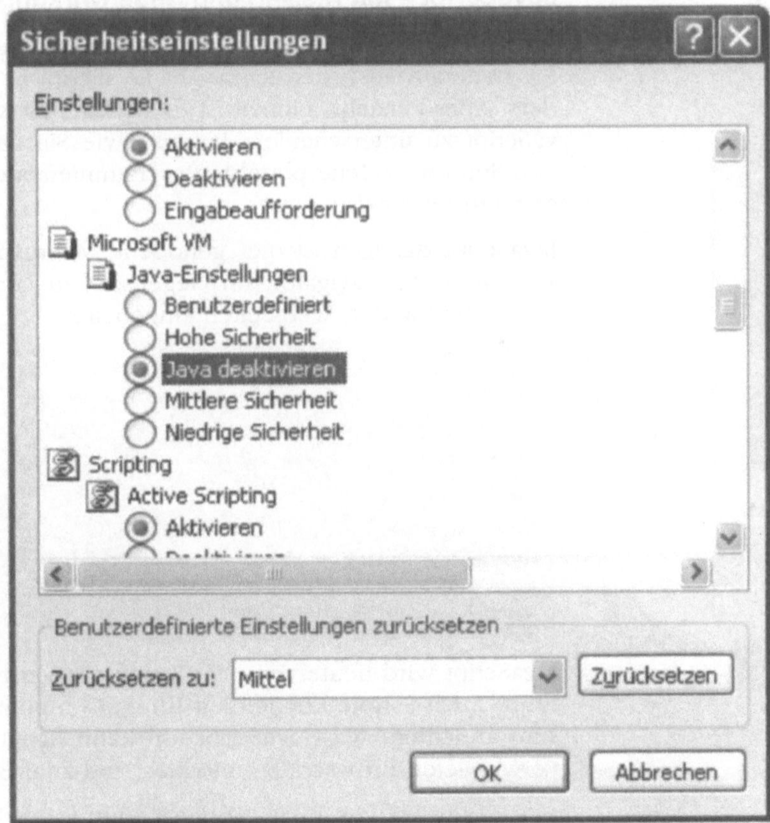

Abb. 4-1: Java deaktivieren

2. Klicken Sie auf das Menü ***Extras*** und wählen Sie die Option ***Internetoptionen***.
3. Aktivieren Sie die Registerkarte ***Sicherheit***.
4. Wählen Sie die Webinhaltszone ***Internet*** und klicken Sie anschließend auf den Button ***Stufe anpassen***.
5. Suchen Sie die Eintragung ***Microsoft VM*** und klicken Sie unter der Überschrift ***Java Einstellungen*** auf ***Java deaktivieren***.
6. Klicken Sie auf ***OK*** und beenden Sie diesen Dialog.

Damit ist auf Ihrem Computer ein Programm in der Programmiersprache Java nicht mehr lauffähig. Dazu wird nämlich die Java Virtual Machine benötigt. Und die ist nun ausgeschaltet.

4.2 JavaScript – mit Risiken und Nebenwirkungen

Im vorigen Abschnitt haben Sie gelernt, welche Gefahr von Java-Programmen ausgehen kann. Mit JavaScript ist das nicht viel anders. Aber zunächst einmal ist es wichtig, zwischen Java und JavaScript zu unterscheiden. Java ist, wie Sie bereits wissen, eine von Sun entworfene portable Programmiersprache, für die diverse Interpreter existieren.

JavaScript dagegen ist die „gehobene Makrosprache" des Browsers Netscape Navigator. Im Gegensatz zu Java sind die Skripte als Klartext in den Web-Seiten eingebettet.

> Ein Script ist eine Abfolge von Befehlen, die bei der Ausführung sequenziell abgearbeitet werden. Die Befehle entstammen dabei dem „Wortschatz" einer bestimmten Scriptsprache. Dieser Befehlssatz bestimmt dabei, welche Möglichkeiten die Sprache bietet und wie ein Script aufgebaut sein muss. Scripts sind in der Regel sehr kurz und führen schon mit wenigen Befehlen zu beachtlichen Leistungen. Ein durchschnittliches Script umfasst vielleicht 20 bis 40 Zeilen Befehle. Nicht zuletzt aus diesen Gründen sind Scriptsprachen meist sehr leicht zu erlernen.

JavaScript wird heute von allen Browsern verstanden und ausgeführt. Auch Scripte können auf Ihrem Computer eine Menge Unsinn anrichten. Was JavaScript tun kann hängt weitgehend vom verwendeten Browser ab – möglich sind zum Beispiel:

- Versenden von E-Mails ohne Kenntnis des Benutzers.

- Auslesen der Browser-Legende. Das heißt, mit JavaScript können die Adressen der zuletzt besuchten Websites ermittelt und an eine beliebige Adresse im Web verschickt werden. Aus den gesammelten Daten lassen sich wunderschöne Nutzungsprofile erstellen.
- Mit JavaScript kann die Verzeichnisstruktur auf Ihrer Festplatte ermittelt und übertragen werden. Allerdings ist dazu die Mithilfe des Benutzers erforderlich, der allerdings durch Vortäuschung eines falschen Sachverhalts getäuscht werden kann. Das bedeutet ein enormes Sicherheitsrisiko, weil die Information über die Infrastruktur einen späteren Einbruch sehr erleichtert.
- Durch Interaktion mit dem Besitzer können bestimmte Dateien, deren Name und Pfad bekannt ist, gelesen und auf einen anderen Rechner übertragen werden. Auch hier kann der Benutzer über den wahren Sachverhalt getäuscht werden.
- Überlasten des Systems. Diese Art bringt zwar kein unmittelbares Sicherheitsrisiko mit sich, jedoch kann besonders in einem Firmennetz die Produktivität stark beeinträchtigt werden. Beispielsweise werden durch Öffnen von unendlich vielen Browser-Fenstern, Warnmeldungen oder einem massivem Gebrauch von Systemressourcen die Verwendung des Rechners behindert und das System zum Absturz gebracht.

Genau wie bei Java können Sie diese JavaScript-Funktion auch deaktivieren oder verschiedene Sicherheitsstufen konfigurieren – hier gezeigt am Beispiel Internet Explorer.

1. Starten Sie den Internet Explorer.
2. Klicken Sie auf das Menü ***Extras*** und wählen Sie die Option ***Internetoptionen***.

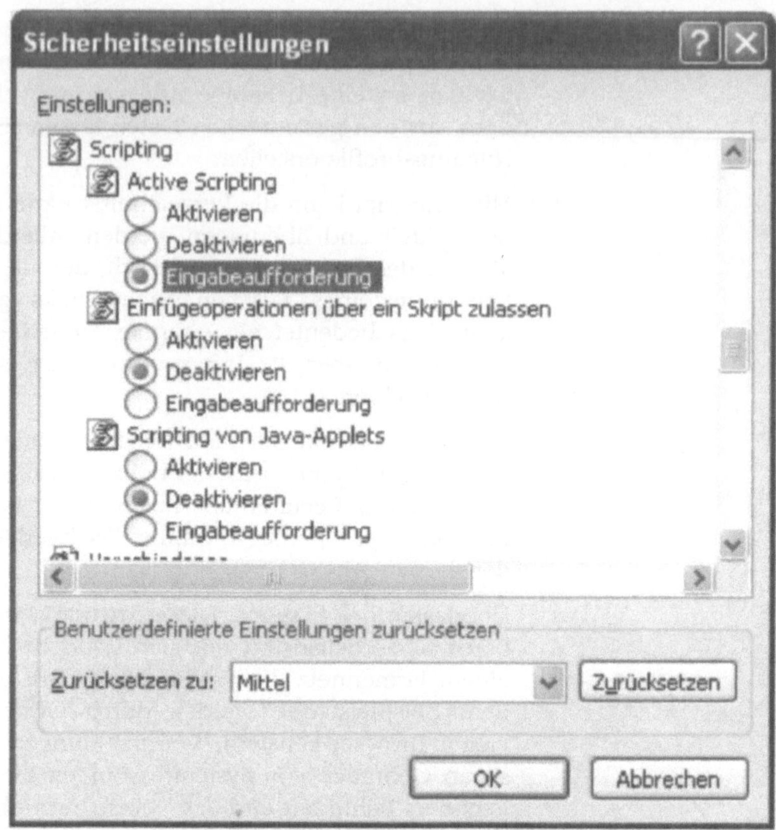

Abb. 4-2: JavaScript deaktivieren

3. Aktivieren Sie die Registerkarte ***Sicherheit***.
4. Wählen Sie die Webinhaltszone ***Internet*** und klicken Sie anschließend auf den Button ***Stufe anpassen***.
5. Unter der Überschrift ***Scripting*** finden Sie die Buttons zum ***Aktivieren***, ***Deaktivieren*** und zur Anzeige einer ***Eingabeaufforderung***.
6. Es ist es immer eine gute Idee, sich als Benutzer vom System fragen zu lassen, bevor unbekannte Funktionen ausgeführt werden. Bei allen Einstellungen, bei denen man sich nicht sicher ist, ob man die entsprechende Funktionalität zulassen will oder nicht, ist eine ***Eingabeaufforderung***, die warnt und eine Entscheidung erfragt, sehr sinnvoll.

7. Die Option ***Einfügeoperationen über ein Script zulassen*** sollten Sie unbedingt deaktivieren - der Internet Explorer speichert sonst alle Zugangskennungen und Passwörter, die Sie eingeben, in einer Datei ab, was es Angreifern erleichtert, an diese Daten heranzukommen.
8. Durch die Funktion ***Scripting von Java-Applets*** legen Sie fest, ob die Applets mit Scripts innerhalb der Zone interagieren können. Schalten Sie´s besser aus.

Vorsicht bei JavaScript in E-Mails

Die meisten E-Mail-Programme, auch das schon erwähnte Outlook Express können nicht nur einfachen Text empfangen, sondern auch ganze Web-Seiten.

Das war die gute Nachricht. Die schlechte ist: Während Sie Ihre E-Mail lesen können durch JavaScript im Hintergrund ein paar unerfreuliche Dinge ablaufen. Bei einem schlecht gesicherten Rechner könnte ein Datenschnüffler das als Einladung betrachten, sich auf Ihrer Festplatte etwas umzusehen oder zu schauen, wer Ihnen alles E-Mails schickt und was Sie so im Internet machen.

Auch dagegen können Sie etwas tun. Bei älteren Versionen von Outlook können Sie die JavaScript-Funktion ausschalten. Outlook Express 6 verwendet zur Darstellung der HTML-Seiten den voreingestellten Web-Browser. Und wenn Sie dort die JavaScript-Funktion ausgeschaltet haben (siehe oben), können Sie sich jetzt entspannt zurücklehnen und brauchen sich keine Sorgen mehr zu machen.

4.3 Die Tricks mit ActiveX

ActiveX ist eine von Microsoft entwickelte Erweiterung der Seitenbeschreibungssprache HTML. ActiveX-Komponenten werden in Internet-Seiten eingebunden und erweitern den Funktionsumfang des Browsers. So können etwa auch bewegte Bilder oder Töne dargestellt werden. Programmteile lassen sich mit anderer Software verknüpfen oder in sie einbetten. Die Technologie ermöglicht prinzipiell auch das Ausspionieren des Nutzers, da ActiveX-Komponenten lokale Daten ins Internet übertragen können.

Ein wesentlicher Bestandteil von ActiveX sind die so genannten ActiveX-Controls. Solche Controls sind Programme oder Programm-Module, die sich in HTML-Dateien als Objekt einbinden lassen, ähnlich wie Java-Applets. Der Programmcode wird im Arbeitsspeicher des Client-Rechners (also des Anwenders, der eine Web-Seite aufruft) ausgeführt. Normalerweise wird dabei auch eine so genannte ActiveX-Layoutdatei auf dem Rechner des Anwenders installiert.

Mit ActiveX-Controls lassen sich alle Arten von Anwendungen realisieren. Das bringt eine Menge an Sicherheitsproblemen mit sich. ActveX-Controls können auf Ihrem Rechner Dateien löschen oder manipulieren oder kräftig in Ihren privaten und sicherheitsrelevanten Informationen schnüffeln. Auf diese Weise kann auch ein Virus oder Trojaner in das System geschleust werden. Das hat auch Microsoft erkannt und etwas mehr für die Sicherheit getan. Die größte Vorsichtsmaßnahme ist die Zertifizierung der ActiveX-Controls durch die bekannte Sicherheitsfirma Verisign (www.verisign.com). Die Idee dahinter ist, dass niemand der ein gefährliches ActiveX-Control entwickelt, bei Verisign oder einer anderen Zertifizierungsfirma seinen Namen und seine Anschrift hinterlegt. Nach der Zertifizierung gilt ein Control für Microsoft deshalb als sicher.

Alles oder nichts – Schutz vor bösen Überraschungen

ActiveX Controls werden vom Internet Explorer direkt ausgeführt, für den Netscape Navigator gibt es Zusatzprogramme, die das Ausführen auch unter diesem Browser ermöglichen.

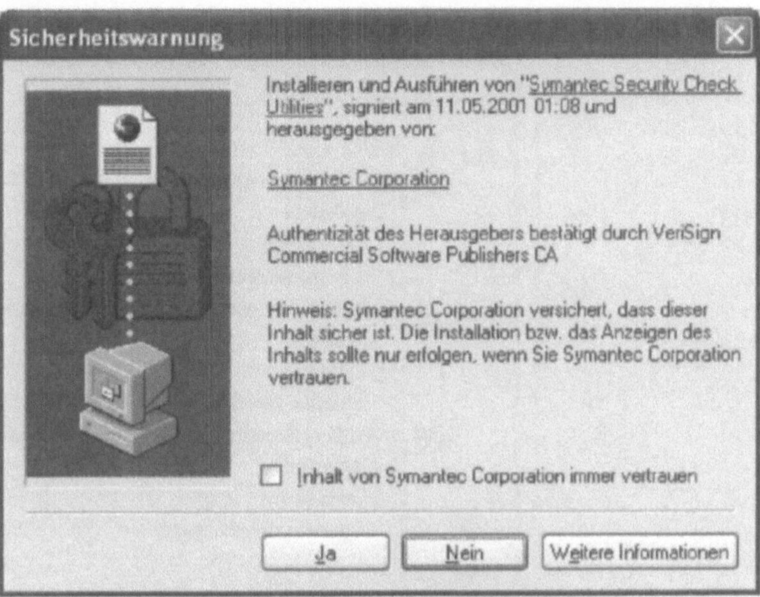

Abb. 4-3: ActiveX Control – Sicherheitswarnung

Wenn Sie wirklich auf Nummer sicher gehen wollen, sollten Sie ActiveX im Microsoft Internet Explorer deaktivieren. In vielen Fällen ist das sicher eine etwas übertriebene Reaktion. Praktikabler ist es, die Sicherheitseinstellungen auf Hoch zu setzen.

1. Starten Sie den Internet Explorer.
2. Wählen Sie die Option ***Internetoptionen*** aus dem Menü ***Extras***.
3. Aktivieren Sie die Registerkarte ***Sicherheit***.
4. Markieren Sie die Webinhaltszone ***Internet*** und klicken Sie dann auf den Button ***Stufe anpassen***.
5. Wählen Sie unter ***Benutzerdefinierte Einstellungen*** aus der List die Option ***Hoch***.
6. Klicken Sie anschließend auf den Button ***Zurücksetzen***.
7. Beenden Sie den Dialog durch einen Klick auf ***OK*** und ***Übernehmen***.

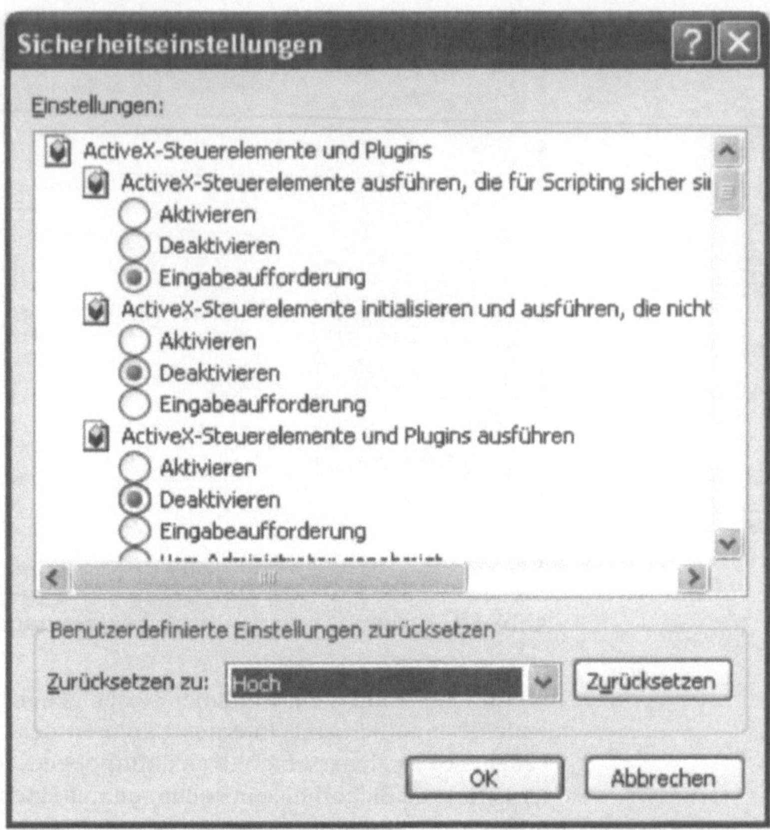

Abb. 4-4: Sicherheitsstufe Hoch

Sicherheit hängt von vielen Faktoren ab. So wäre es fahrlässig zu sagen: Mit diesen oder jenen Komponenten ist ein Rechner sicher. Ob der Computer geknackt werden kann, bestimmt auch seine Umgebung. Insbesondere ist Sicherheit nie statisch. Regelmäßig werden neue Softwarefehler bekannt, die sich von einem Angreifer ausnutzen lassen. Sie erfordern es, dass Sie als Anwender reagieren: Sie müssen sich einen neuen Patch besorgen und installieren oder die gefährliche Software komplett vom Rechner entfernen.

Patch ist die Bezeichnung für ein Programm, das in einer Datei Zeichen ersetzt, die dann, wenn beispielsweise eine Programmdateien verändert wurden, andere Funktionen bewirken. Dies ist sehr praktisch, wenn zum Beispiel ein Fehler in einem Programmpaket vorhanden ist, dann muss nicht das ganze Programm ausgetauscht werden, sondern man erhält eine (mehr oder weniger) kleine Datei, die nicht mehr verändert als nötig. Oft werden solche Patches auch Service Packs genannt.

Safety First – Präventivmaßnahmen

- ✓ Java-Applets die auf Ihren Computer heruntergeladen und ausgeführt werden, setzen die Sicherheit herab. Deaktivieren Sie diese Funktion in Ihrem Browser
- ✓ Das gleiche gilt für JavaScript. Setzen Sie die Sicherheitseinstellungen hoch oder deaktivieren Sie diese Funktion in Ihrem Browser.
- ✓ Setzen Sie die Sicherheitsstufe bei den ActiveX-Controls so hoch, dass Sie gefragt werden, bevor ein solches Programm ausgeführt wird. Unterbinden Sie die Ausführung, wenn Sie Zweifel an der Sicherheit dieses Programms haben.
- ✓ Verwenden Sie nie ein ActiveX-Control ohne Zertifikat.
- ✓ Auch am Arbeitsplatz gelten grundsätzlich die gleichen Bedingungen. Darüber hinaus kommen durch die Vernetzung in der Firma weitere Unsicherheitsfaktoren hinzu. So sind etwa die Rechner eines Unternehmens meistens über das lokale Netz an das Internet angeschlossen. Eine Firewall bietet hier Grundsicherheit. Mit einem solchen Filter kann ein Administrator den Datenaustausch zwischen lokalem und globalem Netz auf die gewünschten Internet-Dienste und Mitarbeiter beschränken.
- ✓ Darüber hinaus hilft eine gesunde Portion Misstrauen: Passiert etwas Ungewöhnliches? Wieso arbeitet die Festplatte seit Minuten, obwohl ich keine Aktion veranlasst habe? Wieso ist das System so langsam?

5 So schützen Sie Ihr Heimnetzwerk

Da haben Sie sich mächtig ins Zeug gelegt. Haben gehämmert, gebohrt, geschraubt, Netzkarten eingesetzt, Kabel gezogen, Software installiert und endlich ist es fertig – Ihr Heimnetzwerk. Alle Computer im Haus sind miteinander vernetzt. Jetzt noch die Datei- und Druckerfreigabe einschalten, die Internet-Verbindung gemeinsam nutzen und alle können die Vorteile des Netzwerks nutzen. Alle? Ja alle, auch der freundliche Hacker von nebenan.

Ohne einige Vorsichtsmaßnahmen ist ein Heimnetzwerk den Attacken von außen schutzlos ausgeliefert. Damit Hacker außen vor bleiben lesen Sie in diesem Kapitel über welche Art Schutzfunktionen ein Heimnetzwerk verfügt, warum Sie die Datei- und Druckerfreigabe abschalten sollten und wie Sie Ihre Dateien maximal schützen. Machen wir uns nichts vor – da kommt Arbeit auf Sie zu.

5.1 Hereinspaziert – Tag der offenen Tür?

Divide et impera – teile und herrsche! Dieser angebliche Ausspruch Ludwigs XI symbolisiert auch die Verhältnisse in einem Heimnetzwerk. Sie teilen sich mit anderen Netzwerkbenutzern die Ressourcen und haben dadurch einen viel größeren Nutzen. Einer der großen Vorteile eines Heimnetzwerkes ist die gemeinsame Nutzung von Dateien und Hard- und Software.

Neben den vielen Vorteilen eines Heimnetzwerks gibt es ein kleines Problem. Ein solches Netzwerk macht Sie angreifbar für allerlei Attacken. Wenn Sie jedoch ein paar Vorsichtsmaßnahmen beachten, können Sie sich davor schützen.

Der große Lauschangriff

Eines ist sicher: Durch ein Heimnetzwerk haben Sie das Problem Ihre Privatsphäre schützen zu müssen. Mangelnde Sicherheitsvorkehrungen sehen Hacker gerne als Einladung an, sich in Ihrem Netzwerk ein wenig umzusehen. Vielleicht haben Sie noch gar nicht daran gedacht, was Ihnen dabei alles zustoßen kann. Was kann ein Hacker in einem Netzwerk schon anrichten? Die Antworten werden Ihnen nicht gefallen. Hier sind ein paar Kostproben:

- ***Diebstahl von Dateien*** – ein offenes Netzwerk ist wie ein Selbstbedienungsladen. Bitte nehmen Sie, was Sie brauchen.
- ***Dateien löschen*** – als wenn der Diebstahl nicht schon schlimm genug wäre, aber sie können die Dateien auch löschen. Wichtige Daten sind für immer verloren.
- ***Diebstahl wichtiger Informationen*** – auch persönliche Informationen, Bankgeheimnisse und Passwörter sind vor den Datendieben nicht sicher. Und die können damit großen Unsinn anrichten.
- ***Kontrolle über den Computer übernehmen*** – durch Hintertürchen (Backdoors) können Hacker die vollständige Kontrolle über Ihren Computer übernehmen. Nichts geht mehr.
- ***Den Computer abstürzen lassen*** – Hacker haben die Möglichkeit einen Computer und sogar ein ganzes Netzwerk unbrauchbar zu machen. Aber warum sollten Sie so etwas tun? Keine Ahnung, vielleicht weil sie es können.
- ***Überwachung*** – ein Hacker im Netzwerk kann genau überwachen, was Sie tun. Es liest die E-Mails, die Sie verschicken und empfangen. Das ist keine angenehme Vorstellung.
- ***Angriffe durchführen*** – Ihr Computer kann von einem Hacker zu Angriffen auf andere Computer benutzt werden. Das kann Sie arg in Schwierigkeiten bringen.

Das hört sich alles nicht sehr beruhigend an. Sicher ist das nicht der Alltag, aber es kann geschehen – auch in Ihrem Netzwerk. Deshalb werden wir uns im Rest des Kapitels damit verbringen, den Hackern einen Strich durch die Rechnung zu machen.

5.2 Der Schutz ist schon eingebaut

Schon bei der Installation eines Netzwerks werden einige Schutzmaßnahmen aktiviert. Wie weit diese Maßnahmen gehen, hängt von der Art des verwendeten Netzwerks ab.

In vielen Netzwerken werden Hubs oder Router zur Verbindung mit der Außenwelt verwendet. Ein ***Hub*** wird zur physikalischen Verbindung von Computern eingesetzt. Dort laufen die Kabel zusammen und dort werden die Datenpakete weitergeleitet. Ein ***Router*** dagegen verteilt die Informationen und verbindet ein Netzwerk mit dem Internet.

Der Houdini-Trick – keine schwarze Magie

Kennen Sie Houdini? Erich Weiss, besser bekannt als Houdini, war einer der größten Entfesselungskünstler und Magier aller Zeiten. Er konnte Dinge verschwinden lassen, da würde selbst David Copperfield staunen. Auch Sie können Ihre Computer vor dem Internet verstecken, sie werden komplett unsichtbar. Und etwas Unsichtbares kann man nicht angreifen. Damit sind Ihre Computer sicher und geschützt. Hier ist der Houdini-Trick um Computer unsichtbar zu machen (bitte nicht weitersagen).

Der effektivste Weg, Hacker zu stoppen, ist eine Technik, die ***Network Address Translation*** (NAT) genannt wird. Wie funktioniert das? Wie Sie vielleicht wissen, hat jeder Computer der mit dem Internet verbunden ist, seine eigene IP-Adresse, wie zum Beispiel 169.254,163.115. Um im Internet zu surfen, E-Mails zu versenden und zu empfangen und vieles mehr, identifiziert sich der Computer durch seine IP-Adresse.

Die NAT-Technik funktioniert so: Ihr Hub oder Router hat beispielsweise die o.g. IP-Adresse. Aber alle Computer, die mit diesem Gerät verbunden sind, bekommen ihre Adresse vom Hub oder Router zugewiesen. Nur Computer innerhalb des Netzwerks können diese Adresse sehen und benutzen. Typische Adressen innerhalb eines privaten Netzwerks lauten 192.168.1.0, 192.168.1.1 und so weiter. Wie Sie die Geräte konfigurieren, hängt vom verwendeten Typ ab, die Angaben entnehmen Sie den mitgelieferten Handbüchern.

Von draußen gesehen hat Ihr Netzwerk nur eine IP-Adresse, die des Hubs oder Routers. Die Computer innerhalb bleiben unsichtbar. Und mit Hubs und Router können Hacker nichts anfangen, diese Geräte haben keine Festplatte, keine Informationen – nichts. Das ist keine schwarze Magie – oder höchstens ein bisschen.

5.3 Zentralverriegelung – so kommt keiner ran

Eines der großen Vorteile eines Heimnetzwerks ist die gemeinsame Nutzung von Dateien und Drucker. Aber auch das ist, wie vieles angenehme im Leben, nicht ohne Risiko. Wenn das Netzwerk mit dem Internet verbunden ist, haben auch Hacker die Chance, Dateien und Drucker zu benutzen.

Auf die Benutzung des Druckers werden Eindringlinge wohl wenig Wert legen, aber Dateien und deren Inhalt zieht Datenschnüffler an, wie ein Misthaufen die Fliegen. Zum Glück können Sie die Datei- und Druckerfreigabe in einem Windows XP-Netzwerk recht leicht deaktivieren.

Eine Firewall (dt. – Brandschutzmauer, Feuerwand) ist Ihre beste Verteidigung gegen Hacker. Eine Firewall schützt Sie vor Übergriffen und dem Diebstahl vertraulicher Daten. Eine Block-Funktion blockiert automatisch alle Versuche, Ihren PC auf Sicherheitslücken hin zu untersuchen. Die Firewall überwacht alle Anwendungen auf Ihrem System, die Zugang zum Internet haben. Dadurch werden Spyware- und Trojaner-Programme daran gehindert, Ihre Online-Aktivitäten aufzuzeichnen oder persönliche Informationen abzufragen. Firewalls gibt es als Hard- und Software-Lösung. Im nächsten Kapitel lesen Sie mehr über diesen Schutzwall.

Abschalten – Datei- und Druckerfreigabe

Standardmäßig ist in einem Microsoft-Netzwerk die Datei- und Druckerfreigabe eingerichtet. Falls Sie die Freigabe dieser Ressourcen verhindert wollen, sollten Sie die Datei- und Druckerfreigabe Ihres Netzwerks temporär deaktivieren.

1. Klicken Sie auf den ***Start***-Button und wählen Sie die Optionen ***Netzwerkumgebung*** und ***Netzwerkverbindungen*** anzeigen.
2. Klicken Sie mit der rechten Maustaste auf das Symbol für die Netzwerkverbindung und wählen Sie die Option ***Eigenschaften***.
3. Unter der Überschrift Diese Verbindung verwendet folgende Elemente, finden Sie u.a. die Protokolle und Dienste aufgeführt, die für diese Verbindung verwendet werden. Hier sollte die ***Datei- und Druckerfreigabe*** gar nicht aufgeführt oder deaktiviert sein. Entfernen Sie ggf. das Häkchen und klicken Sie auf ***OK***. Auf diese Weise lässt sich die Datei- und Druckerfreigabe schnell wieder aktivieren.

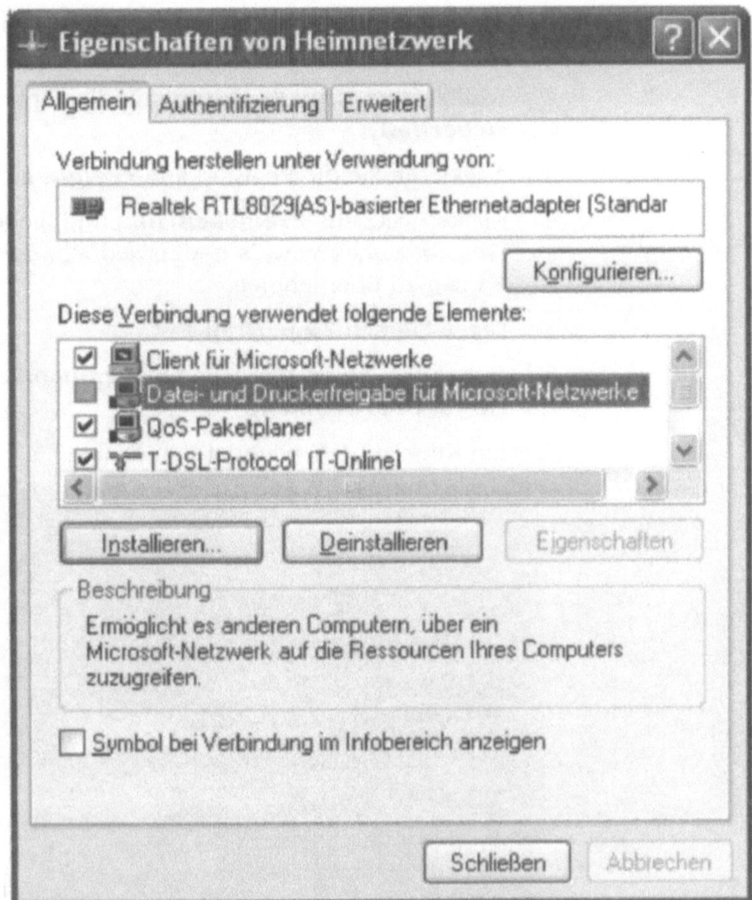

Abb. 5-1: Datei- und Druckerfreigabe deaktivieren

Durch das Abschalten der Datei- und Druckerfreigabe nehmen Sie dem Netzwerk leider auch den größten Vorteil, nämlich die gemeinsame Nutzung dieser Ressourcen. Ist die Verbindung zum Internet beendet, können Sie Dateien und Drucker wieder freigeben. Von außen kann dann niemand mehr darauf zugreifen.

Auch wenn Sie diesen Schritt leicht wieder rückgängig machen können, gibt es noch eine etwas weniger radikale Lösung: den Schutz der Ordner und Dateien durch ein Passwort. Wie Sie das bewerkstelligen können, hängt vom verwendeten Betriebssystem ab. Bei Windows XP Home haben Sie dazu keine Möglichkeit, unter Windows 98 funktioniert das so:

1. Klicken Sie mit der rechten Maustaste auf einen beliebigen Ordner im Windows Explorer.
2. Wählen aus dem Kontextmenü die Option ***Freigabe und Sicherheit***.
3. Aktivieren Sie die Registerkarte ***Freigabe***.
4. Klicken Sie auf ***Freigeben als*** und geben Sie ggf. einen Freigabenamen ein. Es genügt jedoch, den vorgeschlagenen Namen zu übernehmen.
5. Legen Sie den ***Zugrifftyp*** fest.
6. Geben Sie die entsprechenden ***Kennwörter*** ein und klicken Sie auf ***Übernehmen***.
7. Ein Klick auf ***OK*** beendet den Dialog.

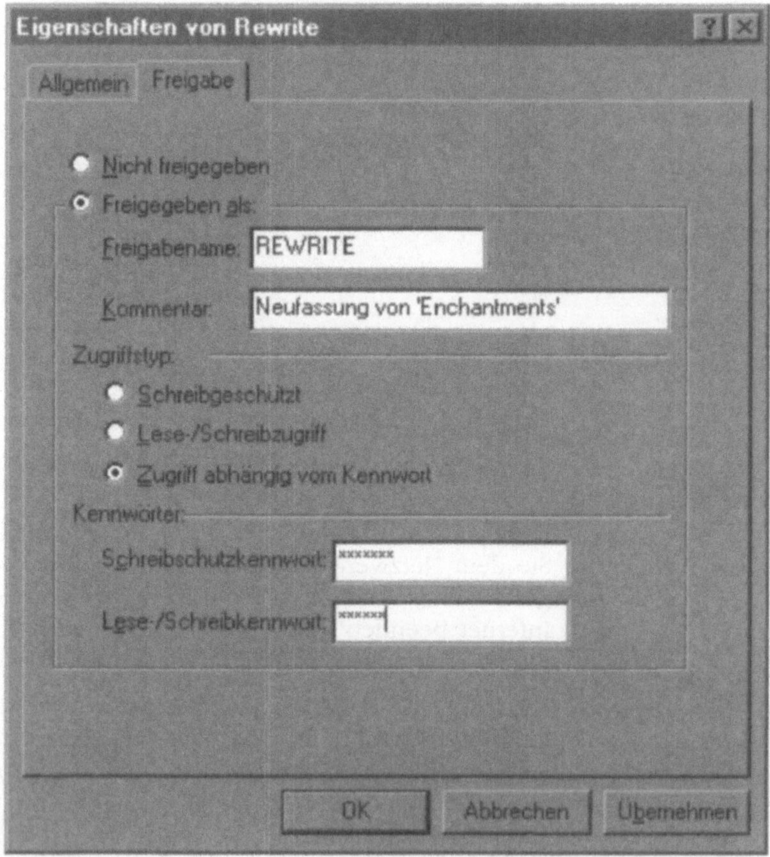

Abb. 5-2: Dateien und Ordner durch ein Passwort schützen

5.4 Dichtgemacht – die persönliche Firewall unter Windows XP

Unter Windows XP Professional und Home können Sie durch eine persönliche Firewall etwas für die Sicherheit in Ihrem Heimnetzwerk tun. Dazu ist es nötig, die Internetverbindungsfirewall zu aktivieren. Diese Funktion wurde für die Verwendung im Privatanwender- und Small Business-Bereich konzipiert. Sie bietet Schutz für Computer, die direkt mit dem Internet verbunden sind oder über einen Host-Computer mit Internetverbindungsfreigabe auf das Internet zugreifen. Die Firewall ist für LAN- oder DFÜ-Verbindungen verfügbar. Sie verhindert außerdem das Scannen von Anschlüssen und Ressourcen durch externe Quellen.

Gehen Sie wie folgt vor, um die persönlichen Firewall zu aktivieren:

1. Rufen Sie den Netzwerk-Assistenten auf, indem Sie auf ***Systemsteuerung*** zeigen und anschließend auf ***Netzwerkverbindungen*** doppelklicken.
2. Klicken Sie mit der rechten Maustaste auf die Internetverbindung, für die Sie die persönliche Firewall einrichten wollen. Wählen Sie die Option ***Eigenschaften***.
3. Klicken Sie auf die Registerkarte ***Erweitert*** und aktivieren Sie das Kontrollkästchen ***Internetverbindungsfirewall***.
4. Klicken Sie auf die Schaltfläche ***Einstellungen***, und wählen Sie die Programme, Protokolle und Dienste für die Konfiguration des persönlichen Firewalls aus.
5. Ein Klick auf ***OK*** beendet den Aktivierungs-Dialog.

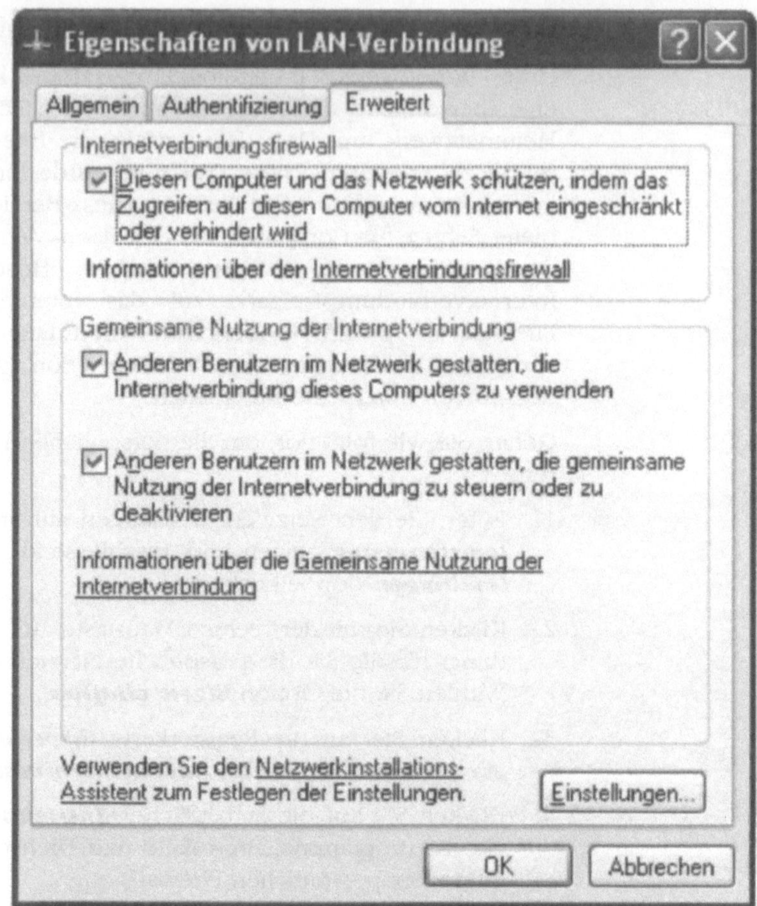

Abb. 5-3: Die Internetverbindungsfirewall aktivieren

5.5 Abkoppeln – automatische Trennung vom Internet

Ein anderer Weg Ihr Heimnetzwerk zu schützen, ist die automatische Trennung vom Internet nach einer bestimmten Zeit der Inaktivität. Mit anderen Worten: wenn der Computer merkt, da tut sich nichts mehr, trennt er die Verbindung.

Wann die Verbindung getrennt wird, können Sie als Option bei der Einwahlsoftware festlegen. Je nachdem, was für einen Internet-Zugang Sie verwenden, finden Sie die Option unter ***Einstellungen***. Dort können Sie die Zeit für die ***automatische Trennung*** einstellen.

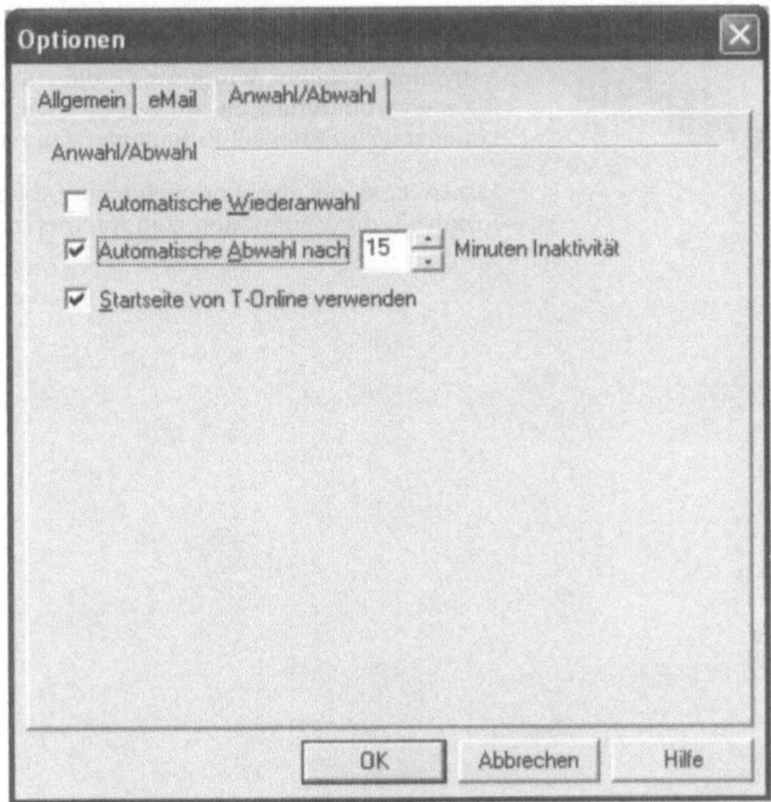

Abb. 5-4: Automatische Trennung vom Internet

Safety First – Präventivmaßnahmen

✓ In einem Heimnetzwerk können Ihnen Hacker Informationen stehlen, Ihren Computer fernsteuern und vieles andere mehr. Schützen Sie sich davor durch die Verwendung eines Hubs/Routers und der Network Address Translation (NAT). Dadurch verstecken Sie die Netzwerk-Computer vor dem Internet.

✓ Deaktivieren Sie zur absoluten Sicherheit die Datei- und Druckerfreigabe für die Zeit, die Sie im Internet verbringen.

✓ Schützen Sie freigegebene Dateien und Ordner durch ein Zugangspasswort. Geben Sie den anderen Benutzer nicht automatisch alle Rechte.

✓ Stellen Sie sicher, dass der Zugang zum Hub/Router mit einem Passwort gesichert ist. Nur so kann niemand die

Einstellungen ändern.

Checkliste

- ✓ Aktivieren Sie unter Windows XP die eingebaute Internetverbindungsfirewall. Besser noch: Verwenden Sie ein kommerzielles Firewall-Programm (siehe nächstes Kapitel).
- ✓ Lassen Sie den Computer nach einer bestimmten Zeit der Inaktivität die Verbindung zum Internet trennen.

6 Firewall – PCs hinter Schloss und Riegel

Das Internet ist von der Anlage her ein offenes Netzwerk, das die freie Kommunikation zwischen den Computern ermöglicht. Das ist auch der Grund, warum dieses weltweite Netz so populär ist.

Aber genau diese Offenheit macht das Internet zu einem gefährlichen Platz. Hacker und andere unfreundliche Zeitgenossen nutzen diese Freizügigkeit um Ihren Computer auf verschiedenen Wegen anzugreifen.

Ungebetene Gäste kommen nicht durch die Eingangstür. Und ein Computer hat viele Fenster, Keller- und Hintertüren, das werden Sie noch sehen. Falls Sie Ihr Netzwerk oder Ihren PC noch nicht durch eine Brandschutzmauer gesichert haben, wird es höchste Zeit eine Firewall zu installieren. Außerdem erfahren Sie, wie sich die Firewalls der Unternehmen von persönlichen Firewalls unterschieden – und wie Sie Ihr Netzwerk oder Computersystem durch eine Brandschutzmauer schützen. Da werden Ihre Augen leuchten.

6.1 Lücken im System – warum Sie eine Firewall brauchen

Der sicherste PC hat keinen Internet-Anschluss, steht in einem feuerfesten Panzerschrank und besitzt kein Disketten oder DVD/CD-ROM-Laufwerk. Leider kann man mit einem solchen Gerät nicht viel anfangen, in der heutigen Zeit müssen Computer miteinander vernetzt sein. Deshalb müssen andere Schutzmaßnahmen her. Wie zum Beispiel eine Firewall. Mit Firewalls lassen sich PCs und Netzwerke gegen unbefugte Zugriffe von außen absichern.

Trotz ihres Namens ist eine Firewall nicht unbedingt ein physikalisches Objekt. Es gibt zwar Firewall-Hardware, aber genauso gut kann man einen Computer auch durch ein kluges Programm schützen, das einem die Eindringlinge vom Leib hält. Auf dem Markt gibt es deshalb auch viele unterschiedliche Arten. Unterscheiden kann man zwischen Firewalls für Unternehmen und für persönliche Bedürfnisse.

Eine Firewall in einem Unternehmen ist oft ein geheimnisvolles und teueres Gerät. Meistens besteht sie aus einer Kombination von Hard- und Software. Diese Firewalls laufen nicht auf einem

PC, sondern sind eigenständige Computer, die die Aufgabe haben, Hacker und Schnüffler außen vor zu halten. Dazu verwenden sie eine raffinierte Software zur Analyse der Internet-Aktivitäten, so dass Spezialisten leicht herausfinden können, ob ein Hacker versucht hat in das Firmennetzwerk einzudringen.

Persönliche Firewalls sind viel einfacher. Sie bestehen meistens aus einem Programm, das auf einem PC installiert ist. Die Software ist natürlich nicht so leistungsfähig wie Firmen-Firewalls. Braucht sie auch nicht – persönliche Computer und Netzwerke benötigen so ein hohes Schutzpotenzial nicht. Firmen werden viel häufige von Hackern angegriffen als Privatpersonen, da gibt es einfach mehr zu holen.

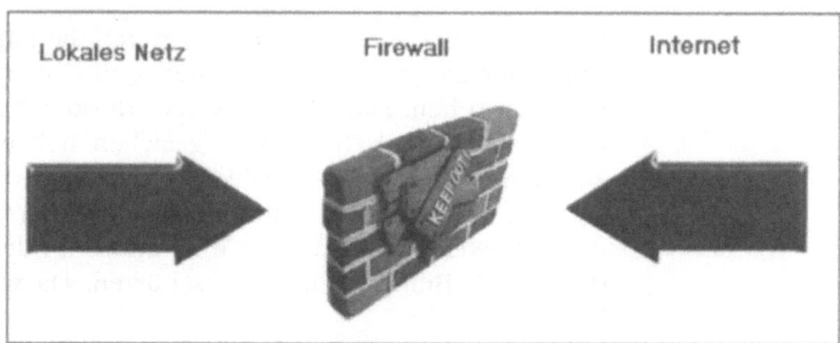

Abb. 6-1: Zwischen LAN und Internet - die Firewall

Desktop Firewall – Arbeiten ohne Sorgen

Jeder der sich Sorgen darüber macht, sein PC könnte von Hackern ausgeplündert werden, sollte sich mit einer Firewall schützen. Ganz besonders wichtig ist dieser Schutz für Benutzer von Kabel- oder DSL-Anschlüssen, die sich oft viele Stunden im Internet aufhalten. Dadurch werden sie anfälliger und verwundbarer.

> Hacker benutzen für Ihren Einbruch meistens vorhandene Software. Ein Teil davon sind sogenannte Scripts, das sind Programme, die fremde Computer automatisch auf Schwachstellen hin abklopfen. Dazu gehören nicht einmal große Computerkenntnisse, jeder kann sie benutzen, man bekommt sie auf den einschlägigen Seiten im Internet. Computer-Benutzer die keine große Ahnung vom Hacken haben, aber diese Scripts massiv einsetzen, werden deshalb Script-Kiddies genannt.

Nicht nur in Unternehmen, auch auf einem Einzelrechner im heimischen Arbeitszimmer ist eine Firewall durchaus sinnvoll. Die entsprechende Software bezeichnet man als Desktop Firewall oder Personal Firewall. Sie kontrolliert in der Regel die Kommunikation Ihres PCs mit dem Internet. Ihre Aufgabe ist es, Unzulänglichkeiten des Betriebssystems auszugleichen und ungewollte Zugriffe von außen zu verhindern. Einen Virenscanner kann sie allerdings nicht ersetzen.

Wenn Sie wissen möchten, was eine Desktop Firewall alles für Sie tun kann, hier sind die nackten Fakten:

- Sie verhindert dass sich Backdoor-Programm (wie Back Orifice, SubSeven oder Netbus) oder andere schädliche Programme auf Ihrem Rechner versteckt installieren können.
- Sie verhindert dass Ihr Computer mit einem anderen kommuniziert, ohne dass Sie davon wissen.
- Sie überprüft die Echtheit (Authentizität) des Benutzers und stellen fest, ob er berechtigt ist, eine Verbindung über die Firewall aufzubauen.
- Sie legt fest, mit welchen Protokollen und Diensten (z.B. E-Mail, FTP) und zu welchen Zeiten kommuniziert werden darf.
- Sie verhindert dass in bösartiger Absicht programmierte Java-, JavaScript- oder ActiveX-Komponenten von Ihrem Browser aktiviert werden.
- Sie überprüft, ob Kommandos genutzt oder Dateiinhalte übertragen werden, die nicht zur durch die Applikation definierten Aufgabenstellung gehören.
- Sie weist unberechtigte Zugriffe, die von außen auf Ihren PC ausgeführt werden, zurück.
- Sie protokolliert die Sicherheit betreffende wichtige Ereignisse und Verbindungsdaten. So können sie für die Beweissicherung von Handlungen der Benutzer und für die Erkennung von Sicherheitsverletzungen ausgewertet werden.
- Sie leitet Datenpakete um und weiter und verbirgt die Rechner eines Netzwerks vor dem Internet (NAT, siehe auch Kapitel 5).
- Sie gibt Alarm, wenn es zu Sicherheitsverletzungen kommt.

6.2 Stolperdraht – wie eine Firewall funktioniert

Vielleicht interessiert es Sie zu wissen, wie eine Firewall funktioniert? Wie macht bringt die Software es fertig, dass die Hacker nicht zum Zuge kommen? Wie verhindert sie, dass bösartige Programme auf Ihrem Computer Schaden anrichten? Fragen über Fragen – hier kommen die Antworten.

Um zu verstehen, wie eine Firewall funktioniert, müssen Sie ein kleines bisschen mehr über das Internet wissen. Wenn sich zwei Computer in einem Netzwerk „unterhalten" wollen, muss man vorher bestimmen, wie das geschehen soll. Dazu verwendet man ein sogenanntes Protokoll, in dem die Regeln für die Kommunikation festgelegt sind. Die Kommunikation im Internet basiert auf dem Protokoll TCP/IP. Dieses Protokoll steuert die in Datenpakete eingepackten Informationen durch das Internet.

TCP/IP ist die Abkürzung für Transmission Control Protocol/Internet Protocol. Es bezeichnet zumeist die ganze Familie von Protokollen, die ursprünglich für das US-Verteidigungsministerium entwickelt wurden, um Computer in verschiedenen Netzwerken miteinander zu verbinden.

Alle Datenpakte verlassen den Computer durch bestimmte Pforten, die Port genannt werden. Auf diesem Weg kommen andere in den Rechner herein. Ports sind logische Konstrukte, Sie brauchen Ihren Computer nicht aufschrauben und danach zu suchen. Jeder PC besitzt einige Tausend (genau 65535) Ports. Die meisten davon sind frei verfügbar, aber einige sind für bestimmte Internet-Anwendungen reserviert. So benutzt Ihr Browser den Port 80, wenn Sie im Internet surfen, Ihre E-Mails erhalten Sie über den Port 110.

Hacker finden schnell heraus, über welchen Port sie Ihren Computer angreifen können. Sie haben nicht gegen einen Computer ohne Firewall, ganz im Gegenteil. Sie benutzen dann einen dieser Ports, um in das System einzudringen.

An dieser Stelle kommt die Desktop Firewall ins Spiel. Sie verstecken die Ports vor dem Hacker, während Sie diese benutzen können. Das bedeutet: Jedes Mal wenn ein Hacker überprüft, ob ein Port geöffnet ist, sieht er – nichts. Das Paket kommt zu ihm zurück und es sieht so aus, als wäre an der Adresse überhaupt kein Computer.

Tun Sie sich den Gefallen und überprüfen einmal wie verwundbar Ihr Rechner ist. Auf den Online-Seiten von ***www.anti-***

trojan.net (es gibt auch noch andere Seiten dieser Art) können Sie online einen Portscan durchführen. Das Ergebnis lässt nicht lange auf sich warten.

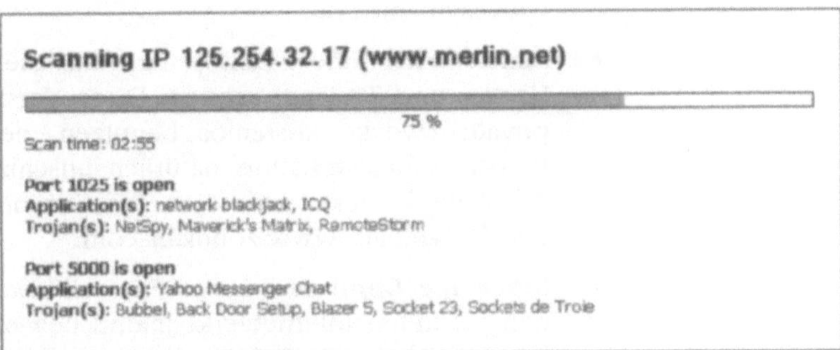

Abb. 6-2: Online-Portscan

Eine Desktop Firewall ist keine Einbahnstrasse, sie schützt Ihren Rechner noch auf eine andere Weise. Sie blockiert für jede Applikation auf Ihrem Computer den Zugang zum Internet. Das heißt, jedes Mal wenn eine Applikation versucht Ihren Computer mit dem Internet zu verbinden, erscheint ein Hinweis auf dem Bildschirm. Sie haben es dann in der Hand, die Verbindung zuzulassen oder zu unterbinden. Bei Ihrem E-Mail-Programm können Sie die Verbindung natürlich zulassen, aber wenn das ein Programm versucht von dem Sie noch nie etwas gehört haben, sollten Sie den Vorgang erst einmal stoppen und nachforschen, was es damit auf sich hat.

6.3 Verkehrskontrolle – wo Sie Firewall-Software bekommen

Computer-Sicherheit hat Hochkonjunktur. Deshalb bieten viele Hersteller von Antiviren-Software jetzt auch Desktop-Firewalls an oder binden diese in ihre Sicherheitspakete ein. Einige Produkte gibt es kostenlos, für andere zahlen Sie weit über 100 Euro. Doch nicht immer sind die teuren Lösungen auch die besten. Hier ist eine kleine Übersicht über die bekanntesten Desktop-Firewalls.

- ***Aladdin eSafe Desktop***: Eine Kombination aus Virenscanner, Firewall und einer Sandbox, die bösartigen Active-X-Codes oder Java-Scripten das Handwerk legen soll. Die Desktop-Variante des Produktes gibt es kostenlos, das Update der Virendatenbank allerdings nicht. Infos und Download: www.ealaddin.com.

- ***Norton Personal Firewall***: Kommerzielle Desktop Firewall mit umfangreichen Konfigurationsmöglichkeiten. Ein Virenscanner ist als Extra-Programm erhältlich. Infos unter: www.symantec.de.
- ***ZoneAlarm***: Eine Desktop Firewall, die zuverlässig gegen Hacker und Trojaner schützt. Diese Version können Sie für private Zwecke kostenlos benutzen, deshalb ist sie vom Preis-Leistungsverhältnis natürlich unschlagbar ☺. Für kommerzielle Zwecke wird eine Pro-Version angeboten. Infos und Download: www.zonelabs.com.
- ***Black Ice Defender***: Diese Firewall scannt im Hintergrund den gesamten Internetverkehr und beansprucht dabei kaum Systemressourcen. Bei Hacker-Angriffen aus dem Internet werden diese zurückverfolgt und mit IP-Adresse protokolliert. Mehrere Sicherheitsstufen stehen zur Auswahl. Die Stärken liegen beim Kontrollieren von Javascript- und ActiveX-Content. Für den Einsatz im lokalen Netzwerk steht die Version Black ICE Pro zur Verfügung. Infos: www.networkice.com.
- ***McAfee Personal Firewall***: Diese Firewall bildet eine Barriere zwischen dem Internet und Ihrem PC und verhindert so, dass Hacker auf Ihren Computer zugreifen können. Sobald Ihr Computer über das Internet angegriffen wird, erhalten Sie detaillierte Berichte und eindeutige Anweisungen zur weiteren Vorgehensweise. Infos: http://de.mcafee.com.
- ***Norman Personal Firewall:*** Eine Firewall, ein Virenscanner und ein Cookie-Manager. Zusätzlich erhalten Sie noch einen Werbeblocker. Mehrere Sicherheitsstufen sind vordefiniert. Auch für unerfahrene Benutzer geeignet. Für TCP/IP-Kenner gibt es detaillierte Konfigurationsmöglichkeiten. Infos: www.norman.com.
- ***Tiny Personal Firewall***: Die Firewall der US-Firma Tinysoftware ist für Privatanwender kostenlos erhältlich. Trotz eventueller Sprachbarrieren ist die Brandschutzmauer einfach zu installieren und zu bedienen. Download unter: www.tinysoftware.com.

6.4 Doppelt schützt besser – wie Sie sich mit einer Firewall absichern

Verwenden Sie neben einem Anti-Viren-Programm auch eine Firewall, doppelter Schutz ist einfach besser. Ähnlich wie bei den Unternehmens-Firewalls gibt es auch auf dem Markt der Personal Firewalls zahlreiche konkurrierende Angebote. Häufig können Sie die Software im Fachgeschäft kaufen, oft stehen die Programme auch zum Herunterladen bereit.

Favorit bei den Anwendern ist vielfach die ZoneAlarm-Firewall des amerikanischen Herstellers Zone Labs aus San Francisco. Grund für die Beliebtheit ist, dass ZoneAlarm für private Zwecke kostenlos abgegeben wird. Geld verdient das Unternehmen mit der wesentlich leistungsfähigeren Pro-Version und einer Firewall für Firmennetzwerke.

Maschendrahtzaun – mit ZoneAlarm sicher surfen

Um ZoneAlarm zu nutzen, müssen Sie die Software zunächst aus dem Internet herunterladen (Adresse siehe oben). Beim Hersteller bekommen Sie auch eine Testversion von ZoneAlarm Pro, die aber nur 28 Tage funktionsfähig ist. Lesen Sie sich die Informationen zum Downloaden durch und installieren Sie das Programm auf Ihrem Computer.

Nach der Installation überwacht ZoneAlarm die Netzwerkaktivität aller auf dem Rechner installierten Applikationen. Bei Bedarf können Sie die Kommunikation mit Servern im LAN oder dem Internet gezielt einschränken. Eine MailSafe-Funktion isoliert potenziell gefährlichen VB-Script-Code aus E-Mail-Anhängen.

Abb. 6-3: ZoneAlarm Startfenster

Die Firewall gewichtet Verletzungen der Filterregeln und gibt entsprechend farbcodierte und mit Erläuterungen versehene Warnungen aus. Außerdem verfügt die Software über ein gerade für Einsteiger sehr nützliches Quickstart-Tutorial sowie eine ausgezeichnete Hilfefunktion.

Zonengrenze – die Schutzstufen

Für die beiden Netzwerkzonen ***Lokal*** und ***Internet*** stehen die drei vorkonfigurierten Sicherheitslevel ***Low***, ***Medium*** und ***High*** zur Auswahl. Die Stufe High blockiert jeden nicht ausdrücklich von Ihnen erlaubten LAN- und WAN-Datenverkehr. Dadurch macht ZoneAlarm den geschützten Rechner nach außen praktisch unsichtbar. Der Nachteil dieses Modus: Auch im lokalen Netz ist der Computer bei entsprechender Einstellung weder zu erkennen noch zu erreichen.

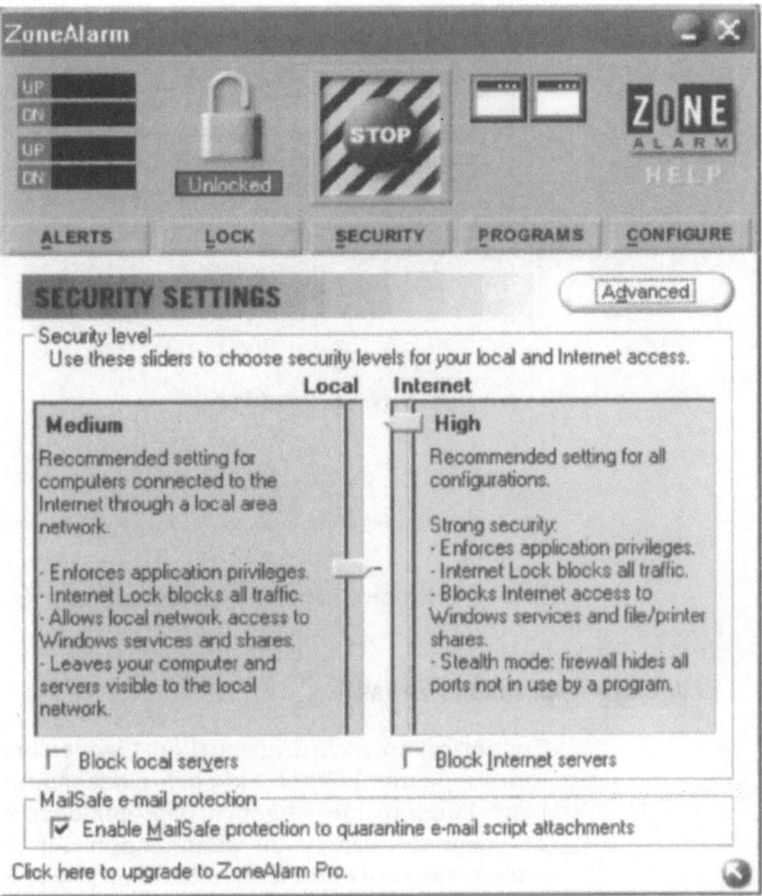

Abb. 6-4: Sicherheitslevel einstellen

Der mittlere Schutzlevel dagegen lässt lokalen Datenverkehr ungehindert passieren, so dass Zugriffe im lokalen Netzwerk weiter möglich bleiben. Welche Rechner oder Subnetze dabei als lokal gelten, können Sie über die ***Advanced***-Einstellungen des Security-Settings-Dialogs definieren. Im niedrigsten Schutzlevel überwacht ZoneAlarm für beide Sicherheitszonen nur die Programme, die nach außen Verbindung aufnehmen wollen. In allen Modi steht zusätzlich die Möglichkeit zur Verfügung, nach einer definierten Zeit ohne Netzaktivität – oder manuell über einen Not-Ausschalter – Zugriffe ins oder aus dem Internet komplett abzuriegeln (Internet Lock).

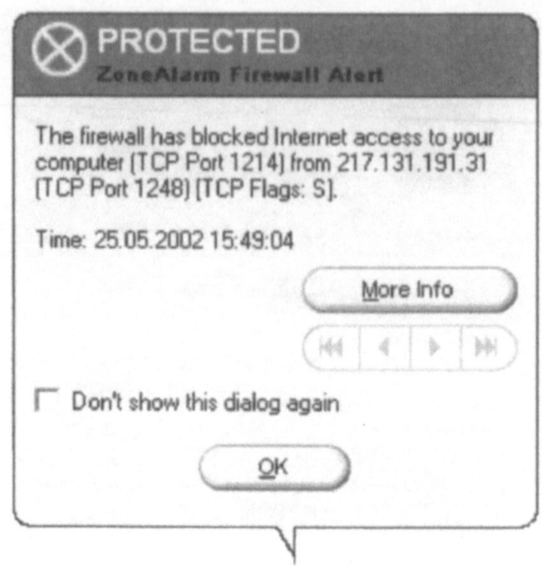

Abb. 6-5: Keine Chance für Eindringlinge

Feintuning – Application Firewall

ZoneAlarm ist nicht nur ein Port-Listener und Blocker, mit diesem Programm können Sie auch einzelnen Applikationen detaillierte Zugriffrechte vergeben. Die auf dem Rechner installierten Programme erhalten nur dann Zugriff auf das lokale Netzwerk oder Internet, wenn Sie es erlauben. Dazu registriert ZoneAlarm jede Applikation bei deren erstem Versuch, auf das Netzwerk zuzugreifen. Über ein Meldungsfenster können Sie den aktuellen Zugriff erlauben oder verbieten und diese Einstellung optional für künftige Zugriffe generalisieren.

Im Menü ***Programs*** finden Sie eine Liste der registrierten Anwendungen, wo Sie in einer Art Feintuning die Vergabe der Rechte regeln können. Für jede Applikation kann hier – nach lokaler und Internet-Zone getrennt – definiert werden, ob und wie sie mit dem Netz kommunizieren darf. Dabei können Sie auch festlegen, ob Programme auch als Server Daten nach außen weitergeben dürfen oder nicht.

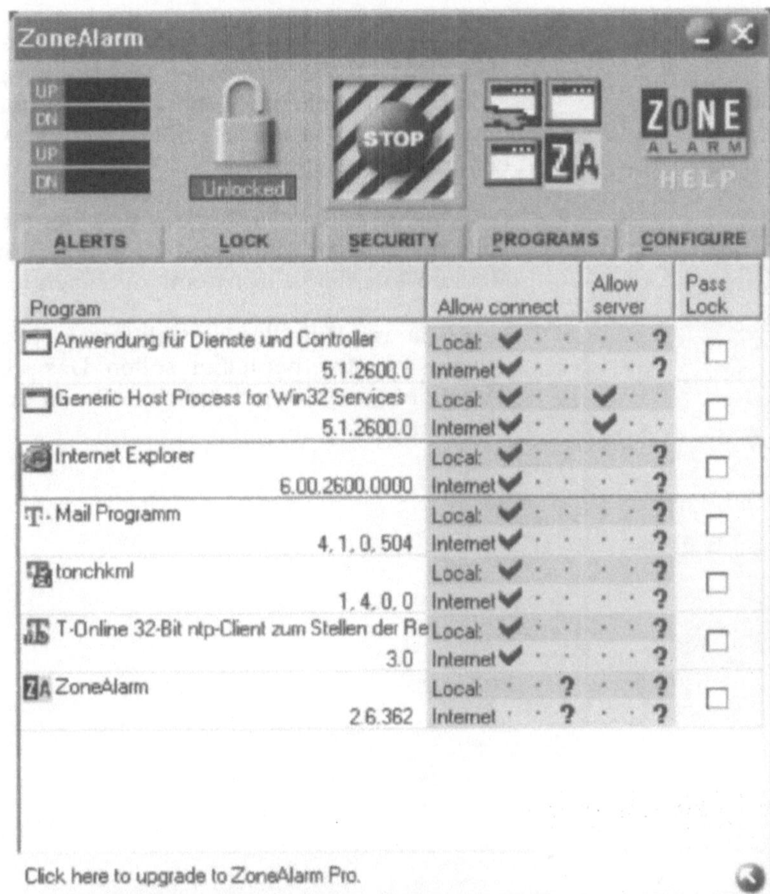

Abb. 6-6: Detaillierte Zugriffsrechte vergeben

Safety First – Präventivmaßnahmen

- ✓ Personal Firewalls blockieren die Internet-Ports und machen Ihren Computer für Hacker unsichtbar. Auf einem Rechner mit Zugang zu einem lokalen Netz oder erst recht dem Internet, sollten Sie Firewall-Software installieren.
- ✓ Viele Firewall-Programme bekommen Sie für die private Nutzung kostenlos. Trotzdem funktionieren diese Programme tadellos.
- ✓ Wenn Sie eine Firewall verwenden, stellen Sie die Schutzzonen für das lokale Netzwerk auf ***Medium***, für das Internet wählen Sie ***High***.

Checkliste

- ✓ Kommerzielle Firewalls enthalten oft Virenscanner und Module, die die übertragenen Daten einer genaueren Prüfung unterziehen. Hierbei können problematische Inhalte und Werbebanner herausgefiltert werden, was schon allein ein großer Nutzen ist.
- ✓ Denken Sie daran: Die Benutzung einer Firewall bietet keinen absoluten Schutz. Es vorsichtiger Umgang mit dem Medium Internet ist trotzdem angebracht.
- ✓ Legen Sie mit Hilfe der Firewall fest, welche Programme Zugang zum Internet haben sollen. Das schützt Sie vor dem Ausspionieren Ihrer persönlichen Daten durch Backdoor-Programme.

Teil 2: Internet – die Welt am Draht

7 Identitätsdiebstahl – digitale Doppelgänger

Wenn jemand Ihren guten Namen benutzt und damit allerhand Schaden anrichtet, haben Sie ein Problem. Dann sind Sie Opfer eines Identitätsdiebstahls (engl. „Identity theft") geworden. Im Land der unbegrenzten Möglichkeiten ist das recht einfach. Dort reicht die lebenslang gültige achtstellige Sozialversicherungsnummer, um jede Transaktion einem Urheber zuzuordnen. Gelangt ein Betrüger in den Besitz dieser Nummer, kann er damit einen Führerschein beantragen, Kreditkartengeschäfte tätigen und vieles mehr. Ein deutsches Pendant zur US-amerikanischen „Social ID-Number" gibt es glücklicherweise nicht. Die Nummer des Personalausweises enthält zwar Personendaten, die sind aber verschlüsselt. Aber damit sind Sie nicht aus dem Schneider. Auch bei uns gibt es zahlreiche Möglichkeiten eine Identität zu stehlen.

Lesen Sie, was Identitätsdiebstahl ist und warum auch Ihre Identität gestohlen werden kann. Was kann alles passieren, wenn Sie das Opfer eines Identitäts-Diebes geworden sind? Und ganz wichtig: Was Sie tun sollten, damit Ihnen niemals jemand Ihre Identität stiehlt, das könnte sonst einen ungünstigen Einfluss auf Ihren Blutdruck haben.

7.1 Unsichtbare Feinde – warum das Internet nicht ohne Risiko ist

Jeden Tag werden auch bei uns Personen Opfer eines Identitätsdiebes. Die Attacke auf die persönlichen Daten wird hauptsächlich über Computernetze ausgeführt. Identitätsdiebstahl zählt zu den am schnellsten wachsenden Delikten weltweit. Eine US-Regierungsstudie besagt, dass in den USA bereits etwa eine halbe Million Menschen pro Jahr als Opfer eines Diebstahls ihrer Identität finanziell geschädigt werden. Auch wenn am Ende es viele Opfer erreichen, dass ihre finanziellen Verluste ausgeglichen werden, der immaterielle Schaden bleibt unabsehbar.

Einzelne Informationen zu einer Person sind dabei für den Dieb wie Puzzlesteine, die bei immer größerer Vollständigkeit ein immer präziseres Bild ergeben – und so auch immer weitere Türen öffnen.

Je mehr Informationen gesammelt wurden, desto eindeutiger ist eine Person zu identifizieren und desto einfacher ist es, über diese vorgebliche Identität als souveräner Konsument auf Kosten jener Person und ihrer Konten aufzutreten.

Identitätsdiebstahl ist wahrscheinlich so alt, wie die Menschheit selbst, Computernetze, wie das Internet, haben es den Datendieben nur einfacher gemacht. Dabei werden die Methoden immer trickreicher, um an fremde Daten zu kommen. Avanciertere Techniken riskieren sogar den Hacker-Angriff auf Datenbanken von Institutionen und Firmen, um an die Daten von Personen zu gelangen. Hinzu kommen gefälschte Ausweise, Führerscheine und Sozialversicherungskarten, die über das Internet vertrieben werden. Dort kursieren inzwischen Anleitungen, die idiotensichere Methoden präsentieren, delikate finanzielle Informationen aus Angestellten und Kollegen, aber auch aus den Inhalten von Diskussionsforen und den Chat-Rooms herauszufiltern.

Kaum identifiziert – schon kopiert

Auch Ihre Identität kann gestohlen werden. Hier sind ein paar clevere Methoden, denen sich Identitätsdiebe besonders gerne bedienen.

- ***Stehlen oder Finden von Brieftaschen oder Geldbörsen***. Denken Sie daran, wie viele Dokumente mit persönlichen Daten Sie mit sich führen: Kreditkarten, EC-Karten, Führerschein und andere in Plastik eingeschweißten Informationen. Auch wenn Sie die Gegenstände zurückbekommen, können die Informationen gegen Sie verwendet werden.
- Eine neue Methode, die als ***Dumpster Diving*** bezeichnet wird. Dabei durchsuchen Datendiebe Papierkörbe und Müll nach Bank- und Kreditkarteninformationen, Rechnungen mit Kundennummern, persönliche Briefe und Schriftstücke. Sie glauben gar nicht, wie schnell sie dabei fündig werden.
- ***Aus dem Internet***. Chat-Rooms und Diskussionsforen sind eine wahre Fundgrube für persönliche Informationen. Oder suchen Sie in den großen Internet-Datenbanken einmal nach Ihrem Namen. Vielleicht werden Sie überrascht sein, wie viele Informationen Sie über sich finden.
- ***Betrug und Täuschung***. Das Opfer erhält eine E-Mail mit der „Bestätigung" einer Bestellung und dem Hinweis, dass die Kreditkarte des Opfers belastet wird, sofern es nicht

storniert. Die Stornierungs-Webseite fragt nach allen möglichen persönlichen Informationen: Kreditkartennummer, Sozialversicherungsnummer, Bankname, Adresse, Telefon, etc. Es liegt eine andere Gerissenheit darin, wie die Daten geerntet werden.

- ***Postdiebstahl***. Es gibt immer wieder Briefe, die nie im richtigen Briefkasten landen. Und mit ihnen die darin enthaltenen Bank-, Steuer- oder Kreditkarteninformationen. Besonders gemein ist auch das Abfangen von Bewerbungen. Dann haben die Datendiebe auch gleich Zeugnisse und Lebenslauf.
- ***Kaufen von Informationen von Insidern***. Auch Bank-, Versicherungs- oder Postangestellte haben nichts gegen eine gelegentliche „Aufbesserung" ihres Gehalts.
- ***Hacken von Webseiten***. Online-Shopping geht nicht ohne Kreditkarten- oder Bankinformationen und anderen persönlichen Daten. Manche Websites sind so schlecht gesichert, dass die Daten dort nur abgeholt zu werden brauchen.

Auch diese Aufzählung ist sicher nur die Spitze des Eisbergs. Es lässt sich leicht ausmalen, was mit den gestohlenen Informationen alles angefangen werden kann.

7.2 Social Enineering – bekannt und beliebt

Frei übersetzt bedeutet der Begriff: soziale Instrumentalisierung. Als Social Engineering wird ein Vorgehen bezeichnet, das Menschen aufgrund ihrer Gutgläubigkeit zu manipulieren versucht und somit anfällig macht für Missbräuche aller Art. Am besten lässt sich der Begriff anhand einiger Beispiele erklären: Ein dreister Dieb betreibt „Social Engineering", wenn er als Hauswart verkleidet ein Gebäude betritt und wie selbstverständlich Zutritt zu Räumen verlangt, die ihm sonst verschlossen blieben. Wer ihm die Tür aus lauter Hilfsbereitschaft aufschließt, ließ sich durch die Dreistigkeit bzw. durch dieses „Social Engineering" des Diebes blenden.

Es gibt zwei Arten von Social Engineering:

- ***Computer-unterstütztes Social Engineering*** – benutzt werden verschiedene Computer-Technologien, um Mitarbeiter auszutricksen.
- ***Von Menschen durchgeführtes Social Enineering*** – ein guter Social Engineer versucht zuerst einige Hintergrundin-

formationen über eine Person herauszufinden. In einem Unternehmen erforscht er die Basisstruktur sowie einige Namen von Mitarbeitern. Dabei helfen ihm Türbeschriftungen, ausgehängte Dienstpläne, Namen auf Web-Seiten etc.

Firmen investieren viel Zeit und Geld um ihr Netzwerk sicherheitstechnisch auf den letzten Stand zu bringen. Sie konzentrieren sich auf Upgrades, Security Kits und High-end-Verschlüsselung, vergessen dabei aber das schwächste Glied in ihrem System – die Mitarbeiter.

Anwendungsgebiete und Tricks

Hauptsächliche Anwendungsgebiete im IT-Bereich sind das Erschleichen von Passwörtern und die Installation von Trojanischen Pferden. Ein paar Anwendungsbeispiele:

- Dringender Anruf des „Systemverwalter".
- Falsche Behauptungen, dass in der Anlage einer Mail ein wichtiger Software-Patch oder ein Upgrade enthalten ist.
- Vortäuschung eines unterhaltsamen Inhalts, um den Anwender zur Ausführung eines Programms zu motivieren.
- Anbieten eines Nutzens, um Daten zu erschleichen (Bonus-Punkt-Programme).
- E-Mail so fälschen, dass sie von einem Vertrauten des Empfängers zu kommen scheint.
- Verpacken eines Schadprogramms so, dass es harmlos oder vertraut wirkt (z. B. Passwortfalle, Verwendung eines bekannten Icons).
- Ausnutzen der „Schwachstelle Mensch". Die klassischen Techniken sind:
    - verlocken, überreden
    - schmeicheln, verführen
    - bestechen, täuschen – Vorspiegeln falscher Tatsachen
    - hochstapeln, betrügen
    - unter Druck setzen – einschüchtern, bedrohen, erpressen.

Auch Virenschreiber haben längst erkannt, dass die größte Sicherheitslücke eines Computersystems der Mensch ist, der davor sitzt. Durch geschickte psychologische Tricks – eben durch dieses Social Engineering – werden Mail-Empfänger etwa dazu gebracht, einen Mail-Anhang zu öffnen. So werden in den Viren-Mails die verhängnisvollen Beilagen als Nacktbilder angepriesen, Dateien mit Endung .com als Weblinks getarnt oder Virenmails so formuliert, dass der Empfänger meint, bei der Beilage handle es sich um das Update eines seriösen Software-Herstellers oder um die Mailbotschaft eines guten Freundes.

Auch Mail-Hoaxes benutzen solche Psycho-Tricks, um die Leute mit einem Mix aus emotionell formulierten Behauptungen und falsch interpretierten Fakten dazu zu bringen, erstens den erfundenen Inhalt der Mail zu glauben und zweitens die Mail an viele weitere Personen weiterzuleiten.

Angriff auf die Zugangsdaten

Private Internet-Anschlüsse sind in Deutschlang gut und teuer. Zur Senkung der eigenen Rechnung versuchen es immer wieder einige Zeitgenossen auf Kosten anderer zu surfen. Sie fragen vielleicht, wie sie an die Informationen kommen? Zum Beispiel durch Social Engineering. Der folgende Trick ist alt, aber scheinbar fallen immer noch Menschen darauf herein. Sie erhalten eine E-Mail vom Kundendienst eines Internet-Anbieters. Etwa so:

Liebe Kundin/Sehr geehrter Kunde

Wie Sie vielleicht festgestellt haben, ist in der letzten Woche unsere EDV-Anlage komplett ausgefallen. Leider wurden auch Teile der Benutzerdatenbank in Mitleidenschaft gezogen. Wir bedauern diesen Vorfall außerordentlich. Um weiterhin eine korrekte Abwicklung zu gewährleisten, bitten wir Sie uns per E-Mail die folgenden Daten zukommen zu lassen: Name, Vorname, Adresse, Telefon, Online-Kennung, Passwort.

Für Ihre Mithilfe bedanken wir uns ganz herzlich. Als kleine Anerkennung bekommen Sie nach Eingang der Mail einen Betrag von 5 gutgeschrieben.

Ihr XYZ-Kundenservice

kundenservice@xyz.de

Sie können sich denken, was passiert, wenn Sie aufgrund dieser Mail Ihre Daten verschicken. Jemand surft auf Ihre Rechnung. Das ist ärgerlich und wird teuer. Doch damit ist die Angelegenheit noch nicht erledigt. Datendiebe haben die Angewohnheit, die ergaunerten Informationen an einschlägigen Stellen im Internet zu veröffentlichen. Die Folge: Hunderte surfen auf Ihre Kosten. Das kann Sie ruinieren.

7.3 Selbstschutz – seien Sie nicht blauäugig

Das klingt alles nicht gerade beruhigend. Doch wie immer im Leben, können Sie durch ein paar Vorsichtsmaßnahmen dafür sorgen, dass Sie nicht zu den Opfern gehören. Hier sind sie:

- Füllen Sie online keine Formulare aus, geben Sie Daten für Banken oder Behörden nur an, wenn diese Angaben verschlüsselt übertragen werden. Sie erkennen eine verschlüsselte Übertragung am Schlosssymbol im Web-Browser.
- Geben Sie von sich sowenig Informationen wie möglich preis. Außer nach dem Namen und der Adresse werden Sie oft nach dem Alter, Familienstand, Computersystem u.ä. gefragt. Diese Daten gehen niemanden etwas an. Machen Sie nur die minimalen Angaben.
- Veröffentlichen (posten) Sie keine persönlichen Informationen in Newsgroups oder Chat-Rooms.
- Überprüfen Sie jeden Monat Ihre Kontoauszüge und Kreditkarten-Rechnung. Bei Ungereimtheiten kontaktieren Sie sofort die Bank oder die Kreditkartenfirma.
- Notieren Sie sich in einer Notfallliste alle wichtigen Telefonnummern zum Sperren des Kontos, der Kreditkarte etc. So wissen Sie auch im Ausland, wo Ihnen meistens schnell und unbürokratisch geholfen wird.
- Melden Sie sofort den Diebstahl von Ausweisen, Kunden- oder Kreditkarten. Lassen Sie die Konten sofort sperren.
- Nehmen Sie sich ein paar Minuten Zeit und machen Sie einen persönlichen Sicherheitscheck. Überlegen Sie, welcher Schaden im schlimmsten Fall eintreten kann. Vielleicht ist es nicht nötig, wichtige Daten auf einem Rechner zu speichern, der einen Internet-Anschluss hat.
- Vertrauen ist in der heutigen Zeit ein kostbares Gut. Überlegen Sie genau, wer es verdient. Geben Sie keine Informationen preis, wenn Sie nicht wissen, wer sie erhält.
- Betrachten Sie Informationen und Programme aus dem Internet grundsätzlich als unzuverlässig. Sie können nicht beurteilen, ob Programme seriös sind oder einen Trojaner enthalten. Installieren Sie trotzdem ein Programm aus dem Inter-

net, beobachten Sie danach Ihren PC sehr genau. Achten Sie auf Warnmeldungen, Einwahlversuche etc.

- Speichern Sie niemals Passwörter, Kreditkarten- oder Kundennnummern auf Ihrer Festplatte, Klammer auf – siehe Kapitel 1 – Klammer zu.
- Nutzen Sie nur die aktuelle Version Ihrer Internet-Zugangssoftware. Nur sie enthält Schutz gegen bekannt gewordene Sicherheitslücken.

7.4 Erste Hilfe – wenn es Sie erwischt hat

Bleiben wir realistisch. Nicht überall im Internet lauern Piraten, die es nur darauf abgesehen haben, Ihre privaten E-Mails zu lesen. Nicht jeder „Chat-Partner" ist darauf aus, Sie um Ihre Ersparnisse zu erleichtern. Aber offenbar ist niemand sicher vor den Dieben, die sich eine andere Persönlichkeit aneignen wollen: Ein 18-jähriger britischer Hacker, der inzwischen festgenommen wurde, hat nach eigenen Angaben bei seinen Computereinbrüchen die Kreditkartennummer von Microsoft-Gründer Bill Gates gestohlen. Es nützt also nichts im Dunkeln zu pfeifen und zu hoffen: „Mir passiert schon nichts".

Wenn Sie glauben Opfer eines Identitätsdiebstahls geworden zu sein, hier ein paar Tipps, die Ihnen weiterhelfen:

- Kontaktieren Sie Ihre Bank oder Kreditkartengesellschaft. Erzählen Sie, was passiert ist und lassen Sie das betroffene Konto sperren. Lösen Sie dann das alte Konto auf und lassen Sie sich ein neues Konto mit einer neuen PIN geben.
- Erstatten Sie im Falle eines Diebstahls Anzeige bei der Polizei.
- Sichern Sie vorhandene ggf. E-Mails und andere Dokumente als Beweismittel. Profis können den Weg einer E-Mail zurückverfolgen (meistens jedenfalls).
- Passiert der Identitätsdiebstahl an Ihrem Arbeitsplatz benachrichtigen Sie Ihren IT-Sicherheitsbeauftragten.
- Installieren Sie beim geringsten Verdacht Anti-Spy-Software auf Ihrem Computer. Wir reden in Kapitel 11 noch ausführlich darüber.

Safety First – Präventivmaßnahmen

- ✓ Kaufen Sie sich auch für den Hausgebrauch einen Reißwolf. Bezahlte Rechnungen, Belege und Schriftstücke mit persönlichen Informationen gehören nicht in den Müll.
- ✓ Wenn Sie auch nur den leisesten Verdacht haben, dass jemand in den Besitz Ihrer Internet-Zugangsdaten gelangt ist, lassen Sie sich sofort ein neues Passwort geben.
- ✓ Benutzen Sie Ihren gesunden Menschenverstand. Überlegen Sie, ob das was man Ihnen versprochen hat, oder was von Ihnen verlangt wird, logisch oder gerechtfertigt ist. Sobald Sie den geringsten Zweifel haben, lassen Sie die Finger davon.
- ✓ Geben Sie niemals (!) Passwörter und Zugangsdaten in fremde Hände. Auch Mitarbeiter des Kundendienstes sind nicht berechtigt Sie nach dem Passwort zu fragen, weder telefonisch noch per E-Mail. Ist Ihr Passwort doch in fremde Hände gelangt, ändern Sie es sofort.
- ✓ Kündigen Sie jede Kreditkarte, jedes Bankkonto, jeden Internet- oder Telefon-Anschluss mit dem Missbrauch getrieben wurde. Eröffnen Sie ein neues Konto, beantragen Sie eine neue Kreditkarte oder neue Internet- und Telefon-Anschlüsse.

8 Was Ihr Browser alles verrät – und was Sie dagegen tun können

Die schlechte Nachricht zuerst: Es gibt keinen Datenschutz im Internet. Im weltweiten „Netz der Netze" mit grenzüberschreitenden Datenflüssen greifen nationale Regelungen nicht. Eine umfassende Kontrolle wäre unmöglich. Weil sich keine Instanz für Datenschutz und Datensicherheit im Internet verantwortlich ist, muss jeder Benutzer seine Daten selber schützen. Das Gute an dieser Situation ist, dass Sie dies auch weitgehend können.

Werfen wir einen Blick hinter die Kulissen. Zunächst nehmen wir ein paar Sicherheitseinstellungen an Ihrem Browser vor. Lesen Sie dann, welche Informationen ein Browser an eine Website übermittelt. Vorsichtige Menschen und Sicherheitsfanatiker wird es freuen zu erfahren, wie man den temporären Speicher (Cache) des Browsers leert. Und dann verwischen wir noch alle Spuren, über die zuletzt besuchten Webseiten und Sie erfahren, wie Sie Ihre E-Mail-Adresse verbergen und ein paar trickreiche Einstellungen an Ihrem Browser vornehmen können. Wir lassen nicht nach, wir legen nach. Zum Schluss erfahren Sie noch, wie Sie anonym im Web surfen können. Das ist doch endlich einmal eine gute Nachricht, die Sie das Elend der Welt für ein paar Minuten vergessen lässt.

8.1 Der Browser – die erste Verteidigungslinie

Ein richtig eingestellter Web-Browser ist so schwierig zu finden, wie ein Maikäfer im Januar. Besonders beim Internet Explorer ahnen das viele Benutzer gar nicht in welcher Gefahr sie schweben oder sie nehmen es mit den Sicherheitseinstellungen nicht so genau. Ein Grund für die Unsicherheit sind einige durchaus gut gemeinte Funktionen des Browsers, die dem Benutzer das Leben erleichtern sollen und großen Freiraum für individuelle Einstellungen lassen. Doch gerade bei den Browser-Einstellungen ist etwas Sorgfalt durchaus am Platz.

Während Sie im Internet surfen, lädt Ihr Browser laufend Dateien aus dem Internet auf Ihre Festplatte. Das ist auch gar nicht weiter problematisch, denn die weitaus meisten Dateien sind völlig harmlos. Aber Ihr Computer kann auch auf schädlich Programme treffen und dann ist Schluss mit lustig. Zum Glück besitzt der Internet Explorer und andere Browser einige Sicherheitsmechanismen, um die Gefahr etwas zu verringern, ganz ausschließen können Sie diese leider nicht.

Der Internet Explorer unterteilt das Internet in sogenannte Webinhaltszonen. Für jede dieser Zonen gibt es eine angemessene Sicherheitsstufe. Es existieren zwei generelle Zonen: das Internet und das lokale Intranet. Alles, was außerhalb des eigenen Netzes liegt, wird dem Internet zugerechnet, während Inhalte im Heimnetzwerk zum Intranet gehören. Es liegt auf der Hand, dass die Sicherheitseinstellungen für das Internet viel strenger sind als für das lokale Netzwerk. Abhängig von der jeweiligen Sicherheitseinstellung für diese Zonen erlaubt der Internet Explorer das Herunterladen von Dateien, informiert Sie über mögliche Gefahren oder blockiert das Herunterladen völlig. Die beiden anderen Zonen, die vertrauenswürdigen und die eingeschränkten Sites, erlauben es Ihnen, den IE genauer an Ihre Bedürfnisse anzupassen. Legen Sie fest, welchen Seiten Sie vertrauen und welchen nicht. Der Sicherheit in Ihrem Netzwerk kann das nur gut tun.

Grundsätzlich gelten alle Sicherheitseinstellungen beim Internet Explorer nur für den Computer, an dem Sie gerade arbeiten, sie haben keine Auswirkungen auf die anderen Computer im Netzwerk. Sollen die gleichen Regeln für alle Rechner im Heimnetzwerk gelten, bleibt Ihnen die manuelle Konfiguration nicht erspart. Ach so – falls Sie einen anderen Browser benutzen finden Sie dort ähnlich Konfigurationsmöglichkeiten.

Aus die Maus – die richtigen Sicherheitseinstellungen

Die vom Hersteller vorgenommenen Standardeinstellungen für die einzelnen Zonen sind für den durchschnittlichen Benutzer angemessen. Trotzdem sollten Sie Ihre Sicherheitseinstellungen individuell anpassen.

1. Starten Sie den Internet Explorer und wählen Sie die Option ***Internetoptionen*** aus dem Menü ***Extras***.
2. Aktivieren Sie die Registerkarte ***Sicherheit***. Markieren Sie dort die ***Webinhaltszone***, die Sie anpassen möchten. Klicken Sie dann auf ***Standardstufe***.
3. Für die Sicherheitsstufen haben Sie drei Einstellungsmöglichkeiten: ***Niedrig***, ***Mittel*** und ***Hoch***. Eine generelle Empfehlung kann hier nicht gegeben werden. Wenn Sie sehr genaue Vorstellungen davon haben, welche Inhalte Sie herun-

terladen möchten, können Sie die Einstellungen individuell anpassen. Klicken Sie dazu auf den Button ***Stufe anpassen***.

4. Im neuen Fenster Sicherheitseinstellungen können Sie Einstellungen für die verschiedenen Inhaltstypen vornehmen.

5. Wiederholen Sie die Schritte ggf. auch für die anderen Sicherheitszonen und klicken Sie abschließend auf die Schaltfläche ***Übernehmen***.

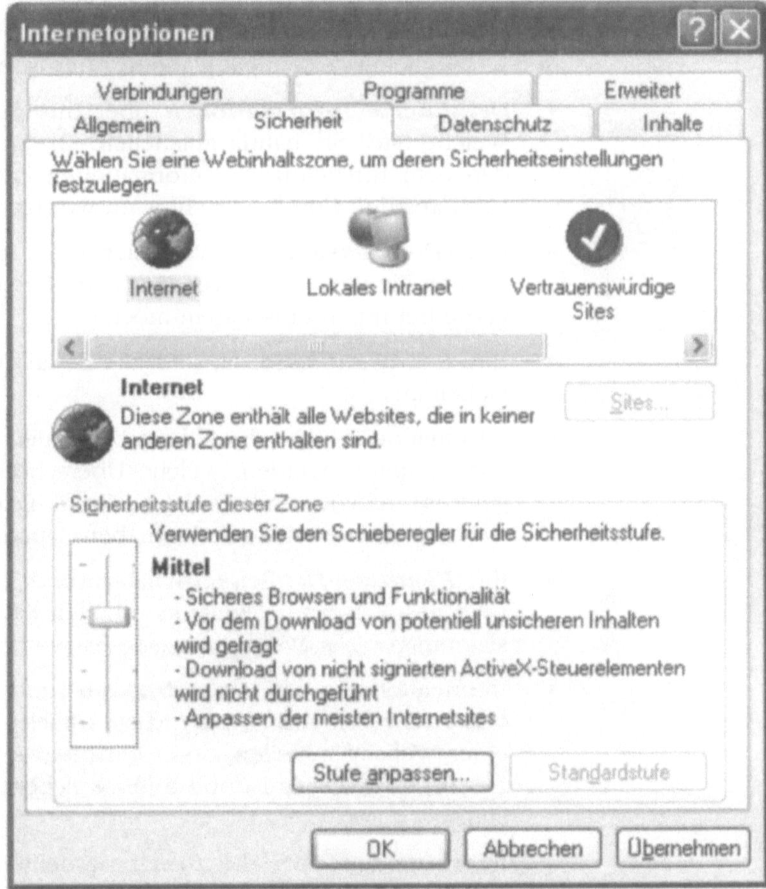

Abb. 8-1: Sicherheitsstufen festlegen

Bei Ihrem Surfen im Internet ist Ihnen sicher schon aufgefallen, dass sich viele Web-Seiten die Einstellungen merken, die Sie bei Ihrem letzten Besuch vorgenommen haben. Diese werden in sogenannten Coockies (Keksen) auf Ihrer Festplatte gespeichert. Sie dienen dazu, Sie bei der Site als wiederkehrende Besucher zu identifizieren. Lesen Sie im nächsten Kapitel, warum Cookies nicht immer süß sind, und weshalb Sie diese unbedingt im Auge behalten sollten.

8.2 Verräterische Datenspuren – so einfach geht das

Vielleicht wissen Sie es gar nicht: Bei einem Besuch einer Web-Seite verraten Sie auch eine Menge Dinge über sich selbst. Es wird Sie interessieren, was das für Informationen sind. Sie werden es möglicherweise nicht glauben. Hier ist eine Aufstellung:

- ***Detaillierte Informationen*** über Ihre Surf-Gewohnheiten. Welche Sites Sie häufig aufsuchen. Ob Sie sich für Sport oder mehr für finanzielle Informationen interessieren. All das kann aus den Cookies erschlossen werden.
- Ihre ***IP-Adresse***. „Wen interessiert schon meine IP-Adresse", werden Sie vielleicht fragen. Antwort: Einen Hacker, der sich gerne bei Ihnen umschauen möchte.
- Ihre ***E-Mail-Adresse***. Ja, auch die E-Mail-Adresse bleibt kein Geheimnis.
- Informationen über die zuletzt besuchten ***Newsgroups***. Es kann ermittelt werden, welche Überschriften und Texte Sie gelesen haben und welche Garfik-Datei Sie bei den Newsgroups heruntergeladen haben. Dumm gelaufen.
- Ihre ***Benutzer-ID***. Bei der Installation des Internet Explorers oder des Netscape Navigators erhalten Sie Benutzer-ID. Diese kann von der Website ausgelesen werden.
- Informationen über Ihren ***Browser*** und das ***Betriebssystem***. Das überrascht jetzt nicht wirklich, Ihr Browser kann einer Website mitteilen, ob er ein Internet Explorer oder ein Netscape Navigator ist und unter welchem Betriebssystem er läuft.
- Informationen über die zuletzt besuchten ***Web-Seiten***. Ihr Browser verwahrt diese Informationen eine Weile. Noch mehr Informationen dieser Art befinden sich im Browser-Cache. Dort finden Sie jede Seite, die Sie sich in de letzten Zeit angesehen haben.

Es ist schon erstaunlich, wie viele Informationen sich auf diese Weise auf Ihrer Festplatte angesammelt haben. Glücklicherweise müssen Sie diese Daten nicht bei jedem Besuch einer Website preisgeben. Was Sie dagegen tun können, lesen Sie in den folgenden Abschnitten.

8.3 Der gläserne Surfer – was der Browser Cache über Sie verrät

Ihr Web-Browser führt ein Art Tagebuch. Beim Besuch einer Web-Seite wird der Inhalt komplett mit allen Grafiken auf Ihren PC übertragen. Sie landen im sogenannten Browser Cache und werden in einem bestimmten Ordner gespeichert. Deshalb können Sie eine Seite auch sofort wieder lesen, wenn Sie den Zurück-Button Ihres Browsers klicken. Sie wird nämlich aus dem Cache-Speicher geladen, der Computer muss sie nicht erneut über das Internet anfordern. Aus diesem Grund wird ein Cache überhaupt angelegt.

Der Internet Explorer speichert diese Informationen im Ordner C:\Windows\Temp\Temporary Internet Files\ContentIE5.

Der Netscape Navigator verwendet dafür C:\Programme\Netscape\Users\<Benutzername>\Cache.

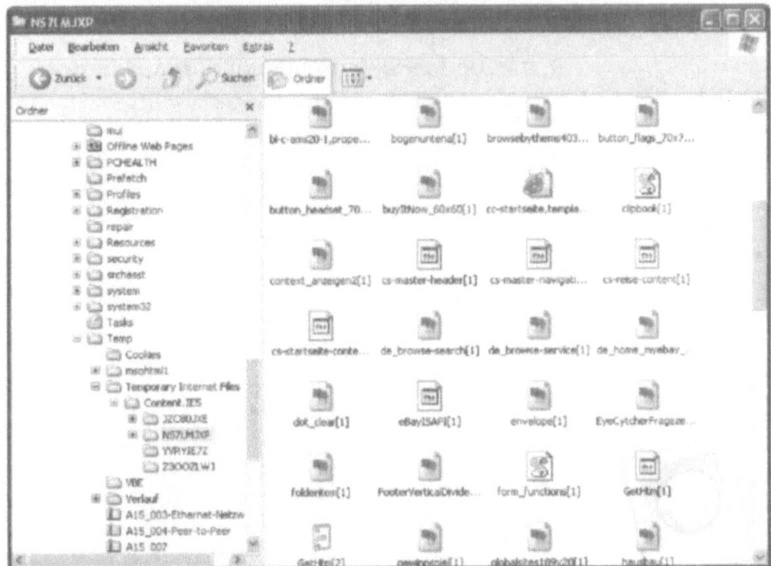

Abb. 8-2: Inhalt des Internet Explorer Cache

Schon beim Betrachten der Abbildungen erhält jeder Datenschnüffler Rückschlüsse auf die Seiten, die Sie besucht haben. Es gibt aber noch andere Wege, den Browser-Cache zu rekonstruieren, wie zum Beispiel durch Programme, die überall im Internet erhältlich sind.

About My Cache ist ein kleines Programm zur Analyse der Browser Caches vom Internet Explorer, Netscape Navigator und Opera. Die Analyse erzeugt eine HTML-Datei, mit Titel, URL und die Angabe von jedem Dateityp im Cache-Ordner. Sie können die Informationen filtern und nach verschiedenen Kriterien sortieren. Sie bekommen dieses Freeware-Programm und andere unter der Adresse: www.download.com.

Um zu verhindern, dass jemand in Ihrem Browser-Cache rumschnüffelt, verfügen alle Browser über eine Funktion zum Leeren des Speichers. So finden Sie den Weg beim Internet Explorer:

6. Starten Sie den Internet Explorer und wählen Sie die Option ***Internetoptionen*** aus dem Menü ***Extras***.
7. Gehen Sie zur Sektion ***Temporäre Internetdateien*** und klicken Sie dort auf den Button ***Dateien löschen***.
8. Bestätigen Sie die Sicherheitsabfrage. Die Dateien werden nun gelöscht (das kann etwas dauern, schließlich können es einige Tausend sein). Das schafft Platz!
9. Beenden Sie anschließend den Dialog.

Abb. 8-3: Temporäre Internet-Dateien löschen

Der Internet Explorer kann in dieser Angelegenheit noch etwas mehr für Sie tun, nämlich die Informationen erst gar nicht sammeln, sondern sie nach Beendigung der Sitzung automatisch löschen. Das erreichen Sie so:

1. Starten Sie den Internet Explorer und wählen Sie die Option ***Internetoptionen*** aus dem Menü ***Extras***.
2. Aktivieren Sie die Registerkarte ***Erweitert***.
3. In der Sektion ***Sicherheit*** finden Sie den Eintrag ***Leeren des Ordners „Temporary Internet Files" beim Schließen löschen***.

4. Beenden Sie den Dialog durch einen Klick auf den Button ***Übernehmen***.

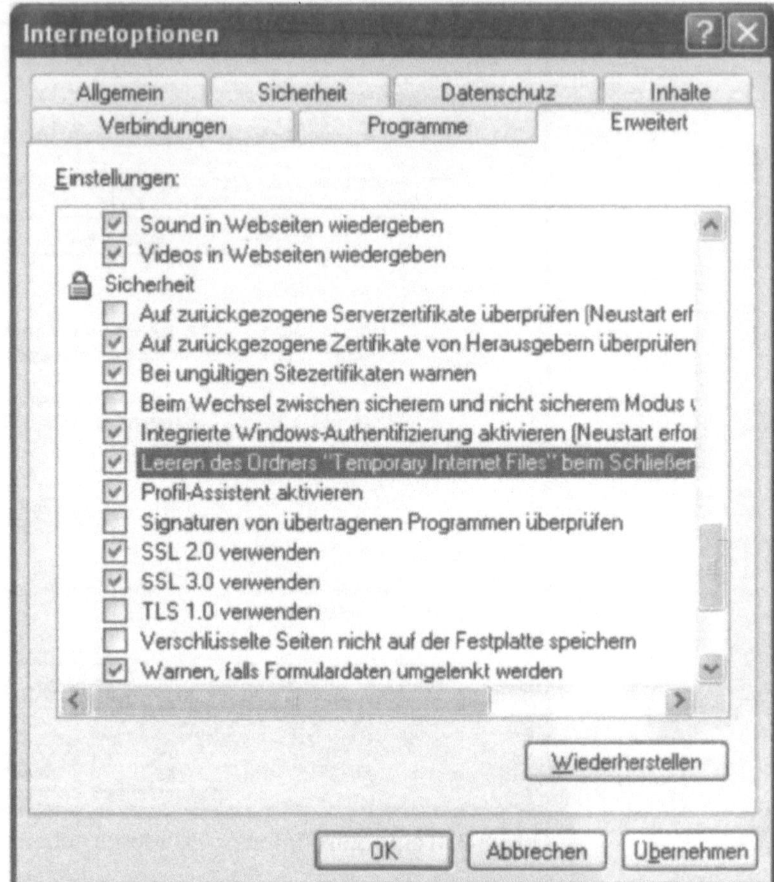

Abb. 8-4: Cache nach Beendigung des IE löschen

8.4 Ab in die Tonne – den Ordner Verlauf löschen

Elefanten gehören zu den wenigen Landtieren, die nicht springen können. Das ist vielleicht auch gut so, dafür haben diese Riesen aber ein ausgezeichnetes Gedächtnis. Auch Ihr Browser hat ein viel besseres Gedächtnis als Sie. Er erinnert sich daran wo Sie sich überall im Web aufgehalten haben, auch noch nach langer Zeit. Und er ist, wie Sie nun wissen, ein Plappermaul und erzählt es jedem, der es wissen möchte. Wie dumm von ihm.

Wenn Sie möchten, dass Ihr Browser seinen „Schnabel" hält und nicht mehr alles ausplaudert, können Sie den Ordner „Verlauf" löschen. Darin speichert er nämlich diese Informationen.

Beim Internet Explorer ist das ganz einfach, andere Browser verfügen wieder über ähnliche Funktionen.

1. Starten Sie den Internet Explorer und wählen Sie die Option ***Internetoptionen*** aus dem Menü ***Extras***.
2. Auf der Registerkarte ***Allgemein*** finden ganz unten die Sektion ***Verlauf***. Klicken Sie hier auf den Button ***Verlauf leeren***. Alle Informationen im Ordner Verlauf werden nun gelöscht.

Abb. 8-5: Ordner Verlauf leeren

3. Möchten Sie, dass diese Informationen überhaupt nicht aufbewahrt werden, setzen Sie bei ***Tage, die die Seiten in „Verlauf" aufbewahrt werden*** auf Null.
4. Klicken Sie anschließend auf den Button ***Übernehmen*** und schließen Sie alle Dialogfenster.

8.5 Versteckspiel – wie Sie Ihre E-Mail-Adresse verbergen

Während Sie durch das Web surfen, teilt Ihr Browser jedem, der es wissen möchte, Ihre E-Mail-Adresse mit. Und nachher wundern Sie sich, woher die ganze Werbung kommt, die Ihnen per E-Mail zugeschickt wird. Das muss nicht sein. Wenn Sie möchten, können Sie Ihre E-Mail-Adresse verstecken – oder, falls es Ihnen lieber ist, eine falsche Adresse verwenden. Dazu müssen Sie nur die E-Mail-Einstellungen ändern.

Beim Internet Explorer klicken Sie dazu im Menü ***Extras*** auf die Option ***Mail und News*** und anschließend auf ***E-Mail lesen***. Dadurch starten Sie das E-Mail-Programm Outlook Express. Falls Sie andere Einstellungen haben, können Sie Outlook Express auch aus dem Start-Menü starten. In Outlook Express können Sie Ihre E-Mail-Adresse jetzt löschen. Das ist natürlich nur sinnvoll, wenn Sie Outlook Express nicht zum Versenden von E-Mail verwenden.

Wie das Löschen funktioniert hängt von der Outlook-Version ab, die Sie verwenden. Bei der Version 6 geht das so:

1. Wählen Sie im Menü ***Extras*** die Option ***Konten***.
2. Aktivieren Sie die Registerkarte ***E-Mail***.
3. Markieren Sie Ihr E-Mail-Konto (meistens finden Sie hier nur eines) und klicken Sie auf den Button ***Eigenschaften***.
4. Löschen Sie auf der Registerkarte ***Allgemein*** Ihre E-Mail-Adresse. Sie können ebenso gut alle Eintragungen auf dieser Registerkarte löschen.
5. Klicken Sie auf ***Übernehmen*** und schließen Sie alle Dialogfenster.

Abb. 8-6: Die E-Mail-Adresse löschen

Noch einmal: Sie können die E-Mail-Adresse nicht löschen, wenn Sie mit Outlook Express Ihre E-Mails verschicken, oder Sie müssen Sie jedes Mal neu eintragen. Sicherheit kostet Bequemlichkeit – und zwar immer.

8.6 Newsgroups – peinliche Abonnements löschen

Lesen Sie die Newsgroups? Diese Diskussionsgruppen im Internet sind Foren für eine unüberschaubare Vielzahl von Themen. Bereits am Namen lässt sich erkennen, über was in einer bestimmten Gruppe diskutiert wird. So werden zum Beispiel in der deutschsprachigen Gruppe „de.comp.jobs“ Stellenangebote im Computerbereich bekannt gemacht. Damit Sie alle Diskussionsbeiträge automatisch bekommen, können Sie die Gruppen abonnieren. Das entspricht dem Bookmark oder Lesezeichen, das Sie für WWW-Seiten anlegen können. Ihr „Newsreader" – das Programm zum Abonnieren und Lesen der Newsgroups – führt eine Liste aller abonnierten Gruppen. Wenn Ihre Kollegen sehen, dass Sie sich für Computerjobs interessieren, ist das wahrscheinlich unproblematisch. Aber dass Sie „alt.support.cancer" oder „alt.sex.fetish" abonniert haben, muss Ihr Chef nicht unbedingt wissen.

Hier sind die Gegenmaßnahmen:

- Richten Sie keine Abonnements für kritische Diskussionsgruppen ein.
- Sie können jede Gruppe auch einfach dann anwählen, wenn Sie die Beiträge gerade lesen wollen. Das macht zwar etwas mehr Arbeit – Adressen notieren und jeweils per Hand eingeben, dafür bleiben Ihre privaten Neigungen aber Privatsache.
- Statt mit einem Newsreader können Sie die Gruppen ebenso gut im Web lesen, zum Beispiel bei Web.de oder Google.de.
- Löschen Sie alle bisher gespeicherten Nachrichten und Abonnements der problematischen Gruppen.

8.7 Hyperlinks – verräterische Farben

Dass Weblinks ihre Farbe ändern, wenn Sie das Angebot besucht haben, ist durchaus praktisch: So erkennen Sie in Verzeichnissen auf einen Blick, welchen Hyperlinks Sie bereits gefolgt sind. Allerdings kann damit auf Ihrem Bildschirm auch jeder andere sehen, wo Ihre Interessenschwerpunkte liegen.

Wenn das ein Problem für Sie ist, helfen Ihnen ein paar kleine Tricks diese Spur zu tilgen. Setzen Sie die Anzeige der gesehenen Seiten in Ihrem Web-Browser gelegentlich zurück, indem Sie den Ordner Verlauf löschen.

In einigen Browser haben Sie dazu die Möglichkeit im Einstellungs-Menü anzugeben, wie vielen Tagen genutzte Hyperlinks automatisch wieder in der Standardfarbe dargestellt werden. Manchmal können Sie auch die Farbveränderung komplett abschalten.

Verwenden Sie den Internet Explorer 6 vergeben Sie einfach identische Farben für genutzte und frische Hyperlinks. Folgen Sie diesen Schritten:

1. Starten Sie den Internet Explorer und wählen Sie die Option ***Internetoptionen*** aus dem Menü ***Extras***.
2. Auf der Registerkarte ***Allgemein*** finden ganz unten einen Button mit der Aufschrift ***Farben***. Klicken Sie darauf.
3. Im Dialogfenster ***Farben*** ordnen Sie nun den Links für ***Besucht*** und ***Nicht besucht*** die gleiche Farbe zu.
4. Klicken Sie auf ***OK*** und ***Übernehmen***.

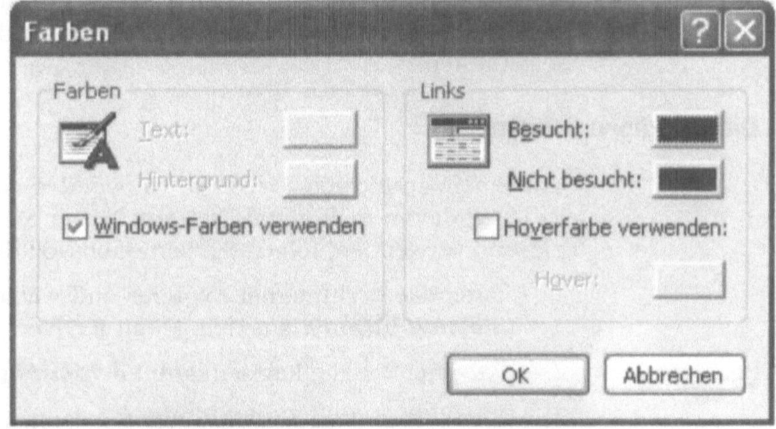

Abb. 8-7: Gleiche Farben für besuchte und nicht besuchte Links

8.8 Auf Nummer sicher – anonym surfen

Das sichere Surfen im Web erfordert, wie Sie gesehen haben, ein wenig Arbeit und Zeit. Es gibt jedoch einen Weg, bei dem Sie sich die ganze Mühe sparen und sich trotzdem sicher im Web bewegen können.

Wenn Sie aus Datenschutzgründen Ihre persönlichen Informationen verbergen möchten, können Sie sich auch eines anonymen Proxy-Servers, auch ***Anonymizer*** genannt, bedienen. Dieser Server steht irgendwo auf der großen weiten Welt und nimmt die Anfragen Ihres Browsers entgegen. Die gewünschten Web-Seiten holt er in Ihrem Namen ab und leitet diese an Sie weiter. Der Webserver kennt daher nur die Adresse des Anonymizers.

Solche Anonymizer gibt es viele im Web. Die meisten sind kostenlos, einige lassen sich ihre Dienste bezahlen. Wie finden Sie solche Proxy-Server? Die einfache Antwort: Google! (www.google.de). Eine Anfrage bei dieser Suchmaschine ergibt Tausende von Treffern. Das Thema „Anonymität im Internet" ist sehr beliebt, entsprechend viele Seiten befassen sich damit. Eine sehr gute Seite mit einer Liste anonymer Proxy-Server bietet www.multiproxy.org.

Das größte Manko einer Reihe von anonymen Proxy-Servern ist ihr geringes Tempo – da wird das Surfen zur Geduldsprobe. In diesem Fall wechseln Sie den Server. Listen wie die auf www.Multiproxy.org sind nach Geschwindigkeit sortiert: Oben stehen die Schnellsten. Dennoch: Sie müssen das Tempo immer selbst testen.

Die Tarnkappe aufsetzten

Um einen anonymen Proxy zu verwenden, müssen Sie Ihren Browser davon in Kenntnis setzten. Wenn Sie den Internet Explorer 6 verwenden, folgen Sie vertrauensvoll diesen Schritten:

1. Starten Sie den Internet Explorer und wählen Sie die Option ***Internetoptionen*** aus dem Menü ***Extras***.
2. Aktivieren Sie die Registerkarte ***Verbindungen***.
3. Über den Button ***Einstellungen*** gelangen Sie zum Dialogfenster ***DFÜ-Einstellungen***. Tragen Sie dort die IP-Adresse und Portnummer des anonymen Proxy-Servers ein.
4. Über die Schaltfläche ***Erweitert*** konfigurieren Sie verschiedene Proxy-Server für die Dienste SHTTP, FTP, Gopher und Socks. Dort lassen sich auch IP-Adressen angeben, die ohne Proxy genutzt werden sollen.
5. Wenn Sie über ein LAN eine Verbindung zum Internet aufbauen, sollten Sie die Option ***Proxyserver für lokale Adressen umgehen*** aktivieren.
6. Im Bereich ***Automatische Konfiguration*** können Sie – wie es manche Administratoren in LANs tun – ein Script eintragen, das den Proxy-Server automatisch konfiguriert. Proxy-Verwaltungs-Tools werden immer jeweils auf dem Localhost (127.0.0.1) und dem Standard-Port (8088) konfiguriert. Verwechseln Sie nicht die DFÜ- mit den LAN-Einstellungen (sofern vorhanden). Beide lassen sich für Proxy-Betrieb konfi-

gurieren. Doch bei PCs mit direktem Internet-Zugang ist immer der DFÜ-Proxy zu konfigurieren.

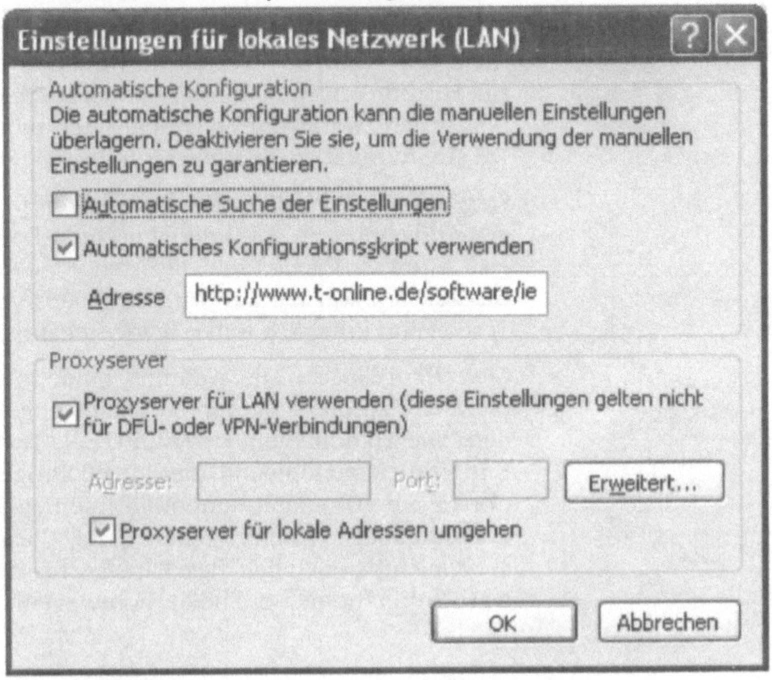

Abb. 8-8: Einen anonymen Proxy-Server festlegen

Ob der Proxy-Server Ihre IP-Adresse tatsächlich geändert hat, prüfen Sie zum Beispiel auf der Webseite http://privacy.net/-anonymizer nach, indem Sie die Seite erst ohne Tarnkappe und dann mit Proxy-Unterstützung besuchen.

> Natürlich können die Anwender-Daten auch auf dem anonymen Proxy-Server aufgezeichnet werden – wer kann das überprüfen? Verwenden Sie allerdings einen ausländischen Server gelten dort möglicherweise andere Gesetze zum Beispiel bezüglich des Datenschutzes: Wie lange müssen die Daten (IP-Adresse, Zeitpunkte und URLs) gespeichert werden? Erst wenn Sie gelöscht sind, ist eine Verfolgung nicht mehr möglich.

8.9 Die Löschbrigade – Online-Spuren verwischen

Per Handarbeit ist das Vernichten von Surf-Spuren ein mühseliges Unterfangen, zum Glück gibt es auch Tools die dem Nutzer die Arbeit abnehmen. Hier sind die besten Tools, mit denen sich die verräterischen Internet-Überbleibsel tilgen lassen, um die eigene Privatsphäre angemessen zu schützen.

- ***TraXEx*** verwischt sämtliche Spuren der eigenen Online-Sitzungen, vom Browser-Cache und den URL-Listen bis hin zur History und den Cookies. Das Löschen geschieht beim Systemstart wahlweise manuell oder mit dem integrierten TraXEx-Automaten. Shareware. Infos: www.almisoft.de.
- ***Steganos InternetSpuren-Vernichter*** – mit diesem Programm lassen sich alle unerwünschten Daten wieder beseitigen. Browser-Cache, Verlaufslisten, Cookies, Favoriten und Lesezeichen werden auf Wunsch restlos vernichtet. 30-Tage-Testversion erhältlich unter: www.steganos.com.
- ***ClearProg*** löscht alle während einer Internet-Sitzung vom Internet Explorer auf der Festplatte abgelegten Informationen. Die Handhabung des Mini-Tools ist recht einfach: ein Knopfdruck genügt und das kleine Programm entsorgt die Cookies, den Verlauf, temporäre Internet-Dateien und die in der Adressleiste eingetragenen URLs. ClearProg versäumt es auch nicht, den Inhalt des Papierkorbs zu entleeren. Freeware: http://home.t-online.de/home/svenho/start.htm.

Safety First – Präventivmaßnahmen

✓ Ihr Web-Browser enthält eine Menge persönlicher Information. Durch geschickte Konfigurationen können Sie dafür sorgen, dass die Software diese Informationen nicht weitergibt.

✓ Löschen Sie zum Schutz Ihrer Privatsphäre den Browser Cache und den Ordner Verlauf. Entfernen Sie auch Ihre E-Mail-Adresse, falls Sie Outlook Express nicht zum Versenden Ihrer E-Mails verwenden.

✓ Die Artikel der Newsgroups lesen Sie besser bei einer Suchmaschine wie Web.de oder Google.de. Das ist zwar etwas umständlicher, aber dort müssen Sie die Gruppen nicht abonnieren. So hinterlassen Sie keine Datenspuren.

✓ Verwenden Sie für benutzte und nicht benutzte Hyperlinks die gleichen Farben.

✓ Benutzen Sie einen anonymen Proxy-Server, wenn Sie unerkannt im Web surfen wollen.

9 Vorsicht Cookies! – Krümel auf der Festplatte

Der Name Cookies (dt. ~ Kekse, Plätzchen) klingt ja zunächst ganz lecker, wenn man genauer hinschaut, vergeht einem aber leicht der Appetit. Diese Kekse sind bei Web-Surfern ungefähr so beliebt wie Gefriertruhen in der Arktis. Trotzdem gibt es sie in allen Größen und Geschmacksrichtungen. Es sind kleine Informations-Stückchen die von Websites auf Ihre Festplatte geschrieben werden. Dort schreiben sie hinein, wer Sie sind und was Sie auf der Website zuletzt gemacht haben. Cookies werden verwendet, um eine Profil des Benutzers zu erstellen. Das muss nicht unbedingt negativ sein: Auf manchen Websites surfen Sie dank Cookies komfortabler und erreichen schneller Ihr Ziel. Dennoch ruft es ein ungutes Gefühl hervor, wenn man überall im Netz seine Fingerabdrücke hinterlässt.

Wir müssen uns in diesem Kapitel darum kümmern, dass diese kleinen Datenspione nicht Ihre Festplatte voll krümeln. Erst einmal lesen Sie, was es mit diesen Datenhäppchen aus sich hat, wo der Browser sie speichert, wie Sie die Dinger wieder loswerden und wie Sie zu einem richtigen Cookie-Killer werden. Also: Rückenlehne senkrecht stellen, Gehirn hochfahren und ran an die Maus.

9.1 Spione und Krümelmonster

Cookies sind also kleine Datenmengen, die vom Betreiber einer Website auf Ihrem Rechner gespeichert werden. Dadurch wird im einfachsten Fall ein wiederholter Zugriff von Ihnen (genauer: des Browsers auf dem Computer, den Sie verwenden) auf das Internet-Angebot erkennbar, doch die Anwendungsmöglichkeiten gehen weit über diese Feststellung hinaus.

Typischerweise werden Cookies eingesetzt, damit Sie das Angebot des gewählten Webservers auf Ihre persönlichen Belange hin abstimmen können bzw. um dem Webserver zu ermöglichen, sich auf Ihre (vermuteten) Bedürfnisse einzustellen. Ursprünglich sollten Cookies das elektronische Einkaufen erleichtern: Sie können zum Beispiel in einem Warenangebot bestimmet Artikel auswählen, die Sie kaufen möchten. Der Server speichert die Kennungen dieser Produkte beim Nutzer und kann auf der Bestellseite diese Informationen wieder abrufen, um die Bestellung automatisch – bequem für Sie als Käufer – auszufüllen.

Der Betreiber einer Website kann Sie mit Hilfe von Cookies aber auch beim Betreten der Startseite eindeutig markieren und Ihnen seine Zugriffe auf Folgeseiten zuordnen. Leider ist es möglich, aus geeignet gewählten und eingerichteten Cookies ein Nutzungsprofil zu erstellen, das vielfältige Auskunft über Sie gibt und Sie als Zielperson zum Beispiel für Werbebotschaften identifiziert, die dann in Web-Seiten eingeblendet werden. Wenn Sie sich im Rahmen einer Bestellung irgendwann einmal identifiziert haben, kann dem Profil Ihr Name zugeordnet werden.

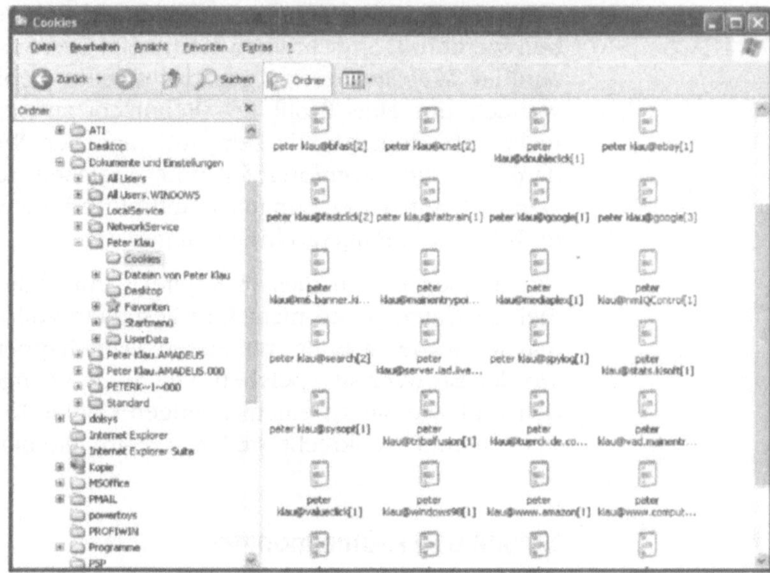

Abb. 9-1: Cookies auf der Festplatte

Eine Manipulation des Computers über die Speicherung und Abfrage der Cookie-Dateien hinaus ist mit dem Cookie-Mechanismus selber nicht möglich. Da die Cookie-Informationen, die auch benutzerbezogene Passwörter für Web-Seiten umfassen können, jedoch in einer Datei im Dateisystem auf dem Rechner gespeichert werden, kann ein Unberechtigter beispielsweise mit Hilfe von ActiveX-Controls darauf zugreifen, wenn Sie sich nicht dagegen schützen.

9.2 Kein Naschwerk – was Cookies alles speichern können

Cookies sind Textdateien, die in einem bestimmten Ordner auf Ihrer Festplatte gespeichert werden. Jeder Keks besteht aus zwei Teilen, dem Cookie-Namen und dem Inhalt. Jede Website kann beliebigen Inhalt in ein Cookie schreiben. Oft findet man dort auch ein Datum für die maximale Gültigkeit des Inhalts. Weiter werden dort Benutzernamen und Passwort (verschlüsselt) abgelegt. Meistens sind die Daten außerdem so zerhackt, dass nur die Website sie versteht, die sie geschrieben hat. Cookies werden sicher nicht die Welt verändern, aber vielleicht interessiert es Sie, was man damit alles anfangen kann.

- ***Sie identifizieren Sie als Benutzer auf einer Website und melden Sie automatisch an.*** Viele Websites bieten einen Extra-Service für registrierte Benutzer. Auch ohne Websites müssen wir uns schon genug Passwörter merken. Außerdem ist es sehr umständlich, jedes Mal seinen Benutzernamen und sein Passwort eingeben zu müssen. Hier helfen Cookies. In den meisten Fällen kann werden Sie vorher gefragt, ob das Passwort gespeichert werden soll oder nicht.
- ***Sie gestalten Web-Seiten nach Ihren Wünschen.*** Vielleicht möchten Sie besondere Informationen angezeigt bekommen. Auf großen Websites können die angezeigten Seiten individuell gestalten. Das wird dann in den Cockies gespeichert.
- ***Sie geben Ihnen Informationen, nach denen Sie nicht einmal fragen brauchen.*** Von Ihren früheren Besuchen weiß die Website, dass Sie sich für die Fußball-Bundesliga interessieren. Bei Ihrem nächsten Besuch werden Ihnen die Ergebnisse angezeigt, ohne dass Sie danach fragen müssen.
- ***Sie zeigen Ihnen Anzeigen, die Sie (vielleicht) interessieren.*** Lachen Sie nicht, manche Menschen mögen Werbung. Vielleicht interessiert es Se ja auch, das es von Ihrem Auto jetzt die GTX-Supercharger-Ausführung gibt. Dann müssen Sie nur noch das Geld dafür auftreiben.
- ***Sie können noch viel mehr.*** Den Einfällen der Programmierer sind scheinbar keine Grenzengesetzt. Sicher werden jetzt gerade irgendwo neue Cookies gebacken.

9.3 Alles im Griff – wo Coockies aufbewahrt werden

Wenn ein Webserver ein Cookie auf Ihrem Computer speichern will, kann er die Informationen nicht einfach irgendwo hinschreiben, niemand würde sie wiederfinden. Deshalb gibt es dafür ein bestimmtes Verzeichnis. Klingt einfach, aber im Internet ist nichts einfach. Wohin diese Informationen geschrieben werden, hängt nämlich davon ab, welchen Browser Sie benutzen.

Warum das so ist? Vielleicht eine Laune der Natur, ein Irrtum der Evolution.

Wie dem auch sei, der Netscape Navigator und der Internet Explorer schreiben die Cookies also in verschiedene Verzeichnisse, deshalb müssen wir jetzt alles doppelt lernen.

Wo der Internet Explorer die Cookies versteckt

Wenn Sie mit dem Internet Explorer 6 auf den virtuellen Wellen durch das Web surfen, schauen Sie in das Verzeichnis:

C:\Dokumente und Einstellungen\<Benutzername>\Cookies

Um die Konfusion perfekt zu machen, können sich die Cookies, je nach Version des Browsers, aber auch in einem anderen Verzeichnis befinden. Wenn Sie viel Zeit haben, werden Sie den Ordner mit dem Windows Explorer bestimmt lokalisieren.

Der Internet Explorer legt für jedes Cookie eine separate Datei an. Es ist eine ganz normale Textdatei, deren Name mit Ihrem Benutzernamen beginnt. Danach folgt ein „@"-Zeichen und der Name der Website, die das Cookie gespeichert hat (Beispiel: Hans_Mustermann@support.microsoft). Manchmal folgt danach noch eine Zahl in eckigen Klammer: [1], [2]. Sie können also immer herausfinden, welche Website das Cookie angelegt hat. Ebenso leicht ist es, sich den Inhalt des Cookies anzeigen zu lassen, bei Windows XP reicht dazu ein Doppelklick auf das Datei-Symbol.

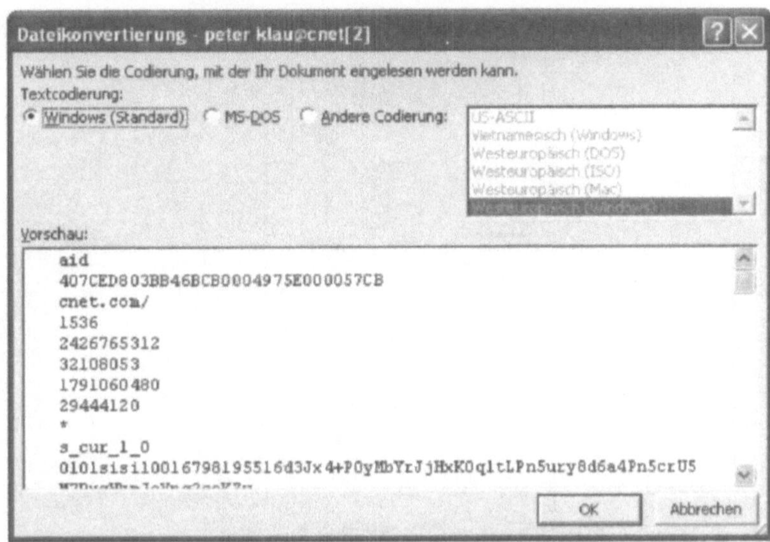

Abb. 9-2: Den Inhalt eines Cookies anzeigen lassen

Durch den Doppelklick öffnet sich ein Fenster, in dem Sie den Inhalt des Cookies angezeigt bekommen. Klicken Sie auf OK erscheint der Text in einem Word-Fenster, wo Sie ihn unter einem anderen Namen speichern können. Mit ein bisschen Glück können Sie das Datum Ihres letzten Besuchs erkennen, weitere Angaben werden Ihnen wohl verschlossen bleiben.

Wo der Netscape Navigator die Cookies ablädt

Der Netscape Navigator behandelt Cookies ein wenig anders als der Internet Explorer. Anstatt für jede Website eine Datei anzulegen, schreibt der Browser in eine Textdatei, die unter dem Namen – Sie ahnen es bereits – ***COOKIE.TXT*** gespeichert wird. Sie finden die Datei im Verzeichnis:

C:\Alle Programme\Netscape\Users\<Benutzername>.

Cookies ziehen Datenschnüffler magisch an. Es wird Sie überraschen, dass viele Websites den Benutzernamen und das Passwort in die Cookies schreiben. Wenn die dann noch nicht einmal verschlüsselt sind, kann sich jeder Datenschnüffler unter Ihrem Namen beider Website anmelden. Es ist in diesem Fall eine gute Idee zumindest das Passwort zu löschen.

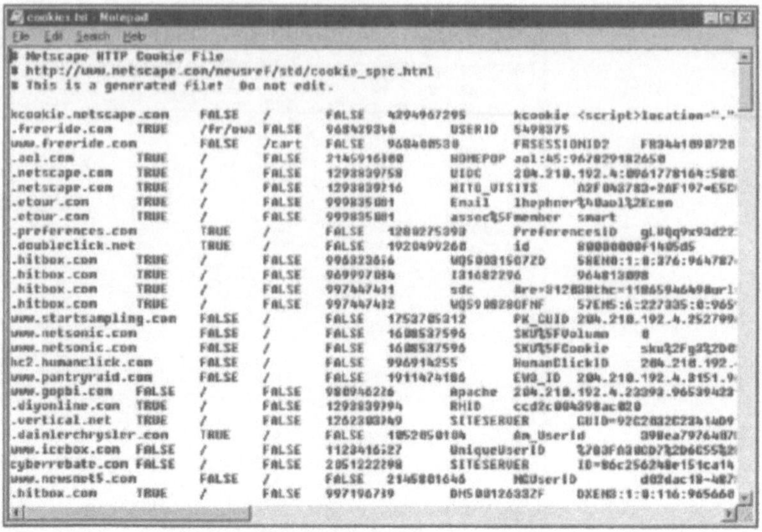

```
cookies.txt - Notepad
File  Edit  Search  Help
# Netscape HTTP Cookie File
# http://www.netscape.com/newsref/std/cookie_spec.html
# This is a generated file!  Do not edit.

kcookie.netscape.com     FALSE   /        FALSE   4294967295    kcookie <script>location=".
.freeride.com   TRUE    /fr/owa FALSE   968429340       USERID  5498375
www.freeride.com        FALSE   /cart   FALSE   968400530       FRSESSIONID2    FR9441090728
.aol.com        TRUE    /       FALSE   2145916100      HOMEPOP aol:45:967829182650
.netscape.com   TRUE    /       FALSE   1293839758      UIDC    204.210.192.4:0961778164:580
.netscape.com   TRUE    /       FALSE   1293839216      HITS_VISITS     A2F0A3783-2AF197-E5C
.etour.com      TRUE    /       FALSE   999835001       Email   lhephner%40aol%2Ecom
.etour.com      TRUE    /       FALSE   999835001       assoc%5Fmember  smart
.preferences.com        TRUE    /       FALSE   1280275393      PreferencesID   gLUQq9x93d22
.doubleclick.net        TRUE    /       FALSE   1920499260      id      80000000f1405d5
.hitbox.com     TRUE    /       FALSE   996323616       WQS0031507ZD    SRENO:1:0:376:964787
.hitbox.com     TRUE    /       FALSE   969997084       131682296       964813098
.hitbox.com     TRUE    /       FALSE   997447431       sdc     Are=3120Athc=1106594649Aurl
.hitbox.com     TRUE    /       FALSE   997447432       WQS900280FNF    57EM5:6:227335:0:965
www.startsampling.com   FALSE   /       FALSE   1753705312      PK_GUID 204.210.192.4.252799
www.netsonic.com        FALSE   /       FALSE   1600537596      SKU%5FVolume    0
www.netsonic.com        FALSE   /       FALSE   1600537596      SKU%5FCookie    sku%2Fg2%2D0
hc2.humanclick.com      FALSE   /       FALSE   996914255       HumanClickID    204.210.192.
www.pantryraid.com      FALSE   /       FALSE   1911474186      EWO_ID  204.210.192.4.8151.9
www.gopbi.com   FALSE   /       FALSE   980946226       Apache  204.210.192.4.22393.96539423
.diyonline.com  TRUE    /       FALSE   1293839794      RMID    ccd2c004398ac020
.vertical.net   TRUE    /       FALSE   1262303749      SITESERVER      GUID=92C2032C2341409
.daimlerchrysler.com    TRUE    /       FALSE   1052050104      Am_Userid       390ea797640
www.icebox.com  FALSE   /       FALSE   1123416327      UniqueUserID    %7B3FA30CD7%2D6C55%2
cyberrebate.com FALSE   /       FALSE   2051222298      SITESERVER      ID=86c256240e151ca14
www.newsnet5.com        FALSE   /       FALSE   2145801646      MCUserID        d02dac10-487
.hitbox.com     TRUE    /       FALSE   997196739       DMS00126332F    DXEN0:1:0:116:965660
```

Abb. 9-3: Netscape Cookie-Datei

> Noch eine Warnung: Versuchen Sie nicht die Datei COOKIE.TXT zu ändern. Obwohl das mit jedem Texteditor möglich ist, mag der Netscape Navigator das überhaupt nicht. In dem meisten Fällen wird die Datei durch eine Manipulation unbrauchbar.

9.4 Zerkrümeln – Aktionen gegen die Daten-Sammelwut

Das Speichern von Cookies auf Ihrer Festplatte müssen Sie den Websites nicht erlauben, schließlich ist es Ihr Computer. Und natürlich können Sie auch bereits gespeicherte Cookies wieder löschen. Genaugenommen ist es sogar das Beste, was Sie zum Schutz Ihrer Privatsphäre tun können. Ohne große Anstrengung können Sie etwas gegen die Sammelwut der Websites unternehmen, nämlich:

- Cookies von der Festplatte löschen
- Verhindern, dass neue Kekse auf Ihrem Computer landen
- Einige Cookies speichern und den Rest außen vor lassen

Wie das im Einzelnen geht, werden wir uns jetzt genauer anschauen.

Radikalkur – Cookies löschen

Wenn Sie der Meinung sind, dass Cookies in die Keksdose gehören, aber nicht auf Ihre Festplatte, sollten Sie diese löschen. Das können Sie manuell durchführen, besser geht das aber mit einem Cookie-Manager (siehe auch Abschnitt 9.6). Davon gibt es mal wieder jede Menge, einige wiederum kostenlos.

Aber das Löschen geht auch ohne Hilfe. Gehen Sie mit dem Windows Explorer in das Verzeichnis in dem sich die Cookies befinden. Drücken Sie die Tastenkombination ***Strg + A*** und wählen Sie die Option ***Löschen*** aus dem Menü ***Bearbeiten***. Ebenso können Sie einzelne Cookies markieren und löschen. Das war´s. Es ist vorbei, die Cookies sind Geschichte.

Beim Netscape Navigator haben Sie natürlich nur eine Datei zu löschen – COOKIE.TXT.

Cookies? – nein danke!

Es gibt guter Gründe, das Speichern neuer Cookies auf der Festplatte zu unterbinden. Auch hierzu eigenen sich Cookie-Manager ausgezeichnet, aber auch den Internet Explorer oder den Netscape Navigator so konfigurieren, dass sie Cookies dankend ablehnen. Beginnen wir mit dem Internet Explorer 4-5 (bei Version 6 ist das wieder ein bisschen anders, mehr darüber im Abschnitt 9.6).

1. Starten Sie den Internet Explorer und wählen Sie die Option ***Internetoptionen*** aus dem Menü ***Extras***.
2. Aktivieren Sie die Registerkarte ***Erweitert***.
3. Suchen Sie die Sektion ***Cookies.*** In manchen Versionen finden Sie auch die Option ***Sicherheitseinstellungen***. In jedem Fall gelangen Sie zu dem Dialogfenster, dass Sie in der folgenden Abbildung erkennen können.

Abb. 9-4: Internet Explorer – Cookies deaktivieren

4. Deaktivieren Sie die Optionen ***Cookies annehmen, die gespeichert sind*** und ***Cookies pro Sitzung annehmen***, wenn Sie gar keine Cookies mehr zulassen wollen. Hier sind je nach Bedarf auch andere Kombinationen möglich.
5. Beenden Sie den Cookie-Dialog und schließen Sie alle Fenster.

Noch einmal der Hinweis: Wenn Sie alle Cookies löschen und neue blockieren, werden Sie von den Websites nicht mehr als Kunde erkannt und müssen jedes Mal Ihre Kennung und das Passwort eingeben. Einige Websites werden Ihnen den Zugang sogar verweigern.

Kommen wir zum Netscape Navigator. Zum Ausschalten der Cookies folgen Sie vertrauensvoll diesen Schritten.

1. Starten Sie den Netscape Navigator.
2. Wählen Sie die Option ***Einstellungen*** im Menü ***Bearbeiten***.
3. Suchen Sie die Sektion ***Erweitert***. Dort finden Sie die Rubrik Cookies. Wählen Sie hier die Option ***Cookies dekativiern***.
4. Schließen Sie alle Bildschirmfenster.

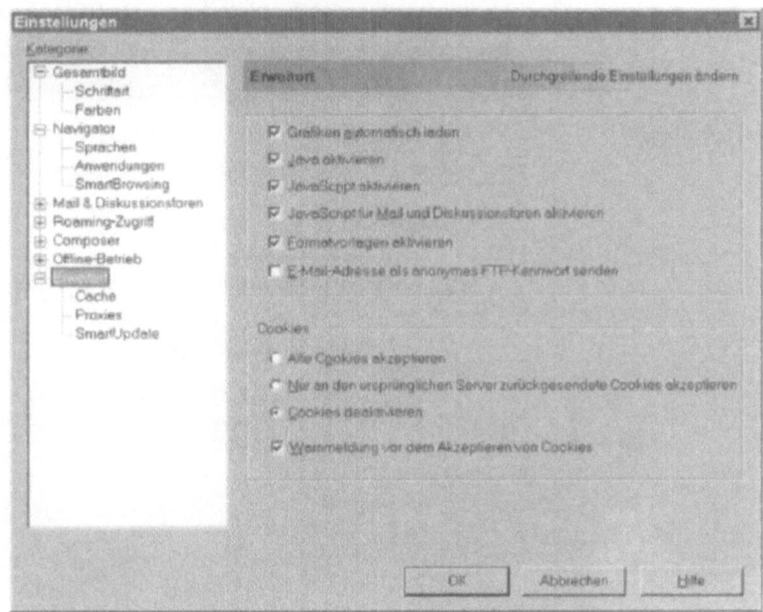

Abb. 9-5: Netscape Navigator – Cookies deaktivieren

9.5 Komfortabel – Cookies im Internet Explorer 6

Die besten Möglichkeiten zum Einstellen der Cookies finden Sie im Internet Explorer 6 unter Windows XP. Wenn Sie diese Kombination verwenden, sind Sie fein raus.

Beim Internet Explorer 6 können Sie den Browser so einstellen, dass er bestimmt Cookies automatisch akzeptiert, bei anderen nachfragt und einige sofort zurückweist. Sie können ihn außerdem so einstellen, dass er bei bestimmten, von Ihnen vorher festgelegten Websites, das Schreiben der Cookies gestattet.

Anpassen – radikal oder mit Gefühl

Starten Sie zur Anpassung der Cookie-Einstellungen an Ihre persönlichen Bedürfnisse den Internet Explorer. Hier sind die Schritte zum Erfolg.

1. Wählen Sie die Option ***Internetoptionen*** aus dem Menü ***Extras***.
2. Aktivieren Sie die Registerkarte ***Datenschutz***.

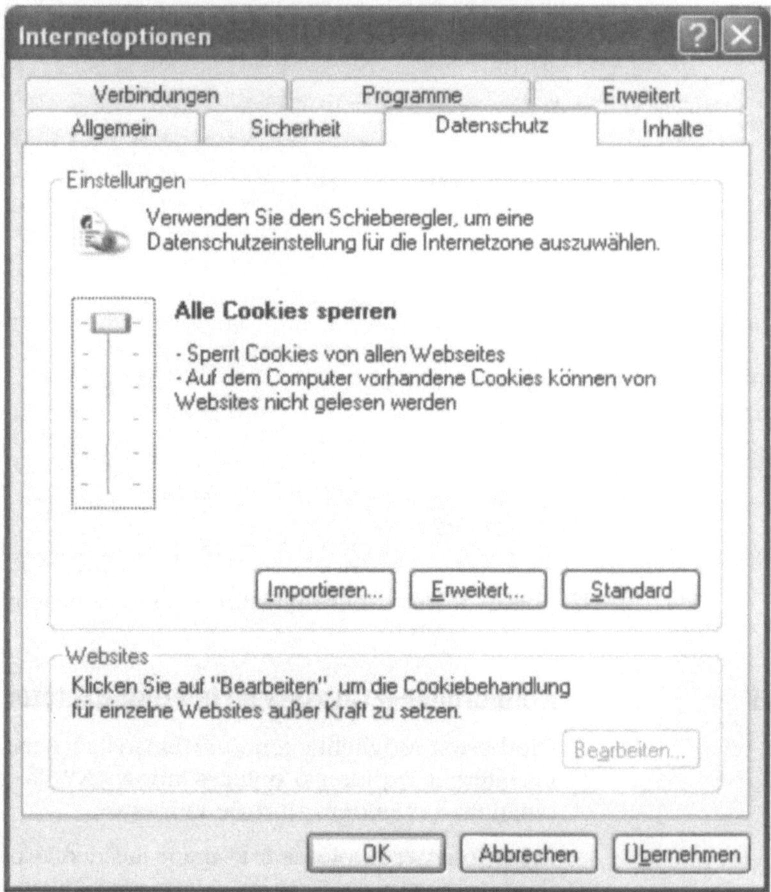

Abb. 9-6: Internet Explorer 6 – Cookies einstellen

3. Benutzen Sie den Schieberegler zur Einstellung der verschiednen Sicherheitsstufen. Sie reichen vom Zulassen aller Cookies bis zur völligen Blockade. Welche Einstellungen Sie

hier wählen, hängt von Ihrer Bequemlichkeit und von Ihrem persönlichen Bedürfnissen ab.

4. Sie können außerdem auswählen, wie Cookies in der Internetzone behandelt werden. Klicken Sie dazu auf den Button ***Erweitert***. Aktivieren Sie das Häkchen bei ***Automatische Cookiebehandlung aufheben***. Damit setzen Sie die eingestellten Regeln außer Kraft. Bei einem Cookie eines Drittanbieters handelt es sich um ein Cookie, dass nicht von der besuchten Website stammt, die Sie besuchen. Legen Sie fest, wie Cookies in der Internetzone behandelt werden sollen und klicken Sie auf ***OK***.

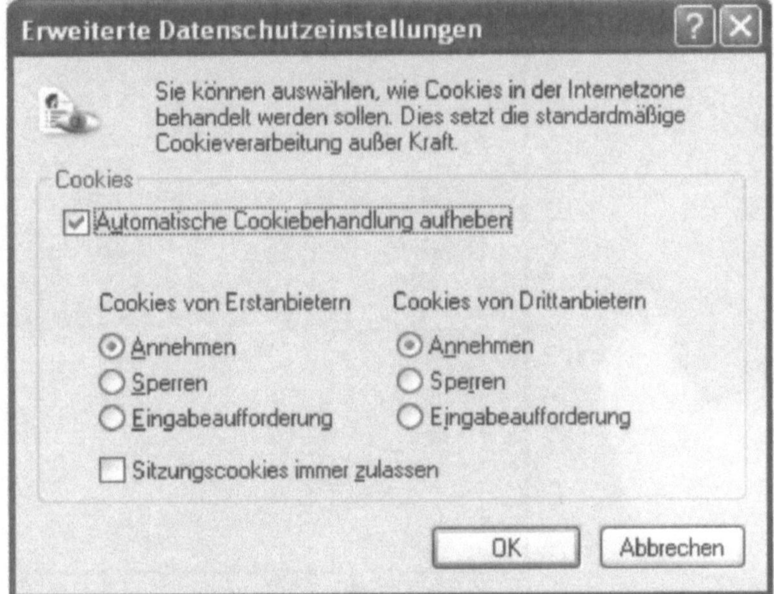

Abb. 9-7: Spezielle Cookie-Behandlung

Individuelle Einstellungen

Beim Internet Explorer 6 können Sie für jede besuchte Website individuell einstellen, ob Sie Cookies zulassen wollen oder nicht.

5. Klicken Sie auf der Registerkarte ***Datenschutz*** in der Sektion ***Websites*** auf den Button ***Bearbeiten***.

6. Geben Sie in das Eingabefeld die Adresse einer Website ein und klicken Sie auf den Button ***Sperren*** oder ***Zulassen***.

7. Wiederholen Sie den letzten Schritt ggf. für weitere Sites und klicken Sie dann auf ***OK***. Die Liste kann von Ihnen jederzeit wieder bearbeitet oder gelöscht werden.
8. Schließen Sie alle Bildschirmfenter.

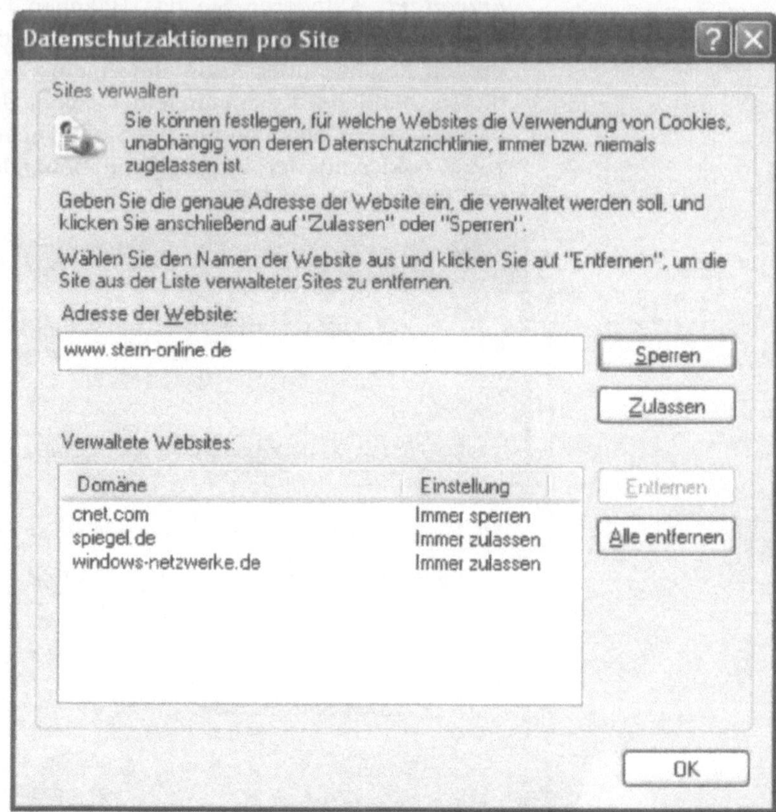

Abb. 9-8: Cookies von Websites sperren oder zulassen

9.6 Fast Food – so werden Sie zum Cookie-Killer

Cookie-Manager sind kleine Programme, welche die Handhabung von Cookies wesentlich vereinfachen und Ihre Privatsphäre schützen. Hier ist eine Auswahl der nützlichsten Freeware-Tools.

Cookie Web Kit – löscht automatisch jedes Cookie beim Start des Computers. Ebenso können Sie damit den Ordner Verlauf und die Cache-Dateien löschen. Das Programm arbeitet mit dem Netscape Navigator und dem Internet Explorer zusammen. Sie bekommen es kostenlos unter: www.cookiecentral.com.

Cookie Cruncher – Sie bestimmen, ob Sie Cookie zulassen oder ablehnen wollen. Außerdem können die Kekse auch inhaltlich bearbeitet werden. Download: www.rbaworld.com/Programs.

ZDnet Cookie Master – hilft Ihnen beim Aktivieren und Protokollieren von Cookies. Sie können mit diesem Programm auch entfernt werden. Zu bekommen unter: www.zdnet.com.

CookieCooker – ist eine völlig neue Abwehrstrategie der Informatiker der Universität Dresden. Das Programm blockiert die Cookies nicht, sondern lässt den Nutzer in unterschiedliche Identitäten schlüpfen. Dabei tauscht er die Datenpakete mit anderen Nutzern aus. Die Identitäten vermischen sich und werden unbrauchbar für professionelle Datensammler. Erhältlich unter: cookie.inf.tu-dresden.de.

Neben den Freeware-Lösungen gibt es noch eine Reihe guter Shareware-Programme wie Cookie Pal, Cookie Crusher oder Cookie Cutter. Die Preise reichen von 5-15 US-Dollar. Sie finden Sie auf allen großen Donwload-Sites im Internet. Auch damit sind Sie bestens getarnt gegenüber Datensammlern.

Safety First – Präventivmaßnahmen

Checkliste

- ✓ Cookies verraten viel über Ihre Privatsphäre. Deshalb sollten Sie sich überlegen Sie auszuschalten.
- ✓ Die Browser speichern Cookie in unterschiedlichen Verzeichnissen (siehe oben). Dort können Sie die Datenschnipsel ganz oder teilweise (Internet Explorer) löschen.
- ✓ Alle Browser verfügen über Funktionen, mit denen Sie Cookies blockieren können. Nutzen Sie diese bei Bedarf.
- ✓ Windows XP und der Internet Explorer gestatten Ihnen weitreichende und präzise Einstellungen zur Behandlung von Cookies.
- ✓ Es gibt ein große Anzahl Cookie-Manager als Freeware-Programme. Damit wird Ihnen die Cookie-Verwaltung vereinfacht.
- ✓ Daneben existiert eine Reihe von Shareware-Programmen zur Cookie-Verwaltung. Meistens können Sie diese eine Zeit lang testen.

10 Spyware & Webkäfer – so werden Sie ausspioniert

Nichts im Leben ist sicher. Sie können nicht sicher sein, dass Sie Ihre Steuererklärung richtig ausgefüllt haben, ob Sie Ihren Beruf in zehn Jahren noch ausüben, ja, Sie wissen nicht einmal, ob das Licht auch wirklich ausgeht, wenn Sie die Kühlschranktür schließen.

Das Internet ist ein gefährlicher Raum, bevölkert von Viren, Würmern und anderen bösartigen Programmen, Hackern und Crackern, die viel Unheil anrichten können. Da gilt es ein wenig auf der Hut zu sein, schließlich sind Sie als stolzer Besitzer eines Heim-Computers oder Heimnetzwerks nicht ungefährdet. Überhaupt sollten Sie Ihren Computer immer gut im Auge behalten, wie Sie in diesem Buch schon vielfach erfahren haben.

Was die Welt nicht braucht sind kleine Programme, die ihre Benutzer ausspionieren oder Webkäfer mit großem Mitteilungsdrang. Deshalb erfahren Sie in diesem Kapitel was Spyware ist und wie Sie die wieder loswerden. Lesen Sie außerdem warum Webkäfer alles andere als possierlich Krabbeltiere sind. Da kommen Sie aus dem Staunen gar nicht mehr heraus.

10.1 Spyware – was geht hier ab?

Scheinbar sind der Fantasie keine Grenzen gesetzt, wenn es darum geht das Verhalten von Computer-Benutzern auszuspionieren oder an ihre persönlichen Daten zu kommen. Jedes Jahr füllen neue, noch raffiniertere Programme die Waffen-Arsenale der Datenspione. Hinzugekommen sind in letzter Zeit kleine Programme, welche die Online-Aktivitäten der Benutzer aufzeichnen und die Berichte an ihre Auftraggeber schicken. Doch wie kommt diese Spyware auf Ihren Rechner?

Vielleicht kennen Sie das: Auf einer Website wird Ihnen gratis Software angeboten. Ein Super-Spiel oder ein tolles Tool, alles kostenlos und ohne Probleme herunterzuladen. Da wären Sie ja dumm, wenn Sie da nicht zugreifen würden.

Das klingt zu gut, um wahr zu sein. Natürlich hat die Sache einen Haken. Bei vielen kostenlosen Software-Schnäppchen zahlen Sie den Preis nicht in Euro und Cent, sondern durch Preisgabe Ihrer Privatsphäre. Neben der Spaß-Funktion enthält die Software nämlich ein Modul mit versteckten Funktionen – Spyware genannt. Dieses Spionage-Modul achtet sehr darauf, was Sie online so alles anstellen und berichtet dem Auftraggeber darüber – ohne Sie vorher zu fragen, versteht sich.

Um das noch einmal deutlich zu sagen: Nicht jedes Programm, das Sie kostenlos bekommen, ist automatisch Spyware. Es gibt durchaus Software, die ausgezeichnete Dienste leistet, nichts kostet, und Sie trotzdem nicht ausspioniert.

Es sollte Ihnen nicht recht sein, dass diese Informationen dann an den Meistbietenden verkauft werden. Haben Sie im Internet häufig Reiseseiten aufgesucht, brauchen Sie sich nicht zu wundern, wenn Ihr Briefkasten plötzlich mit Reiseangeboten überquillt.

Abb. 10-1: Vorsicht! Spyware!

Erscheinungsformen

Da wäre zuerst die klassische Art: Zur Nutzung der Software ist oft eine Registrierung nötig, ohne die die Software nicht richtig funktioniert. Damit erzwingen die Hersteller die Herausgabe der Informationen. Manche Benutzerdaten werden auch erhoben und übertragen, ohne dass der Benutzer etwas davon mitkriegt. Diese Verfahren wir häufig von Freeware-Programmen verwendet, die es haufenweise im Internet gibt. Die Benutzerdaten landen in zentralen Datenbanken und werden an Werbetreibende verhökert.

Manche Programme begnügen sich jedoch nicht mit der Übermittlung der Benutzerdaten. Sie erzeugen eine rechnerspezifische ID und auf diese Weise die Möglichkeit, den Rechner und damit den Benutzer eindeutig zu identifizieren. Unrühmliches Beispiel ist der RealPlayer, ein MP3-Player, der eine solche ID erzeugt und die Hörgewohnheiten des Benutzers mit der ID an den Hersteller übermittelt. Nach heftigen Protesten ist diese Funktion mittlerweile abstellbar, aber die wenigsten Benutzer wissen das. Andere Programme übermitteln die Adresse jeder aufgesuchten Web-Seite. Man kann sich denken, dass kein Benutzer mit dieser Vorgehensweise einverstanden sein dürfte.

Abb. 10-2: Sie werden beobachtet

Es gibt noch eine weitere Variante. Bestimmte Programme versuchen während des Betriebs nicht näher spezifizierte Daten an den Hersteller zu übermitteln. Zu ihnen gehört auch das Betriebssystem Windows XP, dem Sie im Abschnitt 10.3, ***Sendeschlus für Windows XP***, das Schnüffeln abgewöhnen können. Ein Schelm, wer Böses dabei denkt.

Software-Hersteller begründen diese Praxis gerne damit, dass sie herausfinden wollen, ob ein Programm ordnungsgemäß erworben wurde. So berechtigt das Anliegen auch sein mag, kein Mensch hat das Recht derart tief in die Privatsphäre anderer einzudringen. Das wäre genauso, als müssten Sie sich vor dem Verlassen eines Kaufhauses von einem Kaufhausdetektiv durchsuchen lassen. Der Zweck heiligt noch lange nicht die Mittel.

Warum Sie auf der Hut sein sollten

Vielleicht sagen Sie jetzt: „Was soll das Geschrei wegen der paar Daten? Ich habe nichts zu verbergen". Doch ganz so einfach ist die Sicht der Dinge nicht. Hier sind ein paar Gründe, die belegen, warum Spyware Sie schon etwas angeht.

- Sie wissen nicht, was mit den Daten angestellt wird. Häufig werden die Informationen weiterverkauft. Wenn Sie Ihre

Privatsphäre schützen, brauchen Sie sich nicht zu sorgen, was mit den Daten geschieht.

- Es ist möglich, dass durch Spyware ein ***Sicherheitsloch*** in Ihrem Abwehrschirm entsteht. Diese Programme verbreiten Informationen ohne Ihr Wissen. Finden Hacker dieses Leck, ist es meistens nicht schwer sie dubiose Zwecke einzusetzen. Das ist zwar noch nicht passiert, aber das heißt nicht, dass es nicht passieren kann.
- Sie sollten grundsätzlich die ***Kontrolle*** über Ihren Computer behalten. Von jeder installierten Software sollten Sie wissen, was für Funktionen sie besitzt.
- Nach der Deinstallation des Programms bleiben die Spyware-Module oft auf der Festplatte und verrichten weiter ihren Job. Sie werden überrascht sein, wenn Sie wüssten, wie viele ***Software-Reste*** sich auf Ihrer Festplatte befinden, obwohl die Programme längst gelöscht sind.

Es gibt einen einfachen Trick Spyware zu stoppen und die Programme trotzdem zu benutzen. Das Zauberwort heißt: Firewall. Wenn Sie, wie in Kapitel 6, ***Firewall – PCs hinter Schloss und Riegel***, beschrieben, eine Firewall installiert haben, können Sie den Datenverkehr hinter Ihrem Rücken abblocken. Wenn die Firewall Sie fragt, ob ein unbekanntes Programm Verbindung mit dem Internet aufnehmen darf, klicken Sie entschieden auf „Nein".

Wer, was, wem meldet, bleibt meistens im Dunkeln. Es gibt Spyware, die finden Sie auf der Festplatte, doch die meisten Programme verstecken sich wie bösartige Viren irgendwo im System, verstreut über viele Verzeichnisse. Ohne Hilfsmittel sind sie kaum zu entdecken, geschweige denn zu entfernen.

10.2 Genug geschnüffelt – die Spyware-Killer

Der beste Weg Spyware zu vermeiden, ist es, die betreffende Software nicht herunterzuladen und zu installieren. Klingt einfach, ist es aber nicht. Im Leben sind die Dinge meistens etwas komplizierter. Natürlich erfahren Sie nicht immer, dass ein Programm über ein Spyware-Modul verfügt.

Absolute Sicherheit gibt es auch gegen Spyware nicht, aber es gibt ein paar Dinge, die Sie tun können, um der Software das Leben schwer zu machen:

- Schauen Sie sich genau an, was Sie da herunterladen. Auf den großen Download-Sites wie Download.com oder ZDnet.com finden Sie Hinweis, dass die Software so genannte Ad-Ware enthält. Lesen Sie sich die Beschreibungen genau durch.
- Installieren Sie eine Firewall und setzen Sie die Verbindungsregeln so, dass kein Programm eine Verbindung zum Internet ohne Ihre Erlaubnis herstellen kann. Konfigurieren Sie die Firewall so, dass alle Verbindungen zu Internet protokolliert werden.
- Beobachten Sie nach der Installation das Verhalten des Programms sehr genau. Stellen Sie fest, ob das Programm versucht eine Verbindung mit dem Internet aufzubauen.
- Halten Sie sich über das Thema Spyware auf dem Laufenden. Welches Programm mit Ad-Ware verseucht ist, weiß in der Regel der Spychecker: www.spychecker.com.
- Leider hilft eine Firewall nicht immer, denn die Aktivitäten der Spyware sind an die des heruntergeladenen Programms gekoppelt. In diesem Fall ist die Installation einer Anti-Spy-Software empfohlen.

Aufspüren & entfernen

Wenn Sie den Verdacht haben, das ein Spyware-Programm sich auf Ihrer Festplatte eingenistet hat, ist es an der Zeit etwas Ordnung zu schaffen. Auch Ad-Ware oder Spyware können Sie aufspüren, und Sie werden sie auch wieder los. Ob Sie das dann tun oder nicht, ist Ihre Entscheidung, denn eines ist sicher: Durch die Koppelung von Kostenlos- und Schnüffel- Programm funktioniert nach einer Deinstallation des Spions oft auch die Träger-Software nicht mehr.

Manuell löschen können Sie Spyware kaum. Aber was für einen Virus der Virenscanner, ist für Spyware das Antispionage-Programm. Für das Spionageprogramm bedeutet das das Ende der digitalen Existenz, für den Benutzer einen Computer, der nicht unkontrolliert Daten irgendwohin schickt.

Abb. 10-3: Spyware – nein danke!

Bekannt, bewährt und beliebt sind in dieser immer noch sehr kleinen Software-Sparte vor allem drei Programme: Ad-aware, Pestpatrol und Spyblocker.

Ad-Aware – der verbreitetste Spyware-Killer, kostenlos erhältlich, häufige Updates. Donwload unter: www.lavasoft.de.

Pestpatrol – gutes und zuverlässiges Anti-Spyware-Programm, findet auch Trojaner und versteckte Hacker-Tools. Shareware, $29,95, herunterzuladen unter: www.safersite.com/pestpatrolhe.

Spyblocker – gutes Anti-Spyware-Programm auf Shareware-Basis, blockiert Spyware statt sie zu löschen, die Trägerprogramme bleiben dadurch brauchbar, $19,95, Download unter: personal.atl.bellsouth.net/mia/k/r/kryp.

Ad-Aware – Schluss mit lustig

Als Volkswagen unter den Spyware-Killern gilt Ad-aware von der Firma Lavasoft. Das kleine Programm arbeitet zuverlässig, killt (auch quantitativ) die meisten Datenspione, ist äußerst leicht zu handhaben – und dann noch kostenlos. Gründe genug, dass Ad-Aware längst zum Standard wurde.

Die Installation dauert nur wenige Minuten, und ähnlich schnell geht Ad-Aware dann zu Sache: Klicken Sie auf Start und zügig fährt der silbergraue Balken durch das „Scan now"-Fenster. Schon nach ein paar Minuten kommt Ad-aware mit einem Report: Die Bestandteile von Schnüffelprogrammen wurden gefunden. Und siehe da, alle „großen Namen" sind vertreten – von Gator über BDE und Doubleclick bis zu Web 3000. Schnell die Funde markiert und einmal geklickt und schon ist der Rechner ohne Spyware – aber auch ohne funktionierendes Trägerprogramm.

Macht aber nichts, denn kostenlose Software gibt's ja wie Sand am Meer und es soll ja immer noch welche geben, die keine Spyware enthalten.

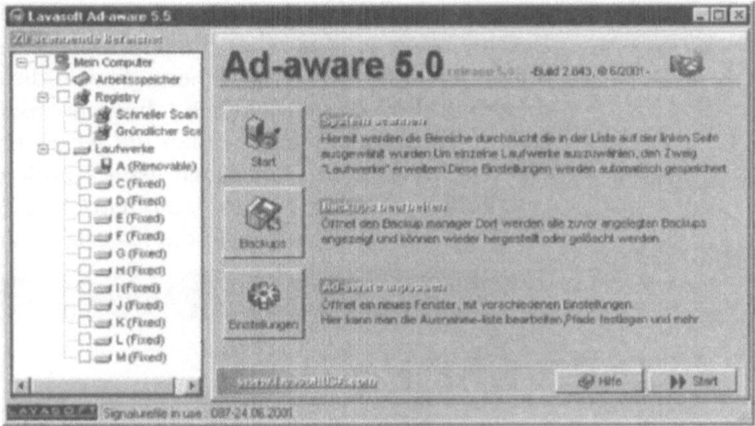

Abb. 10-4: Ad-aware – ein Anti-Spyware-Tool

10.3 Sendeschluss für Windows XP

Benutzer von Windows XP haben an ihrem Betriebssystem nicht nur Freude. Sobald nämlich eine Internet-Verbindung aufgebaut wird, beginnt die Software umgehend ein Datenaustausch mit irgendwelchen Microsoft-Servern, die alle nur erdenklichen Informationen wie ein Schwamm einsaugen. Doch auch das können Sie unterbinden. Mit dem kleinen kostenlosen Tool XPAntiSpy bekommen Sie die Kontrolle über Ihren Computer zurück.

XPAntiSpy ist ein winziges Gratis-Tool, das nicht einmal installiert werden muss, und trotzdem wie ein Wachhund darauf spezialisiert, Spyware im Computer zu erkennen. Das Programm analysiert gezielt Software, die versucht, eine Internet-Verbindung aufzubauen. Auf diese Weise lässt sich auch die lästige Fehlerberichterstattung von XP auszuschalten oder die automatische Updateüberprüfung beim Internet Explorer zu deaktivieren. Sie bekommen XPAntiSpy unter: www.anti-spy.de.

Was die wenigsten Windows XP-Benutzer wissen: Alle Funktionen, die automatisch eine Internet-Verbindung aufbauen, lassen sich mit XP-Bordmitteln abschalten. Wem das zu umständlich ist, der findet mit XPAntiSpy ein gutes Werkzeug, das all diese Schalter in einem Programm vereint. Manches macht das Programm aber ein wenig zu gründlich, wenn es beispielsweise praktische Mechanismen wie die Zeitsynchronisierung oder die Fernsteuerfunktionen pauschal verteufelt.

Passend zu jeder angebotenen Option steht eine ausführliche Beschreibung in deutscher Sprache bereit. So erfahren die Benutzer endlich einmal, welchem Zweck die einzelnen Module dienen und ob es sich wirklich lohnt, sie auszuschalten. Mit „Einstellungen übernehmen" werden die gesetzten Optionen am Ende aktiviert. In den Optionen ist es außerdem möglich, alle „empfohlenen Einstellungen" automatisch zu setzen, sodass sich der Anwender nicht weiter in die Materie einarbeiten muss.

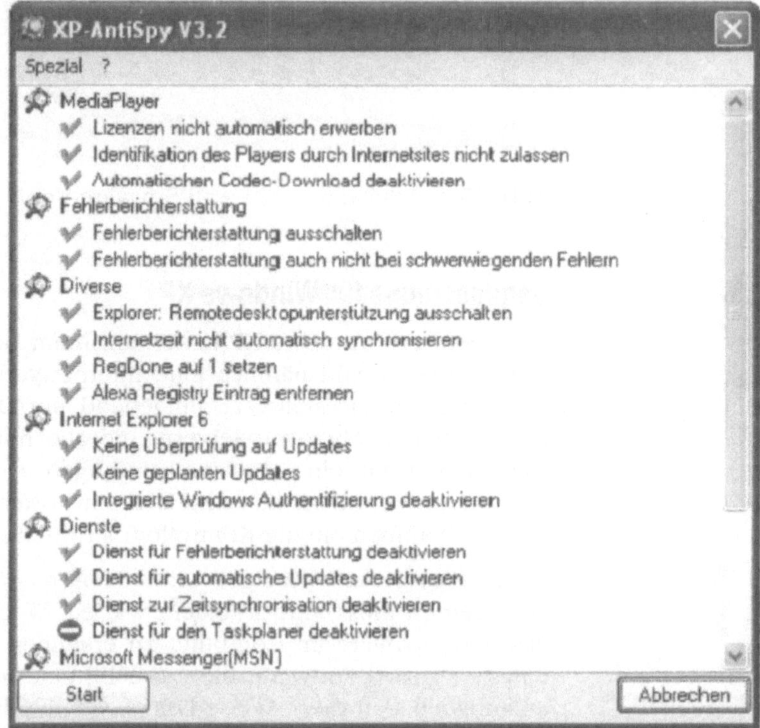

Abb. 10-5: XPAntiSpy

Sollten Sie den Microsoft Messenger nicht nutzen, erledigt XPAntiSpy auch die Deinstallation der Software für Sie. Klicken Sie dazu einfach auf den roten Knopf neben der Zeicle „Microsoft Messenger deinstallieren".

Denken Sie auch daran: In vielen Fällen sind die Spionagevorwürfe gegen Windows XP tumbe Panikmache. Die Zeitsynchronisierung, die Fehlerberichte, die Erläuterungen zu den Ereignissen und die Fernsteuerfunktionen sind Komfortmerkmale, die entweder ohnehin offen liegen, die Daten transparent machen oder dank der Vergabe von Rechten im System hinreichend geschützt scheinen.

10.4 Webkäfer – Vorsicht! Datengrabscher!

Jedes Mal, wen Sie im Web surfen, kann Ihr Spur verfolgt werden. Dazu gibt es eine Reihe von Techniken, besonderer Beliebtheit erfreuen sich dabei Web Bugs, auf deutsch auch Webkäfer oder manchmal auch Webwanzen genannt. Das Wort „Bug" hat in diesem Fall nichts mit einem Computerfehler zu tun, sondern symbolisiert eine elektronische Lauschvorrichtung der heimtückischen Art. Meist handelt es sich bei Webkäfern um JPG- oder GIF-Bilder, die nur im HTML-Quelltext zu sehen sind. Dahinter verbergen sich jedoch keine Grafiken, sondern Aufrufe von Scripts, die auf anderen Servern liegen.

Webkäfer werden nicht von Hackern benutzt, sondern von den Betreibern der Websites. Es sind kleine, häufig nur ein Pixel große Bilder (transparente GIFs), die auf einer Web-Seite, einem Werbebanner oder in einer E-Mail versteckt sind. Webkäfer sind äußerst schwer zu entdecken. Der einzige recht vage Anhaltspunkt ist, dass diese oft von einem anderen Server als der Rest der Webseite geladen werden. Auf diesem Server speichern die Webkäfer die Daten des Benutzers, sowie das Datum und die Uhrzeit des Besuchs. Webkäfer werden bevorzugt dazu verwendet Erfolgsstatistiken über die Klickrate von Werbebannern zu erstellen und um anhand der gespeicherten Nutzerprofile nur noch die Werbung anzeigen zu lassen, die auf die Surfgewohnheiten des Nutzers zugeschnitten ist.

Das scheint auf den ersten Blick ja gar nicht so schlimm. Trotzdem sind Webkäfer ein beliebtes Spionagemittel und erfreuen sich steigender Beliebtheit. Das liegt vor allem daran, dass diese kleinen Krabbeltiere eine Reihe interessanter Daten ausgraben können.

- Webkäfer können Ihre IP-Adresse ermitteln und weitergeben. Das macht es leichter, Sie bei Ihrer Wanderung durch das Internet zu verfolgen.

- Webkäfer können feststellen, von welcher Seite Sie kamen, bevor Sie die Seite mit dem Webkäfer aufgesucht haben.
- Sie merken sich Uhrzeit und Datum und beobachten, wie lange Sie sich auf der Website aufgehalten haben.
- Sie kundschaften aus, was für einen Browser und was für ein Betriebssystem Sie benutzen.
- Sie lesen Ihre Cookie-Datei. Das ist besonders gefährlich, weil Cookies normalerweise nur von der Site gelesen werden können, die sie geschrieben hat. Aus den Informationen lassen sich wunderschöne Nutzerprofile erstellen.
- Obwohl offiziell noch nicht bewiesen, können die kleinen Spione wahrscheinlich beliebige Dateien auf Ihrem Rechner einsehen.

Abb. 10-6: Mit Webkäfern ist nicht zu spaßen

Die besseren Cookies

Es kommt noch besser: Auch der Anhang Ihrer E-Mail kann mit einem Webkäfer verseucht sein. E-Mails sind ein anderes potenzielles Einsatzgebiet für diese Datenspione. Die Technik entspricht der, wie sie auf den Webseiten verwendet wird. Hier ist es das E-Mail-Programm, das die HTML-Seiten öffnet und darstellt. Je nachdem, wie diese Webkäfer angelegt sind, können Sie auch hier eine Menge Unsinn anrichten:

- In einer Werbe-E-Mail können Sie ermitteln, ob und wie lange Sie die Werbung betrachtet haben. Das zeigt den Werbern, wie effektiv ihre Werbung ist.

- Webkäfer können ein Cookie einer E-Mail-Adresse zuordnen. Normalerweise steht in einem Cookie nicht Ihre E-Mail-Adresse. Dank Webkäfer können bekommen die Absender neben Ihrer E-Mail-Adresse auch Ihre IP-Adresse.
- Sie können dem Absender übermitteln, ob Sie die Anzeige gelesen haben oder nicht.
- Wenn Sie eine E-Mail weiterleiten, kann der Absender des Webkäfers nicht nur ermitteln, wem Sie die E-Mail geschickt haben, es ist sogar möglich, den Inhalt zu erfahren.

Anders als Viren oder Trojaner können Webkäfer keinen Schaden anrichten, da ein Bild natürlich keinen ausführbaren Code beinhalten kann. Wie Cookies stellen sie nur eine Gefahr für Ihre Privatsphäre dar. Es gibt allerdings Vermutungen, dass Web Bugs beispielsweise auch von Sicherheitsbehörden zur Verfolgung von Straftaten eingesetzt werden.

Was Sie gegen Webkäfer tun können

Kommen wir zur zentralen Frage dieses Unterkapitels: Was können Sie gegen Webkäfer tun? Anders als Cookies können Web Bugs nicht durch den Browser abgelehnt werden. Da 1x1 Pixel-GIFs häufig auch zur Gestaltung von Webpages eingesetzt werden, ist es auch nicht möglich, diese Grafiken prinzipiell zu unterbinden. Hierzu benötigt man dann schon einen komplexeren Algorithmus, der u.a. die Herkunft des GIFs berücksichtigt und ggf. den Bezug zu einem gesetzten Cookie herstellt. Was Sie brauchen, ist also eine Software, die sich um dieses Problem kümmert.

Bugnosis ist ein solches Programm, das zum kostenlosen Download zur Verfügung steht. Es ersetzt die 1x1 GIF-Datei durch eine eigene Grafik und gibt darüber hinaus noch weitere Informationen (u.a. den vermuteten Gefährdungsgrad) an. Hierzu integriert sich das Programm in den Browser. Sie bekommen es unter: www.bugnosis.org.

Abb. 10-7: Bugnosis erkennt einen Webkäfer

Darüber hinaus empfehlen sich – speziell für die E-Mail – folgende Vorsichtsmaßnahmen:

- Verwenden Sie ein Mailprogramm, das kein HTML unterstützt bzw. deaktivieren Sie die HTML-Funktion. Damit kann das Programm nicht dem Link ins Internet folgen. Zusätzlich verhindern Sie gleichzeitig, dass eingebaute Java-Applets/Active-X-Scripts oder anderer ausführbarer Code Schaden auf Ihrem Rechner anrichtet und zum Beispiel Würmer oder Trojaner installiert.
- Lesen Sie Ihre Mails offline. Eine nicht existierende Verbindung kann auch keine Informationen über Sie übertragen.
- Schalten Sie bei Ihrem E-Mail-Programm alle Script-Funktionen ab. Wie Sie Scripts und Java/ActiveX-Funktionen abschalten, konnten Sie in Kapitel 4, ***Aktive Inhalte – Java, JavaScript und ActiveX***, nachlesen.
- Wenn Sie ganz sicher sein wollen, surfen Sie anonym durch das Web. Vielleicht lesen Sie vorher noch einmal den Abschnitt 8.3, ***Auf Nummer sicher – anonym surfen***.

10.5 Keylogger – Spionage für den Hausgebrauch

„Ich wollte einfach wissen, was mein Freund immer so lange am Computer arbeitet". Mit diesem und ähnlich flotten Sprüchen wirbt die Firma Protectcom aus Florida für eine Software, die minutiös jeden Tastendruck am heimischen PC protokolliert. Im Sekunden- oder Minutentakt hält das Programm „Spector" den Bildschirminhalt in Dateien fest – gut versteckt auf der Festplatte versteht sich.

Gerade für den privaten Bereich werden so genannte Keylogger wie „Spector" entwickelt. Aber auch misstrauische Arbeitgeber setzen die meist aus den USA stammende Software ein. Noch weiter als „Spector" geht zum Beispiel der „Investigator", der nicht nur Tastatureingaben, Bildschirmmasken und Dateioperationen protokolliert, sondern auch mit einer an den PC angeschlossenen Digitalkamera zusammenarbeitet. Arbeitgeber können damit nachträglich jeden Vorgang am PC eindeutig einer Person zuordnen.

Plötzlich steht der Chef da

Doch es gibt noch raffiniertere Überwachungswerkzeuge. Der Arbeitgeber kann bei den Keyloggers zum Beispiel eine Liste mit „verbotenen" Wörtern erstellen. Sobald eines dieser Wörter im Protokoll auftaucht, ergeht eine Meldung an den Vorgesetzten. Während der Mitarbeiter sein Aktiendepot am PC inspiziert, steht plötzlich der Chef hinter ihm. Allerdings gibt es für den Einsatz solcher Spitzelsoftware enge Grenzen. Verschämt weisen die Softwareanbieter deshalb in Fußnoten auf ihrer Homepage darauf hin, dass niemand diese Abhörprogramme ohne Wissen des Bespitzelten verwenden dürfe. Eingesetzt werden die Programme hier zu Lande trotzdem, wenn auch nicht gar so intensiv wie in den USA. Dort stehen Studien zufolge bereits zwei Drittel der Arbeitsplätze unter Überwachung.

In Deutschland ist der Einsatz von Überwachungssoftware nicht ohne weiteres erlaubt, selbst dann nicht, wenn in der Firma im Rahmen einer Betriebsvereinbarung die private Nutzung des Internet untersagt ist. Der Einsatz von Überwachungssoftware verletzt das Persönlichkeitsrecht der Beschäftigten. Software dieser Art kann nur punktuell eingesetzt werden und nur dann, wenn der begründete Verdacht auf eine Straftat besteht.

Aufspüren & enttarnen

Hier sind ein paar Vorschläge, wie Sie die Spione aufspüren können.

- Gegen „Spector" gibt es gleich mehrere Werkzeuge wie den „Elbtecscan" oder den „Antispector". Doch nutzen diese Programme zumeist wenig, weil in vielen Firmen Software nur mit Einverständnis des Vorgesetzten installiert werden kann. Immerhin kann das Programm „Elbtecscan" auch online benutzt werden.
- Sonst kann die Existenz eines Keyloggers nur noch feststellen, wer die Festplatte des Rechners prüft. Gibt es eine Datei, die mit jeder Anwahl einer Webseite etwas größer wird?

Dazu kann man die Suchfunktion von Windows nutzen, nach dem Änderungsdatum suchen und auf .log- und .dat-Dateien achten.

Weitere Informationen

Onlinerechte für Beschäftigte – Interessante Informationen der Dienstleistungsgewerkschaft ver-di. Adresse: www.onlinerechte-fuer-beschaeftigte.de.

Elbtec – Dieses Unternehmen hat ein Programm entwicklet, dass überprüft, ob auf Ihrem Computer Spionageprogramme wie Spector oder eBlaster eingesetzt werden. Adresse: www.elbtec.de.

Antispector – das Programm Antispector kann das Spionageprogramm sogar deinstallieren. Weil die Autoren unbemerkte Überwachung ablehnen, bieten sie das Programm kostenlos zum Herunterladen an. Adresse: www.trojancheck.de.

Spectorsoft – Homepage der Schnüffelprogramme Spector, WebSpy und eBlaster. Adresse: www.spectorsoft.de.

Protectcom – Homepage des großen Bruders. Hier erhalten Sie Monitoring-Software zum Überwachen von Netzwerken und PCs, biometrische Zugangssysteme. Adresse: www.protectcom.de.

> Die Verwendung von Überwachungssoftware ist in Deutschland nur nach Vereinbarungen (mit dem Betriebsrat) möglich, welche die Nutzung des Computers oder des Internet regeln, nicht aber die Überwachung des Mitarbeiters. Hierunter können Regeln zum technischen Datenschutz und zur Datensicherung – Virenschutz und Backup – fallen, nicht jedoch die Genehmigung des großen Lauschangriffes auf die Tastatur.

Safety First – Präventivmaßnahmen

- ✓ Spyware sind kleine Datenspione, die Ihre Aktivitäten im Web verfolgen und die Informationen an einen Auftraggeber senden. Am besten verhindert Sie das durch ein Anti-Spyware-Programm wie Ad-aware, Pestconrtrol und Spychecker.
- ✓ Oft reicht auch eine Firewall. Kontrollieren Sie welches Programm versucht Kontakt über das Internet aufzunehmen und unterbinden Sie das, wenn Ihnen das Programm unbekannt ist.

- ✓ Spyware können Sie manuell nur sehr schwer löschen. Auch hier helfen Ihnen Anti-Spyware-Programme.
- ✓ Gewöhnen Sie Windows XP das „nach Hause telefonieren“ ab, zum Beispiel mit XPAntiSpy. Setzen Sie das Programm umsichtig und mit Bedacht ein, alles zu blockieren macht keinen Sinn.
- ✓ Webkäfer, eine Art Super-Cookies, können Sie ausspionieren. Unterbinden Sie das mit Bugnosis.
- ✓ Um zu vermeiden, dass Ihnen Webkäfer, Viren oder Trojaner per E-Mail geschickt werden, deaktivieren Sie die Java-, JavaScript- und ActiveX-Funktionen Ihres E-Mail-Programms.
- ✓ Keylogger sind Überwachungsprogramme, die jede Tastatureingabe aufzeichnen – also auch persönliche Daten, Benutzernamen, Passwörter etc. Spüren Sie solche Schnüffelprogramme auf und entfernen Sie diese, wenn möglich.

11 Dialer – bei Anruf Nepp!

Wer auf dem Bau arbeitet kann ziemlich sicher sein, dass der Polier auf alle Fragen eine Antwort hat (besonders auf die nach Pils oder Alt). Sind Computer im Spiel, sieht die Sache schon ein wenig anders aus. Hier ist guter Rat oft teuer. Zum Beispiel beim Thema Dialer.

Diese ominösen kleinen Programme, gefährlicher als jeder Skriptvirus und skrupelloser als jede Spyware, lauern sie im Internet auf ahnungslose Surfer, springen sie unvermittelt an und saugen ihnen das Geld aus der Telefonrechnung. Den Rekord hält zurzeit ein Dialer, der bei jeder Einwahl 900 Euro auf die Rechnung schreibt. Die Panikmache in den Medien geht einmal mehr über jedes Maß hinaus und ist dennoch völlig berechtigt.

Warten Sie nicht, bis die Gesetze geändert werden, schützen Sie sich selbst. Lesen Sie, was phantasievolle Abzocker sich so alles einfallen lassen. Erkennen Sie, wie diese Kostenfallen funktionieren und vor allem – wie Sie sich dagegen tun können. Hier sind die nackten Fakten.

11.1 Nicht 110 – nur Selbstschutz hilft

So gegen Mitte der 90er Jahre entdeckten viele Unternehmen, dass sich im Internet auch Geld verdienen lässt. Dagegen ist im Prinzip auch nichts einzuwenden, nur hatten die Urväter des Internets, die keinerlei finanzielle Interessen verfolgten, vergessen, ein Abrechnungssystem zu installieren. Die alten Systeme erwiesen sich als ungeeignet, denn wer möchte schon heute Geld überweisen, damit er ein Internet-Angebot in ein paar Tagen nutzen kann.

Auch Kreditkarten erwiesen sich aufgrund der hohen Gebühren besonders für kleinere Beträge als unzweckmäßig. Außerdem besteht beim Plastikgeld immer die Gefahr des Missbrauchs, denn wer die Daten hat, kann Bestellungen tätigen.

Andere Bezahlsysteme (Wallets, eCash etc.), die von den Kreditinstituten auf den Markt gebracht wurden, hatten den Nachteil, dass der Kunde erst Vorbereitungen (Anmeldung) treffen musste, spontane Käufer waren dadurch kaum möglich. Damit waren diese Systeme zum Scheitern verurteilt. Also musste ein anderes Abrechnungssystem her.

Da erinnerte sich jemand daran, dass sich im Telefonbereich die Nutzung von so genannten Telefonmehrwertdiensten über 0190-Nummern bewährt hatte. Der Kunde erfährt vorher, bzw. kann jederzeit in Erfahrung bringen, was ihn die Telefonzeit kostet (festgelegte Kostenstufen) und kann auch selbst steuern, was er bezahlen will.

Die gute Nachricht: Wer ausschließlich über einen reinen DSL-Anschluss seine Internet-Verbindung aufbauen kann, ist durch 0190-Dialer nicht gefährdet. Eine DSL-Verbindung entspricht nämlich einer Standleitung, über die keine (kostenpflichtigen) Wählverbindungen möglich sind.

Tückische Software

Bei diesem System hat der Anbieter keinen direkten Einfluss auf die Kosten, er ist gezwungen, den Benutzer so lange wie möglich am Telefon zu halten (sinnvoller weise sollte dies durch interessante Inhalte geschehen). Ein Benutzer, der Internet-Mehrwertdienste nutzen möchte, dann kann er sich über eine 0190-Nummer einwählen und für die Nutzungsdauer zahlen. Der Kunde steuert seine Ausgaben selbst, da er jederzeit die Verbindung trennen kann.

Um den – meist unerfahrenen – Kunden bei seiner Entscheidung zu unterstützen stellen die Anbieter meist sogenannten „Dialer" zur Verfügung, die dem Anwender die Konfiguration seines Rechners abnehmen. Wie der Name (englisch: to dial ~ deutsch: wählen) schon sagt, wählen sich diese Programme ins Telefonnetz ein und stellen eine Verbindung zu einer bestimmten Nummer her. Genutzt werden solche Dienste hauptsächlich im Bereich Erotik, wo im Internet die größten Umsätze getätigt werden, es gibt aber durchaus seriöse Inhalte, wie Softwarehersteller, die auf diese Art ihre Produkte vertreiben.

In Deutschland verwaltet die Regulierungsbehörde für Telekommunikation und Post (RegTP) die Mehrwertdienste. Die Telekommunikationsunternehmen mieten die Nutzrechte für diese Nummern und geben sie zum Beispiel an Dialer-Anbieter weiter. Auch die Abrechnung liegt in Händen der Telefonfirmen – natürlich gegen oftmals fette Provisionen. Auf der folgenden Seite sehen Sie eine Übersicht der 0190er-Tarife.

Vorwahl	Kosten
0190-0	Beliebig
0190-1, 2, 3, 5	0,618 /Minute
0190-6	0,433 /Minute
0190-7, 9	1,237 /Minute
0190-8	1,855 /Minute
0193	Beliebig
0900	keine Tarife mehr, diese Nummern werden Ende 2005 die 0190er-Nummern ablösen

Tabelle 11-1: 0190-Tarife im Überblick

Faule Tricks

Leider häufen sich in letzter Zeit die Meldungen über erfolgreiche Betrugsversuche mit Dialern, die sich vom Nutzer unbemerkt auf dem heimischen PC einschleichen, wo sie eine neue DFÜ-Verbindung einrichten und sich dann über eine teure 0190-Nummer einwählen. Oft werden solche Programme vom Nutzer erst bemerkt, wenn die nächste Telefonrechnung unerwartet hoch ausfällt. Dieser Betrug mit 0190-Nummern ist relativ weit verbreitet, immer wieder muss die Polizei gegen Gebühren-Abzocker ermitteln, die sich illegaler Methoden bedienen.

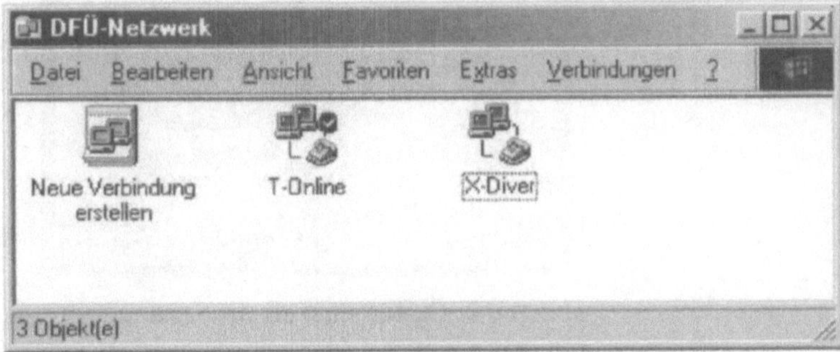

Abb. 11-1: X-Diver – ein gefährlicher Dialer

Dabei werden die Betrüger immer dreister. Der so genannte ***X-Diver-Dialer*** verursacht bereits bei einer Einwahl Kosten von 300 Euro. Seit die Preise freigegeben sind kann jeder Anbieter für eine 0190er-Nummer verlangen, was er will. Niemand kontrolliert, ob vier oder 400 Euro kassiert werden. Bei den Verbraucherschützern häufen sich die Beschwerden. Es gibt viele Arten unseriöser Dialer, hier ein paar trickreiche Beispiele:

- Oft tauchen diese Dialer in harmlosen E-Mails auf, manchmal werden Sie als Treiber-Update angeboten, ein anderer tarnt sich als ein Entpacker-Programm.
- Beim Surfen erscheint ein Fenster, in dem der Benutzer gefragt wird, ob er das Programm installieren möchte. Dabei werden die Kosten für die Verbindung aber unterschlagen oder verschleiert, dass ein Laie sie nicht erkennen kann.
- Ein Benutzer wird gefragt, ob er die Bilder einer Webcam sehen möchte. Dazu wird angeblich eine Software benötigt, in Wahrheit lädt man sich dann einen Dialer herunter.
- Ein Programm gibt vor, ein Sicherheitsprogramm (Virenschutz o.ä.) zu sein, in Wirklichkeit ist es ein Dialer.

Abb. 11-2: Dialer sind oft an Sexangebote gebunden

- Die besonders bösartige Variante: Das Programm installiert sich völlig unbemerkt im Hintergrund, wenn der Benutzer eine bestimmte Seite aufruft, auf die er oft durch besondere Angebote gelockt wird.

- Familienangehörige (z.B. Kinder) laden die Software herunter und „testen“ die Programme.
- Eine installierte DFÜ-Verbindung ist unter Windows im Ordner DFÜ-Netzwerk auch sichtbar. Doch gilt auch diese Regel leider nicht immer. Einige Dialer tragen sich erst bei der Einwahl dort ein, dafür sorgt ein zweites Programm, welches im Hintergrund des Systems läuft. Nach der Abwahl wird der Eintrag durch das gleiche Programm wieder entfernt. Dieses zweite Programm liefert der Dialer quasi mit, sobald dieser das erste Mal installiert wird.
- Einige Dialer erkennen und entfernen Schutzsoftware.
- Es gibt Dialer, die beenden nach dem Ende der Sitzung eine Verbindung nicht. Sie bleibt im Hintergrund bestehen und die Gebührenuhr tickt weiter.

Crackdialer

Es gibt noch eine weitere Variante den Benutzern das Geld aus der Tasche zu ziehen. In unverlangt zugesandten E-Mails werden so genannte ***Crackdialer*** zum kostenlosen Download angeboten. Die E-Mails zu den Crackdialern suggerieren in verschwörerischem Ton, dass es mit dieser Software möglich sei, die oft hohen Kosten zu umgehen, die bei der Verwendung eines Dialer-Programms entstehen. Es werden jedoch weder konkrete Angaben darüber gemacht, was genau der angebliche Crack überhaupt bewirken soll, noch wird eine Aussage darüber getroffen, wie teuer ein Verbindungsaufbau mithilfe des Crackdialers letztlich ist.

Crackdialer versuchen meistens nichts anderes, als nach der Installation eine Verbindung zu einem Premium-Rate-Dienst mit der Vorwahl 0190-8 aufzubauen, durch den Kosten in Höhe von 1,86 Euro pro Minute entstehen. Diese Programme sind nichts anderes als ein teurer Versuch, neugierige Internet-Nutzer durch diffuse, irreführende Versprechungen zur Installation eines teuren Dialer-Programms zu bewegen.

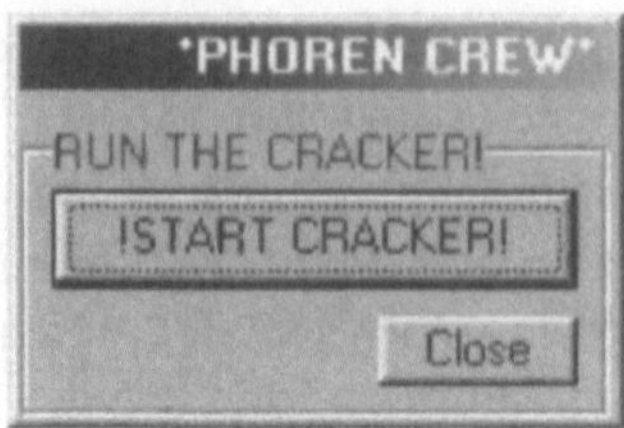

Abb. 11-3: Crackdialer

Besonders dreist ist diese Variante, weil dem ahnungslosen Surfer sogar vorab mitgeteilt wird, dass das Programm versuchen wird, eine Wähl-Verbindung herzustellen, so dass dieser nicht so schnell Verdacht schöpft. Selbst Hinweise auf die Kosten der Verbindung werden einige Anwender vermutlich einfach ignorieren, da sie glauben, eine modifizierte, gecrackte Version zu verwenden, für die diese Hinweise nicht gelten. Dass die Benutzung des Programms jedoch alles andere als günstig ist, werden viele Betroffene dann vermutlich erst anhand der folgenden Telefonrechnung bemerken.

Wer mit falschen Versprechungen verführt wird, eine Verbindung aufzubauen, muss dafür grundsätzlich nicht zahlen. Allerdings müssen Sie beweisen, dass eine Täuschung stattgefunden hat. Und hier liegt bei den Crackdialern der Haken, denn Sie werden die Täuschung kaum nachweisen können, ohne selbst zuzugeben, einen Diebstahl (zum Beispiel den kostenlosen Bezug von ansonsten kostenpflichtiger Erotik-Ware) versucht zu haben. Und wer bezichtigt sich schon gerne selber?

Praktisch jeden Tag kommen neue Dialer-Varianten hinzu. Auch eine Firewall kann hier nicht helfen. Diese Tatsachen führen unweigerlich zu der Frage: „Wie kann ich mich dagegen schützen?“ Warten Sie nicht auf die Änderung der Gesetze – helfen Sie sich selbst.

11.2 Gegen die anonyme Abzocke – Dialer enttarnen und löschen

Das Leben verlockt besonders gern zum Betrug, wenn der Vorgang des Täuschens technisch so einfach ist. Ein falscher Klick und der Dialer ist installiert. Zudem sind die Einwahlprogramme so konzipiert, dass sie nicht so ohne weiteres aus dem System entfernt werden können. Mit den folgenden vier Schritten Sie kontrollieren, ob ein kostenintensiver Dialer in Ihrem Heimcomputer sitzt, und diesen dann auch gleich zu entfernen.

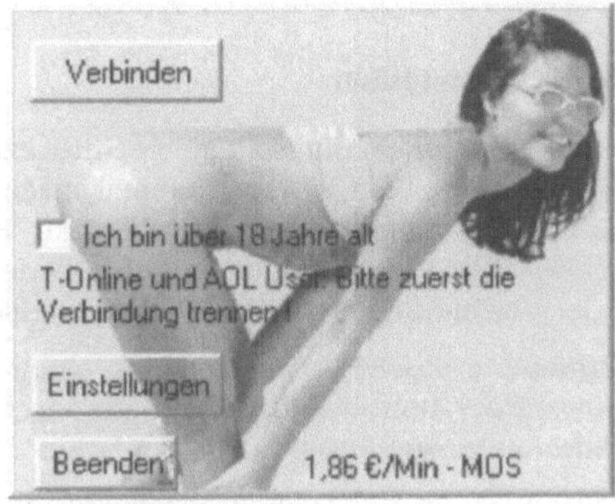

Abb. 11-4: Dialer enttarnen und löschen

Schritt 1: Den Dialer identifizieren

Wie können Sie einen Dialer erkennen? Welche Anzeichen deuten auf das Vorhandensein dieser heimtückischen Programme hin? Etwas Kopfzerbrechen bereitet bei der Beantwortung dieser Fragen, dass die Software sehr unterschiedlich beschaffen ist. Einige Programme zeigen sich mehr oder weniger offen, andere tarnen sich trickreich. Überprüfen Sie Ihren Rechner, ob eines oder mehrere der folgenden Symptome vorliegen:

- Versucht Ihr Rechner ohne Ihr Zutun eine Online-Verbindung aufzubauen? Dahinter könnte ein Dialer stecken. Leider können Sie einen Verbindungsaufbau bzw. eine bestehende Verbindung nicht immer beobachten.
- Befindet sich ein fremdes Programmsymbol (Icon) auf dem Desktop oder in der Windows-Taskleiste? Wenn Sie keine neuen Programme installiert haben, ist das neue Symbol verdächtig.
- Ebenso verdächtig ist das Fehlen eines Symbols auf dem Desktop oder in der Windows-Taskleiste. Ein Dialer könnte ein Schutzprogramm entfernt oder deaktiviert haben.
- Gibt es einen neuen Ordner im Dateisystem Ihres PCs? Haben Sie das Programm, das sich darin befindet, auch wirklich installiert? Wissen Sie, welche Funktion es hat?

Diese Symptome können, müssen aber nicht, auf ein Dialer-Programm hinweisen. Deshalb sollten Sie mit dem Schritt 2 fortfahren.

Schritt 2: DFÜ-Einstellungen überprüfen

In einem zweiten Schritt sollten Sie Ihre DFÜ-Einstellungen überprüfen. Das sollten Sie auch einmal machen, wenn die Online-Verbindung aufgebaut ist. Der Grund: Einige Dialer legen temporäre DFÜ-Verbindungen an, das bedeutet, nach Beendigung der Verbindung ist das Icon wieder verschwunden.

1. Öffnen Sie das DFÜ-Fenster durch einen Klick auf den Windows ***Start***-Button und wählen Sie anschließend die Option ***Netzwerkumgebung***.
2. Klicken Sie in der Sektion ***Netzwerkaufgaben*** auf die Option ***Netzwerkverbindungen anzeigen***.
3. Windows zeigt Ihnen in der Sektion ***DFÜ*** alle Netzwerkverbindungen an. Die Verbindung, bei der Sie ein weißes Häkchen auf blauem Grund sehen, ist Ihre Standard-Verbindung. Schauen Sie nach, ob sich neben den gewohnten Eintragungen noch ein weiteres Icon in diesem Fenster befindet. Finden Sie dort eine weitere Eintragung deren Namen Sie nicht kennen, ist höchste Vorsicht geboten.

Abb. 11-5: DFÜ-Einstellungen überprüfen

Die Überprüfung der Verbindung reicht noch nicht aus. Es wäre ja möglich unter dem Namen der Standard-Verbindung eine falsche Einwahlnummer einzutragen. Fahren Sie also fort:

4. Klicken Sie mit der rechten Maustaste auf das Verbindungs-Icon und wählen Sie die Option ***Eigenschaften***.

5. Auf der Registerkarte ***Allgemein*** erkennen Sie die Telefonnummer, die für den Verbindungsaufbau verwendet wird. Überprüfen Sie, ob diese Telefonnummer mit der Einwahlnummer Ihres Internet-Anbieters übereinstimmt. Erscheint dort eine Rufnummer, die mit 0190, 0193 oder 0900 beginnt, könnte das auf einen Dialer hinweisen. Allerdings benutzen manche Internet-Anbieter die 0193 auch zur normalen Abrechnung.

Schritt 3: Den Dialer löschen

Einen Dialer zu löschen ist meistens gar nicht so einfach. Geschickt verteilen die Programmierer die Dateien über mehrere Ordner oder wenn möglich sogar Laufwerke. Bevor Sie ans Werk gehen, ist es eine gute Idee vorher ein Backup von Ihrer Festplatte anzufertigen. Falls Sie vergessen haben wie das geht, können Sie das in Kapitel 1, ***Personal Backup***, noch einmal nachlesen. Und noch etwas: Schreiben Sie sich genau auf, was Sie löschen, damit Sie es bei einem Fehler wiederherstellen können.

> Weil die Dialer-Datei in vielen Fällen oft von Windows verwendet wird, ist das einfache Löschen nicht möglich. Starten Sie dann unter Windows XP den Task-Manager (Tasten: ***Strg*** + ***Alt*** + ***Entf***). Aktivieren Sie die Registerkarte ***Anwendungen***. Markieren Sie das Dialer-Programm, klicken Sie auf ***Task beenden*** und schließen Sie den Task-Manager. Jetzt können Sie das Dialer-Programm löschen

1. Versuchen wir es zunächst mit dem einfachsten Fall. Klicken Sie mit der rechten Maustaste auf das Programm-Icon des Dialers und wählen Sie die Option ***Löschen***.

2. Überprüfen Sie, ob sich noch weitere Programmteile auf Ihrem Rechner befinden. Klicken Sie dazu auf den ***Start***-Button und wählen Sie die Option ***Suchen***. Geben Sie anschließend den Dateinamen oder Teile davon in das Suchfeld ein und lassen Sie die gesamte Festplatte durchsuchen. Hat das Suchprogramm weitere Programmteile gefunden, klicken Sie mit der rechten Maustaste auf die Anzeige in der Liste und wählen Sie die Option ***Löschen***.

Macht sich die Software jetzt nicht mehr bemerkbar (siehe obern unter: Den Dialer identifizieren) haben Sie Glück gehabt und einen einfachen Vertreter seiner Art erwischt. Leider reicht diese Vorgehensweise in den meisten Fällen nicht aus – dann müssen Sie ein größeres Geschütz auffahren und den Dialer aus der Registry entfernen.

Schritt 4: Dialer aus der Windows-Registry entfernen

Die folgenden Aktionen sollten Sie nur durchführen, wenn Sie über die entsprechende Sachkenntnis verfügen. Sie können aber auch ein spezielles Werkzeug benutzen, dass Sie kostenlos im Internet bekommen. Lesen Sie mehr darüber im nächsten Abschnitt unter: ***Anti-Dialer-Software installieren***.

Werfen wir einen Blick in den Autostart-Ordner von Windows. Klicken Sie auf den ***Start***-Button und wählen Sie die Optionen ***Alle Programme*** und ***Autostart***. Hier finden Sie alle Programme, die beim Start von Windows ausgeführt werden. Klicken Sie mit der rechten Maustaste auf den verdächtigen Eintrag und wählen Sie die Option ***Löschen***.

Finden Sie dort keine verdächtigen Einträge, ist es an der Zeit, die Windows-Registry zu überprüfen. Die Registry ist eine Datenbank, die alle Einstellungen des Systems enthält.

1. Öffnen Sie den Registry-Editor durch den Befehl ***regedit***, den Sie unter ***Alle Programme/Ausführen*** eingeben.
2. Hier schlägt sozusagen das Herz des Betriebssystems. Klicken Sie auf das Menü ***Bearbeiten*** und wählen Sie die Option ***Suchen***.

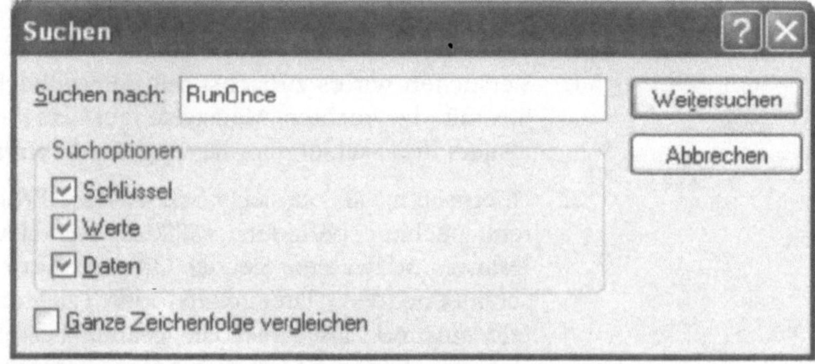

Abb. 11-6: Suchen in der Windows Registry

3. Geben Sie in das Suchfenster den Ausdruck ***RunOnce*** ein. Damit finden Sie Bereiche, die beim Systemstart automatisch ausgeführt werden. Streng genommen müssten Sie nach Run suchen, aber da würden Sie zu viele Einträge finden.
4. Nachdem RunOnce gefunden wurde wird der Ordner angezeigt. Gleich darüber finden Sie den Ordner ***Run***. Öffnen Sie diesen durch einen Doppelklick.
5. In der rechten Spalte sehen Sie nun alle Einträge unter dem Schlüssel Run. Löschen Sie hier alle Einträge, die etwas mit dem Dialer zu tun haben. Am besten klicken Sie mit der rechten Maustaste darauf und wählen die Option ***Löschen***.
6. Schließen Sie die Registry und überprüfen Sie den Erfolg der Löschung.

Abgezockt – was nun?

Schnell handeln: Wenn seltsame Fenster auf dem Monitor auftauchen, Netzstecker ziehen und den Computer kontrollieren (DFÜ-Netzwerk).

Ruhe bewahren: den Dialer deaktivieren aber nicht löschen, sondern als Beweis auf Diskette speichern.

Sich wehren: den PC der Polizei übergeben. Vorgänge dokumentieren und beim Internet-Anbieter schriftliche Beschwerde gegen eine etwaige Rechnung einreichen (Einschreiben mit Rückschein).

11.3 Vorsichtsmaßnahmen – Schutz vor teuren Einwahlen

Natürlich vertreibt die Telekom keine Dialer, der rosa Riese tritt aber als Inkasso-Unternehmen für die Dialer-Betreiber auf. Die Kosten für jeden Zugang via Dialer werden auf der Telefon-Rechnung aufgeführt. Deshalb empfiehlt es sich bei seiner Telefongesellschaft einen Einzelverbindungs-Nachweis zu beantragen, bei dem die letzten drei Stellen der Telefonnummer nicht verschlüsselt sind. Nur so kann bei einer juristischen Auseinandersetzung die Herkunft des Dialers zweifelsfrei geklärt werden.

0190er-Nummern sperren

Zusätzlich haben Sie die Möglichkeit, bestimmte Vorwahlbereiche für einen Telefonanschluss sperren zu lassen. Dafür verlangen die Telefongesellschaften eine einmalige Gebühr. Wenn man bedenkt, was ein 0190-Dialer anrichten kann, ist das sicher gut investiertes Geld. Nach Aktivierung sollten Sie die Sperrung in jedem Fall einmal testen, damit Sie auch ganz sicher sein können, kein technisches System ist frei von Fehlern. Die Telekom bietet übrigens verschiedene Sperrklassen an. Näheres dazu erfahren Sie in jedem T-Punkt. Ist die Sperrung aktiv, hat der Dialer keine Chance eine 0190er-Nummer zu wählen.

Entgegen einer landläufigen Meinung kann eine Sperrung nicht durch eine Call-by-Call-Vorwahl nicht umgangen werden. Die Sperrung gilt auch dann, wenn der Dialer erst die Vorwahl einer anderen Telefongesellschaft wählt, und anschließend die 0190er-Nummer.

Viele Haushalte, insbesondere bei ISDN-Teilnehmern, verfügen über eine kleine Telefonanlage, welche die Sperrung bestimmter Vorwahlbereiche ebenfalls ermöglichen. Auch hier sollten Sie die Sperrung zusätzlich durch einen Test überprüfen.

Wichtig: Falls Ihnen ein Betrag auf Ihrer Telefon-Rechnung merkwürdig vorkommt, so sollten Sie dagegen sofort schriftlich bei der Telekom Einspruch mit einer detaillierten Begründung einlegen. Die Telefonrechnung sollten Sie jedoch – abzüglich des strittigen Betrages – bezahlen, da Ihnen sonst die Telekom im schlimmsten Fall den Telefon-Anschluss abschaltet.

Sicherheitsmanagement – den Browser richtig einstellen

Ist eine Rufnummernsperre nicht gewollt, gibt es verschiedene Möglichkeiten, Vorsichtsmaßnahmen auf dem PC vorzunehmen. Ein Internet-Browser lässt sich auf verschiedene Sicherheitsstufen einstellen, so dass z.B. fremden Computern der Zugriff auf den eigenen Rechner verwehrt oder erschwert wird. Verwenden Sie ausschließlich die neueste Version Ihres Browsers und installieren Sie alle Updates und Patches. So verhindern Sie beim Internet Explorer, dass unbemerkt ein Dialer installiert wird:

1. Starten Sie den Internet Explorer und wählen Sie die Option ***Internetoptionen*** aus dem Menü ***Extras***.
2. Aktivieren Sie die Registerkarte ***Datenschutz***.
3. Schieben Sie in der Sektion ***Einstellungen*** den Schieberegler auf ***Hoch***. Damit blockieren Sie nicht nur alle Cookies, auch JavaScript und ActiveX gehen nicht mehr. Leider schränkt diese Einstellung das Surfvergnügen mächtig ein, deshalb sollten Sie im nächsten Schritt die Einstellungen für die vertrauenswürdigen Sites vornehmen.

4. Wechseln Sie zur Registerkarte ***Sicherheit*** und markieren Sie die Zone ***Vertrauenswürdige Sites***.

Abb. 11-7: Sicherheitseinstellungen beim Internet Explorer

5. Markieren Sie die Option ***Vertrauenswürdige Sites,*** wechseln Sie zurück zur Registerkarte ***Datenschutz*** und setzen Sie die Sicherheitseinstellungen auf ***Niedrig***.
6. Führen Sie die gleichen Schritte für ***Eingeschränkte Sites*** durch, setzen Sie hier die Sicherheitseinstellungen auf ***Hoch***.
7. Kehren Sie anschließend zur Registerkarte ***Sicherheit*** zurück. Markieren Sie die Zone ***Vertrauenswürdige Sites***. Klicken Sie anschließend auf den Button ***Sites***.
8. Sie haben jetzt Gelegenheit, die Sites zu bestimmen, denen Sie vertrauen. Geben Sie die Adressen in die Eingabezeile ein und klicken Sie auf ***Hinzufügen***.

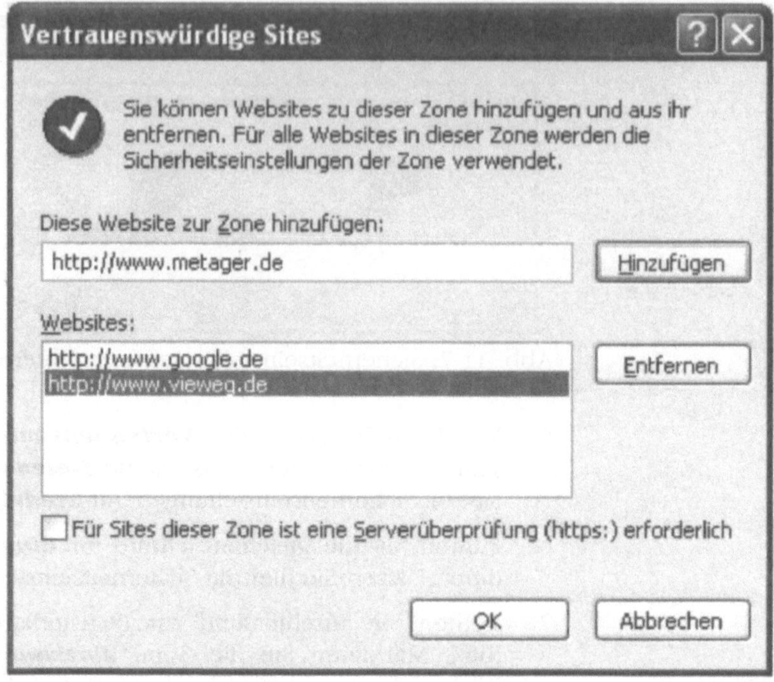

Abb. 11-8: Vertrauenswürdige Sites festlegen

9. Klicken Sie auf ***Übernehmen***, um die Einstellungen zu speichern.

Mit diesen Einstellungen geben Sie sicheren Web-Seiten die Erlaubnis für alle möglichen Aktionen, während die Möglichkeiten der unsicheren Seiten extrem eingeschränkt sind.

Die Browser Netscape Navigator bzw. Mozilla oder Opera spielen im Internet leider nur eine untergeordnete Rolle. Sie unterstützen kein ActiveX und sind von der Konzeption her schon etwas sicherer als der Internet Explorer. Zusätzlich lassen sich bei diesen Browsern weitere Sicherheitseinstellungen vornehmen.

Keine Standard-Verbindung definieren

Genauso wichtig wie die richtigen Browser-Einstellungen ist es, keine Standard-Verbindung für das Internet zu definieren. Dadurch verhindern Sie, dass ohne Ihr Wissen eine Internet-Verbindung aufgebaut wird. Das manuelle Einwählen ins Internet ist zwar etwas umständlicher, dafür aber sicherer. Beim Internet Explorer sind dazu folgende Einstellungen zu tätigen:

1. Wählen Sie die Option ***Internetoptionen*** aus dem Menü ***Extras***.
2. Aktivieren Sie die Registerkarte ***Verbindungen***.

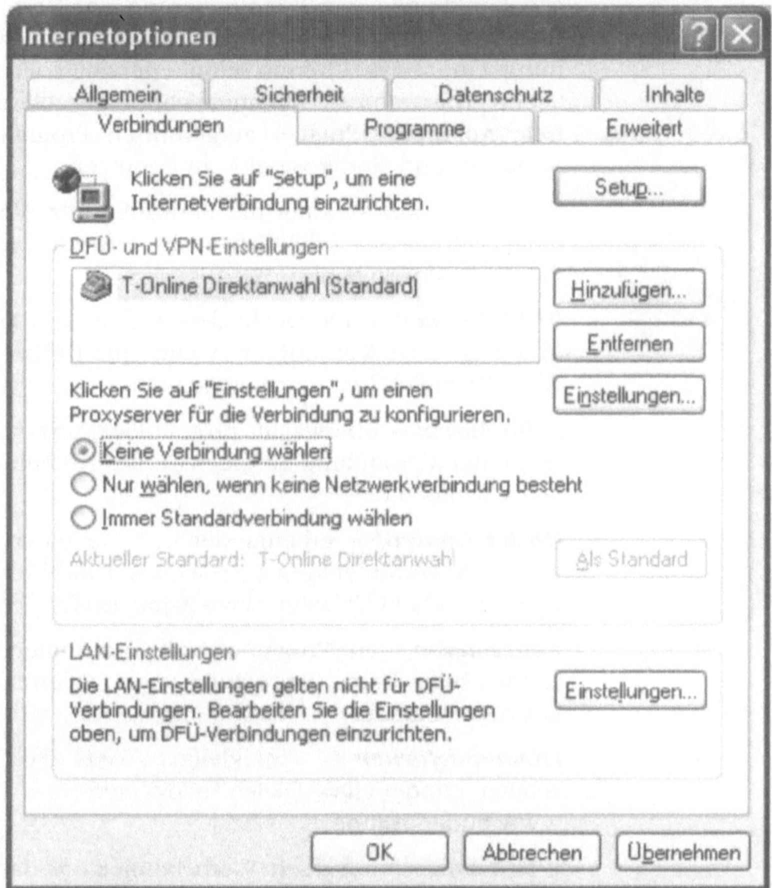

Abb. 11-9: Keine Verbindungen wählen

3. Klicken Sie in der Sektion ***DFÜ- und VPN-Verbindungen*** auf ***Keine Verbindung wählen***. Dadurch behalten Sie die Kontrolle über den Aufbau einer Internet-Verbindung.
4. Klicken Sie auf ***Übernehmen***, um den Dialog zu beenden.

Anti-Dialer-Software installieren

Selbst Computer-Experten haben Mühe, Dialer wieder aus dem System zu entfernen. Glücklicherweise gibt es inzwischen einige Programme, die eine Warnung anzeigen, wenn eine 0190er-Nummer gewählt wird. Einige Programme bieten noch zusätzliche Funktionen wie Protokollierung der Verbindungsdaten und Entfernung des Dialers. Bevor Sie bei der nächsten Telefonrechnung eine böse Überraschung erleben, sollten Sie ein Dialer-Schutzprogramm auf Ihrem Rechner installieren. Sie haben die freie Auswahl, alle hier aufgeführten Programme laufen unter Windows und sind kostenlos zu benutzen:

YAW – ein 0190-Warner mit Einwahlschutz. Verhindert den Start eines Webdialers, Erhältlich unter: www.trojaner-info.de/dialer/-yaw_download.shtml.

0190-Warner – überwacht den Aufbau von DFÜ-Verbindungen und zeigt eine Warnung an, wenn eine 0190er Nummer gewählt wird. Erhältlich bei: www.winload.de.

0190-Alarm – überwacht, protokolliert und verhindert den Aufbau einer Verbindung zu einer 0190er Nummer. Erhältlich unter: www.winload.de

Dailer-Control – erkennt den Aufbau einer 0190-Verbindung, gibt zeigt Warnmeldung an oder kann die Verbindung ganz verhindern. Erhältlich unter: www.winload.de

RegCleaner – ein Programm zum Aufräumen der Windows Registry, hilft beim Entfernen von Dialern. Erhältlich unter: www.winload.de.

DialerEntferner – ein kleines Tool, das vor 0190-Dialern schützt und alle Dialer-Teile entfernt. Download unter: www.hudec-soft.de.

WebWasher – blockiert Werbebanner und JavaScript-gesteuerte Pop-up-Fenster, die für den Download von Webdialern benutzt werden. Erhältlich unter: www.webwasher.com.

Schutz und Hilfe – das Netz der Informationen

Auch wenn es verschiedene Dialer-Varianten gibt und ein hundertprozentiger Schutz nie garantiert werden kann, ist eine Installation von Dialerschutz-Programmen durchaus sinnvoll sein. Solche Schutzsoftware und weitere Informationen erhalten Sie bei folgenden Websites:

Dialerschutz – Hier finden Sie Tricks und Tools zum Schutz vor unerwünschten 0190-Dialern. Dazu Anleitungen zur Entfernung, Informationen über die Tricks unseriöser Anbieter, Tipps, wie Sie als Geschädigte(r) Ihr Geld zurückbekommen, aktuelle Warnungen, Schutzprogramme und vieles mehr. Adresse: www.dialerschutz.de.

Dialerhilfe – ähnlich wie bei Dialerschutz finden Sie hier Informationen über die missbräuchliche Verwendung von Dialern, die Hintergründe, Gefahren und Schutzmöglichkeiten. Adresse: www.dialerhilfe.de

Dialer und Recht – hier wird das Dialer-Problem von der juristischen Seite beleuchtet. Adresse: www.dialerundrecht.de.

RegTP – die Regulierungsbehörde für Telekommunikation und Post informiert über den deutschen Telekommunikations- und Postmarkt, die rechtlichen Grundlagen und über wichtige Verbraucherrechte in diesen innovativen Märkten. Und natürlich auch über die 0190-Problematik. Hier können Sie auch erfahren, wer sich hinter den einzelnen 0190er-Nummern als Hauptanbieter verbirgt. Adresse: www.regtp.de.

Muss ich das zahlen?" ist die Frage, die Sie sicher am meisten interessiert, wenn Sie auf einen Dialer hereingefallen sind. Die Antwort ist klar: Wenn es sich als Betrug erweist, müssen Sie die Rechnung nicht begleichen. Selbst wenn sich kein Betrug herausstellt, etwa weil ein Staatsanwalt gar nicht ermittelt oder es nicht zur Verurteilung eines verantwortlichen Täters kommt, entsteht in solchen Fällen keine vertragsrechtliche (also zivilrechtliche) Verpflichtung. Das gilt dann, wenn der Dienst-Anbieter nicht beweisen kann, dass er Ihnen die zu zahlenden Gebühren nach der Preisangabenverordnung für seine Leistungen mitgeteilt hat. Das heißt, dass ein Anbieter vor dem Vertragsabschluss über die Inanspruchnahme des Dienstes klar und verständlich darüber informieren muss, welche Kosten dem Verbraucher durch die Nutzung der Dialer entstehen, sofern sie über die üblichen Grundtarife hinausgehen.

Safety First – Präventivmaßnahmen

- ✓ Wenn Ihnen auf Web-Seiten oder per E-Mail so genannte Highspeed-Zugänge, „Updates" Ihrer Verbindungssoftware oder andere selbstinstallierende Programme angeboten werden, bestätigen Sie niemals mit Ja oder OK. Deaktivieren Sie außerdem im Browser ActiveX und JavaScripting.
- ✓ Installieren Sie ein Anti-Dialer-Programm. Kostenlose

Software zum Schutz vor Dialern finden Sie bei den Downloads.

Checkliste

- ✓ Prüfen Sie bei jeder Einwahl ins Internet genau die Art des Zugangs. In der Routine wirft man oft keinen Blick mehr auf die Nummer – ein verhängnisvoller Fehler, wenn es ein Dialer ist, der sich einwählen will.

- ✓ Überprüfen Sie in regelmäßigen Abständen Ihre DFÜ-Verbindungen wie oben beschrieben. Denn auch Schutzprogramme und eine 0190-Nummernsperrung können überlistet werden.

- ✓ Speichern Sie das Passwort für Ihren DFÜ-Zugang nicht ab. Vermeiden Sie die Koppelung von Browser und E-Mail-Programm mit dem DFÜ-Netzwerk.

- ✓ Achten Sie auf ungewöhnliche Symbole in der Taskleiste Ihres Rechners (unterer Bildrand neben der Uhr). Bisweilen verbirgt sich dahinter ein Webdialer. Prüfen Sie dies gegebenenfalls mit einem Doppelklick auf das fragliche Symbol.

- ✓ Die meisten Menschen benötigen keine 0190er-Nummern. Lassen Sie Ihren Telefonanschluss für 0190-Nummern sperren. Die Telekom z.B. erhebt für diesen Service einmalig 7,80 , andere Anbieter halten es ähnlich. Wichtig hierbei: überprüfen Sie nach der Sperrung, ob die 0190-Nummern tatsächlich nicht mehr funktionieren. Informationen über die Sperrung erhalten Sie bei der Deutschen Telekom unter der gebührenfreien Rufnummer 0800/330 1000.

Teil 3: Sichere Kommunikation

Teil 3: Sichere Kommunikation

12 Bombing, Spoofing & Spamming

Im Grunde ist es jeden Morgen dasselbe. Man kommt abgehetzt ins Büro und während der Kaffee durchläuft versucht man langsam zu sich zu kommen, und schaut man erst einmal die E-Mails durch. Vielleicht hat ja ein alter Schulfreund hat geschrieben oder es ist sonst irgendetwas Interessantes dabei.

Ein Blick in die Betreff-Zeilen macht den Träumen schnell ein Ende: Der Chef mahnt eine überfällige Arbeit an. Und dann noch diese blöden Werbe-Mails. Der Hersteller X schlägt sein Produkt Y vor. Dazwischen stehen Angebote die Wunderpillen und heißen Sex offerieren. „Jemand möchte Dich kennen lernen!" steht da oder „Weißt Du, dass ich Dich ganz lieb habe?" Fallen erwachsene Menschen wirklich auf so einen Schwachsinn rein? Lästig ist es in jedem Fall. Aber nicht nur das. Lesen Sie, was man mit E-Mails noch so alles anrichten kann und wie Sie sich gegen Mail-Bomben, Täuschungen und lästige Werbung zur Wehr setzen können. Da kommt Bewegung in die Maus.

12.1 E-Mail-Bomben – Krieg im Internet

E-Mail-Bomben – schon das Wort klingt nach Kriegserklärung. Aber gibt es so etwas überhaupt? Kann eine E-Mail Schaden auf einem Computer anrichten? Was genau ist eigentlich eine Mail-Bombe? Kann man etwas dagegen tun? Weitere Fragen brauchen wir nicht, hier kommen die Antworten.

Sie können aufatmen, eine E-Mail kann auf Ihrem Computer nichts kaputt machen. Man spricht von einer E-Mail-Bombe, wenn jemand Ihr elektronisches Postfach mit E-Mails überschwemmt. Dieses Bombardement hat das Ziel Ihre Mailbox zum Überlaufen zu bringen. Die Folge: Sie können keine weiteren E-Mails mehr empfangen und müssen Hunderte oder Tausende von E-Mails aus Ihrem Postfach löschen.

Da solche Mail-Bomben mitunter aus vielen kleinen oder sehr großen Mails besteht, wird (oft ungewollt) das gesamte Übertragungssystem zwischen den Kriegsschauplätzen mehr oder weniger stark in Mitleidenschaft gezogen, anders gesagt, es kommt zu starken Streuverlusten, indem die Auslieferung der Mails Unbeteiligter stark verzögert bis verhindert wird.

Was tun?

Die Vorstellung, dass einem jeden Tag die Mailbox zugemüllt wird ist alles andere als angenehm. Aber was können Sie tun? Eine Rückverfolgung bis zum Absender bringt meistens nichts. Naturgemäß gehen solche Angriffe im Regelfall von gehackten Mail-Konten aus oder sind „faked mails" (englisch: to fake, deutsch: ~ fälschen, vortäuschen), die einen falschen Absender enthalten. Die Hoffnung signifikante Spuren zu finden, die Rückschlüsse auf den Urheber zulassen, ist gering. Zu hoffen, dass das von selbst aufhört, ist auch nicht die richtige Strategie. Im Wesentlichen haben Sie zwei realistische Möglichkeiten dagegen anzugehen:

- Löschen Sie das betroffene E-Mail-Konto und richten Sie ein neues ein. Wenn Sie dazu Fragen haben, wenden Sie sich an Ihren Internet-Anbieter. Das ist allerdings etwas schmerzhaft, denn danach müssen Sie eventuell Ihre Visitenkarten neu drucken und allen Freunden und Bekannten Ihre neue E-Mail-Adresse mitteilen.
- Möchten Sie das E-Mail-Konto nicht löschen, können Sie bei Ihrem E-Mail-Programm einen Filter einrichten, der E-Mails vom Absender der E-Mail-Bomben automatisch löschen. Das funktioniert übrigens auch recht gut, wenn Sie ein Online-Freemail-Konto haben.

Einen E-Mail-Filter einrichten

Die Einrichtung eines E-Mail-Filters ist bei den meisten E-Mail-Programmen eine einfache Angelegenheit. Wenn Outlook Express Ihr E-Mail-Programm ist, sind dazu nur ein paar Mausklicks notwendig (bei anderen Programmen geht das genauso einfach):

1. Starten Sie Outlook Express und öffnen Sie den ***Posteingang***.
2. Selektieren Sie die Mail, deren Absender Sie blockieren möchten.
3. Klicken Sie im Menü ***Nachricht*** auf die Option ***Absender blockieren***.
4. Bestätigen Sie die Sicherheitsabfrage. Sie haben außerdem die Möglichkeit sämtliche E-Mails des Absenders zu löschen.

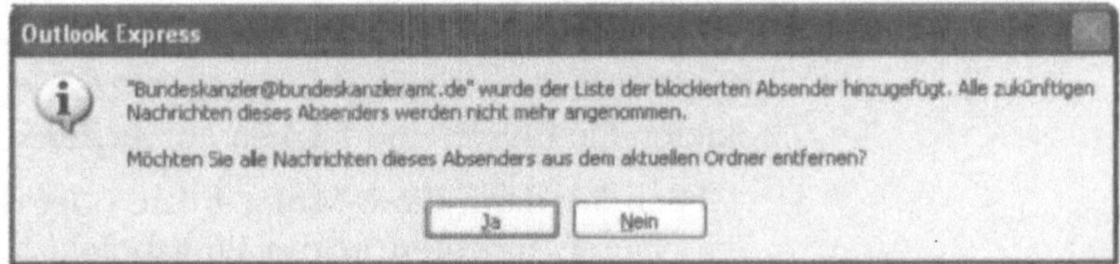

Abb. 12-1: E-Mail-Filter einrichten

Nach Einrichtung des Filters werden keine Nachrichten des betreffenden Absenders mehr empfangen. Outlook Express bietet Ihnen außerdem die Möglichkeit, die Liste der blockierten Absender zu verwalten.

1. Klicken Sie auf im Menü ***Extras*** auf die Option ***Nachrichtenregeln***.
2. Wählen Sie die Option ***Liste der blockierten Absender***.

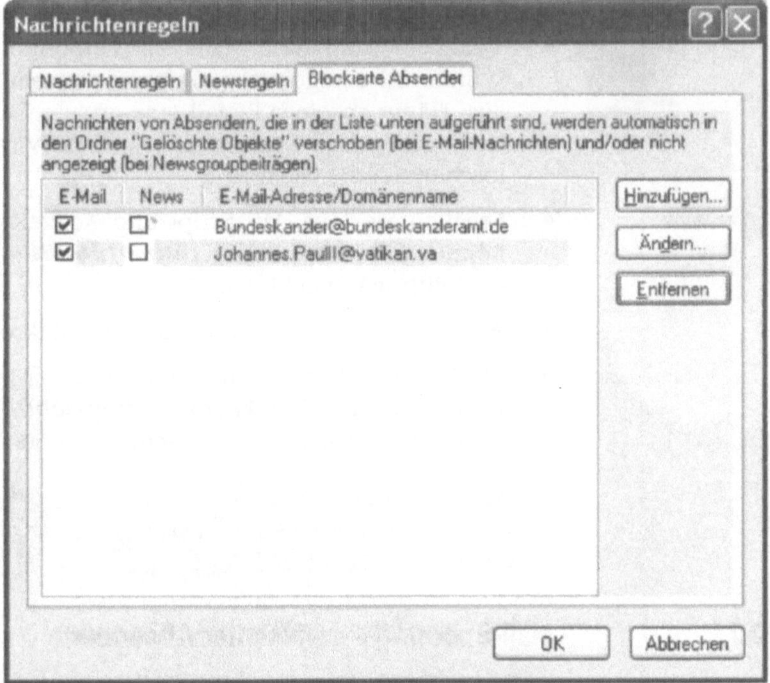

Abb. 12-2: Die Liste der blockierten Absender

3. Wenn Sie einen Absender aus der Liste entfernen wollen, klicken Sie auf den Namen und dann auf den Button ***Entfernen***.

4. Um den Namen eines Absenders oder einer Domäne (die Bezeichnung rechts neben dem @-Zeichen) zu ändern, markieren Sie diesen und klicken auf ***Ändern***.
5. Geben Sie dann die E-Mail-Adresse oder die Domäne die Sie blockieren möchten in das Eingabefeld ein. Klicken Sie anschließend auf ***OK***.
6. Klicken Sie erneut auf ***OK***, um die Einstellungen zu speichern.

Gefährliche Fracht – Viren, Würmer und Webkäfer

Eigentlich sollte man meinen, dass zu diesem Thema in den vorangegangenen Kapiteln alles gesagt wurde. Ist es auch – nur an ein paar Dinge möchte ich hier noch einmal erinnern:

- Sie können Ihren Computer nicht durch das Lesen einer Text-Nachricht mit einem Virus infizieren.
- Trotzdem können E-Mails zu Verbreitung von Viren und Würmern beitragen. Die Gefahr geht vom Anhang einer Mail aus. Hängt an einer E-Mail eine andere Datei, ist größte Vorsicht geboten. Benutzen Sie ein Anti-Viren-Programm oder löschen Sie die Nachricht.
- Schalten Sie Java, JavaScript und ActiveX aus. Wie das geht können Sie in Kapitel 4, ***Aktive Inhalte – Java, JavaScript und ActiveX***, nachlesen.
- Auch ein Word-Dokument kann ein Makro-Virus enthalten.
- Ein HTML-Anhang kann einen Webkäfer enthalten. Lesen Sie in Kapitel 10, ***Webkäfer – Vorsicht! Datengrabscher!*** nach, wie Sie sich dagegen schützen können.

Lassen Sie Ihren PC mit offenem E-Mail-Zugang nicht unbeaufsichtigt. Benutzen Sie einen Bildschirmschoner mit Passwort und schließen Sie das E-Mail-Programm.

12.2 Mail-Spoofing – gefälschter Absender

Stellen Sie sich einmal vor, Ihr Chef bekommt eine E-Mail mit Ihrem Absender in dem Sie ihn mitteilen, dass er der schlechteste Chef ist, den Sie je hatten und Sie ihn dann auch noch tüchtig beschimpfen. Oder Ihr(e) Freund(in) bekommt eine E-Mail mit Ihrem Namen, indem ihr/ihm mitgeteilt wird, dass die Beziehung zu Ende ist.

E-Mail-Spoofing (englich: to spoof; deutsch: ~ verulken, schwindeln) oder auch E-Mail-Faking (englisch: to fake; deutsch: ~ täuschen, nachahmen) wird dieses Verfahren genannt, was nicht immer ein Spaß ist. In den oben genannten Fällen haben Sie zumindest eine Menge Erklärungsbedarf.

Die Adressfelder im Briefkopf einer Mail (mail header) sind dazu da, Sender und Nachricht eindeutig kenntlich zu machen. Leider ist es bei normaler E-Mail relativ leicht möglich, einen falschen Absender anzugeben oder – um die Verwirrung komplett zu machen – E-Mails so zu senden, dass ein Adressat eine Mail erhalten kann, die laut beigegebener Adressinformation gar nicht an ihn adressiert scheint.

Vergleichbar mit dem Austauschen eines Auto-Kennzeichens vor einer Straftat, wird das Spoofing von E-Mails oft dazu benutzt, unerkannt Beleidigungen, Massen-Mails und ähnliches ins Netz zu schleusen.

Eine Dimension schwerwiegender als die anonyme „faked Mail" – bei der eine ungültige Absenderadresse gewählt wird – ist die Variante, bei der dem Empfänger vorgegaukelt wird, eine bestimmte andere Person hätte die Nachricht – oft eine Beleidigung – verfasst. Hier gilt es Ruhe zu bewahren, d.h. sich stets im Klaren zu sein, dass mit gewisser Wahrscheinlichkeit ein Fake vorliegt, ein Schnellschuss im Sinne einer Vorverurteilung also tunlichst vermieden werden sollte.

Es ist ja so einfach

Wenn Sie erfahren wollen, wie leicht man eine E-Mail-Adresse fälschen kann, besuchen Sie eine der folgenden Web-Sites.

iginut.stormhosts.com/

www.fakemail.org/

www.self-destructing-email.com/

Dort können Sie sich unter einem beliebigen Namen registrieren und unter diesem Namen E-Mails verschicken.

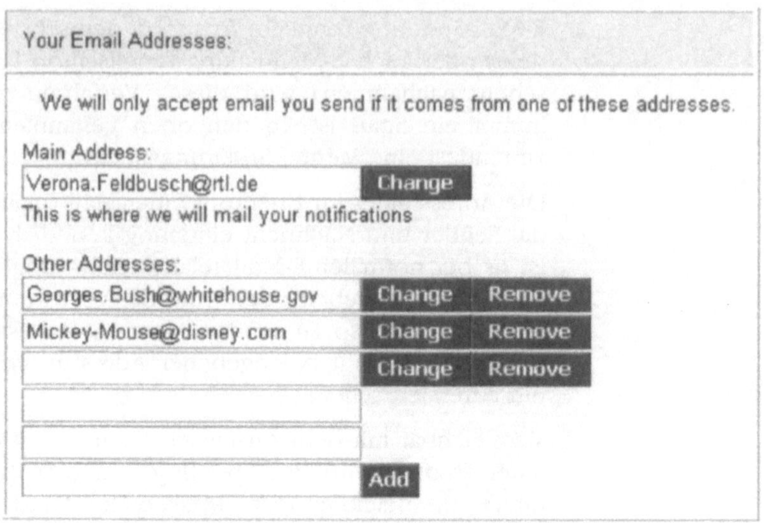

Abb. 12-3: E-Mail-Adressen – die freie Auswahl

Gegen E-Mail-Spoofing ist sehr schwer etwas zu unternehmen. Sie können Ihren Internet-Anbieter bitte, zu überprüfen, woher die E-Mail stammt. Da gibt es einige Möglichkeiten, aber oft verlaufen die Spuren im Sande.

12.3 Spinner & Spammer – virtuelle Mülltrennung

Hand aufs Herz, wie öde wäre doch Ihr Büroalltag ohne all die praktischen Anregungen, hilfreichen Ratschlägen oder fantastische Sonderangebote, die Ihnen täglich per E-Mail zugehen? Von Menschen, die es gut mit Ihnen meinen, die sich für Ihr Wohlergehen aufopfern.

Denken Sie nur daran, was für Wahnsinnsangebote Ihnen täglich bequem in das E-Mail-Postfach geliefert werden: Liebestränke, Muskelpillen, Viagra auf Pflanzenbasis – also nicht das Sie das gerade nötig hätten – Spionagesoftware etc. Alles bequem vom Sessel zu ordern. Oder denken Sie an die Frau X, die mit einem 2000 Jahre alten Brotrezept die Hälfte ihres Gewichts abgespeckt hat. Oder gar die vorzügliche Rendite bei einer Anlagemöglichkeit in Nigeria. Und mal ganz unter uns, auch Susi, Nadja, Sandy oder Mandy freuen sich schon darauf ein paar nette Stündchen mit Ihnen zu verbringen.

Oder schließen Sie sich der Aktion „Rettet den Regenwald“ an. HANDELN SIE JETZT! KLICKEN SIE HIER: www.reingefallencom. Diese Angebote per E-Mail können Ihr Leben bereichern. Falls Sie keine weiteren E-Mails erhalten wollen, klicken Sie bitte HIER: www.spaetestensjetztsindSiereingefallen.de.

Vielleicht gehören Sie aber auch zu der Sorte Menschen, die langsam genug haben von lästigen Spam-Mails. Der Ausdruck Spam steht für ***S***piced ***P***ork and H***am***, was eine in den USA beliebte Frühstückskost darstellt. Im Internet bedeutet Spam aber Werbe-E-Mail. Diese Werbung wird an zufällig gesammelte E-Mail-Adressen gesandt und wird wohl jedem Internet Benutzer als lästig erscheinen. Als Spamming bezeichnet man das Überfluten von E-Mail-Briefkästen mit Werbe-Mails.

Wenn Sie glauben, dass Sie das nur peripher tangiert, sollten Sie einmal über folgende Aspekte nachdenken:

- E-Mail-Werbung kostet Ihr Geld. Wenn nur zehn Prozent Ihrer E-Mails aus Werbung besteht, zahlen Sie 10% mehr an Verbindungskosten, wenn Sie Ihre E-Mails abrufen.
- E-Mails treten so massiv auf, dass sie zeitweilig den übrigen Mail-Verkehr verzögern. Und so manche Spam-Flut hat schon den Mail-Server eines Internet-Anbieters in die Knie gezwungen.
- Es kostet Ihre Zeit, die Werbe-Mails wieder zu entfernen oder bei Ihrem E-Mail-Programm einen Filter einzurichten.

Bleibt die Frage: „Wie kommen die Spammer an meine E-Mail-Adresse?“ Sie können sich denken, dass es dazu viele Möglichkeiten gibt. Gesammelt werden die E-Mails von speziellen Ripping-Programmen, die aus einem Dokument nur die E-Mail-Adresse ausschneiden. Als potenzielle Quellen gelten:

- die Nachrichten (Postings) der Newsgroups
- die großen E-Mail-Verzeichnissen
- die Internet Mailing-Listen
- die Internet-Chat-Rooms
- Ihr Internet-Anbieter
- Ihre Homepage
- ein Formular, das Sie auf einer Web-Seite ausgefüllt haben
- u.v.a.

Das sollten Sie tun

Die Newsgroups sind nicht nur eine Quelle der Freude, auch die Datensammler versorgen sich hier reichlich mit E-Mail-Adressen. Das liegt auf der Hand, wenn sie zum Beispiel Werbung für Gebrauchtwagen machen wollen, suchen sie in der Newsgroup für Gebrauchtwagen nach Adressen, weil sie davon ausgehen können, dass sich dort viele für das Thema interessieren.

Sorgen Sie dafür, dass die Spammer erst gar nicht an Ihre E-Mail-Adresse kommen, und Sie sind auf dem besten Weg sich vor Werbe-Mails zu schützen. Das ist jedoch leichter gesagt, als getan und eine E-Mail-Adresse verbreitet sich schnell im Internet. Dennoch gibt es ein paar Tricks, die eigene E-Mail-Adresse bedeckt zu halten. Das kostet – wie immer – ein wenig Mühe, aber vielleicht ist sie Ihnen das wert.

- ***Schreiben Sie anonym*** – viele Internet-Dienste ermöglichen es Ihnen, E-Mails anonym zu versenden. Das heißt, die Adresse kann von Werbetreibenden nicht benutzt werden. Machen Sie einen Test und schicken Sie sich selbst eine anonyme Mail. Versuchen Sie es unter (es gibt noch viele andere): www.gilc.org/speech/anonymous/remailer.html. Die Sache hat nur einen kleinen Haken. Viele Newsgroups reagieren allergisch auf anonyme Postings, dann lassen Sie lieber die Finger davon.
- ***Verwenden Sie eine Freemail-Adresse*** – richten Sie für besondere Zwecke eine E-Mail-Adresse ein. Dort landet dann der ganze Werbemüll, aber Sie müssen ihn ja nicht zu lesen. Benutzen Sie diese Adresse auch, wenn Sie ein Formular auf einer Web-Seite ausfüllen.
- ***Gehen Sie zu Google oder Web.de*** – lesen und beantworten Sie die Nachrichten der Newsgroups nur dort oder von ähnlichen Sites. Dort können Sie eine beliebige E-Mail-Adresse benutzen.
- ***Verändern Sie Ihre E-Mail-Adresse*** – machen Sie Ihre E-Mail-Adresse für Menschen lesbar, für die Ripping-Programme dagegen nicht. Wie das geht? Ganz einfach, fügen Sie zusätzlichen Text in die Adresse ein, der nur von Menschen verstanden wird. So geht's bei Outlook Express, andere Newsreader-Programme haben ähnliche Funktionen:

1. Starten Sie Outlook Express.
2. Wählen Sie die Option ***Konten*** aus dem Menü ***Extras***.

3. Aktivieren Sie die Registerkarte ***News*** und klicken Sie auf ***Eigenschaften***.

Abb. 12-4: Die E-Mail-Adresse verändern

4. Auf der Registerkarte ***Allgemein*** finden Sie das Eingabefeld für die E-Mail-Adresse. Fügen Sie dort einen Text wie <I-want-no-Spam> (siehe Abbildung 12-4) oder ähnlich ein. Jeder Mensch weiß, wie der Text zu verstehen ist, die Datensammler können sich damit nicht aufhalten, eine E-Mail an diese Adresse läuft ins Leere.
5. Klicken Sie auf ***Übernehmen***, um den Dialog zu beenden. Diese Form der Adressveränderung wird bei den Newsgroups akzeptiert.

Fachgerechte Entsorgung – ab in die Tonne!

Für den konventionellen Briefkasten gibt es glücklicherweise den Aufkleber „Bitte keine Werbung einwerfen!“, für den elektronischen Briefkasten leider nicht. Gut, Sie können einen Filter einrichten, trotzdem müssen Sie oft unerwünschte E-Mails lösen. Was Sie tun müssen um den Werbemüll fachgerecht zu entsorgen und was Sie auf keinen Fall tun sollten, lesen Sie in diesem Abschnitt – schließlich sollen sich die Absender der Werbe-Mails auch ein bisschen ärgern.

Glücklicherweise reicht ein E-Mail-Filter häufig schon aus, um den größten Teil der Werbung zu stoppen. Alle modernen E-Mail-Programme verfügen über Funktionen, um bestimmte Nachrichten automatisch zu löschen oder in einem gesonderten Verzeichnis zu speichern. Ein Filterprogramm überprüft die Einträge in der Adresszeile, den Absender, die Betreff-Zeile oder den Text der Nachricht. Leider ist es nicht ganz einfach, Informationen die Sie lesen möchten, von denen zu trennen, die in den Papierkorb sollen. So richten Sie einen Mail-Filter bei Outlook Express ein:

1. Starten Sie Outlook Express und wählen Sie die Option ***Nachrichtenregeln/E-Mail*** im Menü ***Extras***.
2. In diesem Dialogfenster können Sie die Regeln für das Filtern der Nachrichten festlegen. Wählen Sie zunächst die Bedingungen aus, die erfüllt sein müssen, und dann die Aktion, die ausgeführt werden soll. Ein Beispiel: Klicken Sie im Eingabefeld für die Bedingungen auf die Checkbox ***Enthält den Text ... in der Betreffzeile***.
3. Legen Sie im Eingabefeld darunter die Aktion fest, die unter dieser Bedingung ausgeführt werden soll, also beispielsweise ***Nachricht löschen***.
4. Fehlt noch etwas? Ja sicher, der Text für die Bedingung. Klicken Sie in der Sektion Regelbeschreibung auf ***Text***. Geben Sie nun den Text ein, bei dem die Bedingung erfüllt ist. Beispiel: ***Sex***.
5. Klicken Sie auf ***Hinzufügen*** und anschließend auf ***OK***. Die Filterregel sieht nun so aus, wie in Abbildung 12-5 zu sehen ist.

Abb. 12-5: Einen Mail-Filter einrichten

6. Wenn Sie wollen, können Sie dieser Filterregel einen Namen geben. Klicken Sie dann auf ***OK***, um den Dialog zu beenden.

Das Programm zeigt Ihnen noch einmal alle Mail-Filter, die Sie festgelegt haben. Doch einen Klick auf den Button ***Neu*** können Sie jederzeit weitere Regeln definieren.

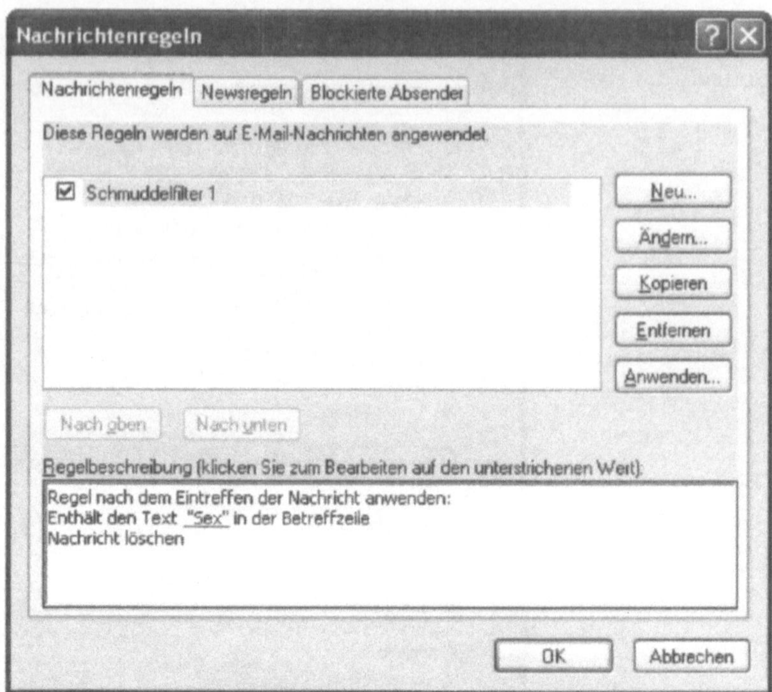

Abb. 12-6: Liste der Nachrichtenregeln

Wenn Sie am Arbeitsplatz von Werbe-Mails belästigt werden, setzen Sie sich sofort mit Ihrem Netzwerkverwalter in Verbindung. Auch er hat weitreichende Möglichkeiten eingehende E-Mails, beispielsweise von einem bestimmten Absender, zu blockieren.

Filterprogramme

Wenn Ihnen die gezeigten Filtermöglichkeiten bei Outlook Express nicht ausreichen, können Sie zum Glück auf eine Reihe von E-Mail-Filterprogrammen zurückgreifen, die noch bessere Möglichkeiten bieten, unerwünschte Nachrichten auszufiltern. Einige bekommen Sie kostenlos, andere sind als Shareware erhältlich:

PacSpam Light – ein Anti-Spam-Tool, das sowohl Detail- als auch Extraktansicht der eingegangenen Nachrichten unterstützt. Manuelles wie regelbasiertes Löschen von Nachrichten ist möglich. Regeln können anhand eingegangener Nachrichten erstellt werden (Empfänger/Absender/Betreff). Freeware, Sprache: deutsch, erhältlich unter: www.heitho.de.

DeSpam Tunnel – dieses Anti-SPAM Tool funktioniert als Tunnel mit jedem POP3-Client und -Server. Freeware, Sprache: englisch, erhältlich unter: www.gcf.de/du-ne/despam/

Postal Inspector – für Microsoft Outlook 2000, 2002 und XP. Leistungsfähiges Ant-Spam-Programm, Shareware, $28,95, Sprache: englisch, erhältlich unter: http://www.giantcompany.com/.

Inbox Protector – Anti-Spam-Programm für Outlook Express 5 und 6, Shareware, $29,95, Sprache: englisch, erhältlich unter: http://www.inboxprotector.com/.

Das sollten Sie nicht tun

Nachdem Sie Stunden damit verbacht haben, E-Mail-Filter einzurichten, Anti-Spam-Software aus dem weltweiten Netz herunterzuladen und zu testen, haben Sie vielleicht eine Portion Wut auf die Leute entwickelt, die solche Massensendungen verschicken. Versuchen Sie, Ihre gute Laune nicht zu verlieren. Die folgenden Aktionen können Sie sich getrost sparen.

- Auch wenn Sie keine Werbung mehr erhalten wollen, antworten Sie ***nie*** auf eine Spam-Mail. Schreiben Sie nicht, dass Sie von der Verteilerliste gestrichen werden möchten. Das geschieht sowieso nicht und auf diese Art weiß der Werbende, dass Ihre E-Mail-Adresse stimmt und Sie die Mail gelesen haben. Oder es antwortet Ihnen ein automatisches Programm und bedankt sich für Ihr Interesse und schickt Ihnen noch mehr Werbung. Eventuell verkauft der Werber Ihre Adresse an andere Interessenten, und Ihr elektronischer Briefkasten läuft bald über.
- Es hat auch keinen Sinn den Absender etwa zu beschimpfen oder zu verlangen, mit dem Unsinn aufzuhören. Derartige Massenversender verfügen ebenfalls über leistungsfähige Filterprogramme, die Nachrichten dieser Art sofort löschen.
- Fallen Sie nicht auf Lock-E-Mails herein. Sicher haben Sie auch schon mal solche E-Mails erhalten wie: „Hi, ich bin die Jana, bitte besuch mich doch mal unter http://www.xyz.com“ oder so ähnlich. Das ist eine typische Lock-Mail, die den Empfänger auf eine bestimmte Seite im Internet aufmerksam machen soll. Vergessen Sie Jana und klicken Sie auf den Lösch-Knopf.

- Vielleicht schaffen Sie es ja mit einer Mailbombe den Rechner des Werbe-Mail-Versenders eine zeitlang lahm zu legen, aber wahrscheinlicher ist es, dass Sie damit den Falschen treffen. Die Probleme bekommt nämlich der Internet-Anbieter, aber der ist ja für das Dilemma gar nicht verantwortlich. Schlimmer noch: Die meisten Massenversender geben eine falsche E-Mail-Adresse an. Als Folge davon bekommen Sie die ganzen E-Mails wegen Unzustellbarkeit zurück.

Die Tricks der Werbeversender

Removal Information – Viele Versender von Werbemails bieten dem Empfänger an, sich von der Liste streichen zu lassen. In diesem Fall enthält die Nachricht die Worte „remove, „removal" oder „removed". Fallen Sie nicht darauf rein. Damit wird nur die Richtigkeit Ihrer E-Mail-Adresse überprüft.

„!!!" in der Betreff-Zeile – Werbemails sollen Aufmerksamkeit erregen. Deshalb erhalten Sie schon in der Betreff-Zeile Zeichen wie „!!!" oder „***". Ein eindeutiger Kandidat für den Papierkorb. Aber Vorsicht: Auch erwünschte Mails (Ich liebe dich!!!) können beim automatischen Löschen der Post verloren gehen.

Authenticated sender – auch der sogenannte „autorisierte sender" (berechtigte, ermächtigte Absender) findet sich oft im Kopf der Mail. Das ist absolut bedeutungslos und wird von Massen-E-Mail-Programmen eingefügt. Leider fügen auch einige Versionen des freien E-Mail-Programmes Pegasus Mail eine solche Zeile ein. Deshalb Vorsicht!

Emailer Platinum – wenn Sie die Zeilen X-Mailer: „Emailer Platinum" oder „X-Advertisement" im Kopf der E-Mail lesen, können Sie sicher sein, dass die Mail von einem Massen-E-Mail-Programm verschickt wurde. Weg damit!

Keine Werbung bitte!

Was können Sie noch gegen Mail-Belästigung tun? Politisch Korrekte engagieren sich in der Anti-Spam-Bewegung. Computer-Freaks feintunen ihre Spam-Filter mit Hingabe täglich neu. Da müssen jetzt auch Wörter wie „lieb" oder „kennen lernen" mit auf den Index. Überhaupt haben die Filter das Problem, dass Sie genau festlegen müssen, was gefiltert werden soll. Dabei werden die Regeln immer komplizierter: Löschen, wenn mein Name nicht im An- oder CC-Feld steht, es sei denn, der Absender heißt XY oder die Nachricht wurde zwischen 20 und 21 Uhr abgeschickt. Ehrlich – wer hat für so etwas Zeit?

Die tägliche Spam-Post löscht sich oft schneller von Hand. Ob die Betreffzeile nun auffallend viele Großbuchstaben enthält, ob darin ein merkwürdiger Absender, eine unmotivierte Ziffernfolge oder eingestreute Leerzeichen stehen – alles, was auf Spam hindeutet wird entsorgt. „Möchten Sie reich, schön und berühmt werden?" Nein – so etwas sollte Sie kalt lassen. Weg damit!

Im Forum von ***Antispam.de*** finden Sie eine Möglichkeit alles über Spam zu erfahren. Dort lesen Sie wie Sie Spam loswerden, wie die rechtliche Lage aussieht und wie man den Spammern gezielt die Grundlage entzieht. www.antispam.de.

Es ist an der Zeit den Inhalt dieses Kapitels auf ein paar Sätze einzudampfen. Hier sind sie:

Safety First – Präventivmaßnahmen

Checkliste

- ✓ Melden Sie sich umgehend bei Ihrem Internet-Anbieter, wenn Sie Opfer eines E-Mail-Angriffs wurden. Lassen Sie sich ggf. ein neues E-Mail-Konto einrichten.
- ✓ Richten Sie einen E-Mail-Filter ein, um Nachrichten von bestimmten Absendern zu blockieren.
- ✓ Denken Sie an gefährliche Anhänge. Auch per E-Mail kann Ihre Computer mit Viren, Würmern oder Webkäfern infiziert werden.
- ✓ Achten Sie darauf, wem Sie Ihre E-Mail-Adresse anvertrauen. Legen Sie sich mehrere E-Mail-Konten zu, die Sie für verschiedene Zwecke verwenden. Lassen Sie die Spam-Mails auf ein Konto laufen, dass Sie nur hin und wieder besuchen, um den Inhalt zu löschen.
- ✓ Übersteigt die Werbung in Ihrem elektronischen Postfach das erträgliche Maß, installieren Sie ein Anti-Spam-Programm. Dadurch stehen Ihnen weitergehende Möglichkeiten der E-Mail-Filterung zur Verfügung
- ✓ Antworten Sie niemals auf eine Spam-Mail.
- ✓ Manchmal ist es einfacher eingegangene Spam-Mails per Hand zu löschen, als umständliche Filterregeln zu definieren.

13 Und wer liest Ihre E-Mail?

Die Steinzeit wurde nicht beendet, weil die Steine ausgingen, sondern weil jemand eine bessere Idee hatte. Zu den besseren Ideen gehörte sicher auch die elektronische Post, Nachrichten, die in minutenschnelle beim Empfänger landen, ganz gleich, wo er auf der Welt wohnt. Schon seit einiger Zeit leben wir im Informationszeitalter, einer postindustriellen Ära, in der Informationen eine wertvolle Ware darstellen. Der Austausch digitaler Nachrichten ist zu einem wesentlichen Bestandteil unseres Alltags geworden. Heute werden täglich über das Internet einige Hundert Millionen E-Mails verschickt, die elektronische Post hat dem geschriebenen Brief längst den Rang abgelaufen.

Für den Erfolg des Informationszeitalters ist es jedoch wichtig, dass die Informationen bei ihrer Reise um den Globus geschützt werden können. Hier spielt die Kryptografie (griechisch: krypto ~ geheim, verborgen, griechisch: grafie ~ schreiben) die entscheidende Rolle. Sie liefert die Schlösser und die Schlüssel des Informationszeitalters. Zwei Jahrtausende lang war die Verschlüsselung vor allem für das Militär von Bedeutung, heute erleichtert sie den Geschäftsverkehr und bietet jedem PC-Besitzer den Schutz seiner Privatsphäre.

Lesen Sie in diesem Kapitel wie Verschlüsselung funktioniert und Sie lernen das Verschlüsselungsprogramm PGP kennen. Sie erfahren außerdem, welche Schritte Sie unternehmen müssen, um Verschlüsselte und signierte E-Mails zu versenden und zu empfangen. Das klingt kompliziert? Ist es aber nicht – das Programmieren Ihres Videorekorders ist mit Sicherheit schwieriger. Nur damit Sie Bescheid wissen.

13.1 E-Mail und Privatsphäre

Bei jeder E-Mail, die Sie versenden oder empfangen, können Sie davon ausgehen, dass andere Personen sie ebenfalls gelesen haben. Jedes Memo an Ihren Chef, die neue Geschäftsidee, wie den Versand mittelamerikanischer Giftfrösche, die Erinnerung Ihrer(s) Liebsten an den Hochzeitstag, alles kann von anderen gelesen werden.

Warum das so ist, liegt in der Natur der elektronischen Post. Eine E-Mail landet nach dem Absenden zunächst auf dem Mail-Server

Ihres Internet-Anbieters. Von dort wird sie weiter geleitet von Server zu Server, bis sie auf dem Rechner des Empfängers landet. Während dieser Reise über viele Stationen kann der Text von Hacker oder Datenschnüfflern bequem gelesen werden. Und natürlich finden sie auch Informationen über den Absender und den Empfänger. Oft steht auch noch die Anschrift und die Telefonnummer in der Mail – ein Schnäppchen für jeden Datenschnüffler.

Was können Sie tun? Sollten Sie den Vorschlag mit den Giftkröten lieber in einem Brief verschicken? Das Zauberwort heißt: Verschlüsselung. Glücklicherweise können Sie mit geringem Aufwand eine E-Mail so unleserlich machen, dass jeder Datenschnüffler das Interesse daran verliert.

Der Chef liest mit

Benutzen Sie E-Mail an Ihrem Arbeitsplatz? Schön. Auch privat? Das kann unangenehm werden. Bevor Sie auf den Button ***Senden*** klicken sollten Sie sich über eines klar sein: Ihr Chef liest mit!

In den USA überwachen immer mehr Arbeitgeber, was ihre Angestellten während der Arbeitszeit machen. Moderne Computertechnologie erleichtert nicht nur Leistungs-, sondern auch Verhaltenskontrolle. Es gibt viele Gründe, warum Arbeitgeber wissen wollen, was ihre Angestellten mit ihrem Internet-Anschluss anstellen: Die einen halten Ausschau nach übergroßen E-Mail-Anhängen. Die Dateien können das Firmennetzwerk belasten. Andere wollen verhindern, dass ihre Angestellten die Computersysteme für persönliche Interessen nutzen. Wiederum andere wollen sicherstellen, dass ihre Angestellten keine unerwünschten Informationen nach draußen verschicken.

Auch in Deutschland erfreuen sich Schnüffel-Programme wie Surf-Control oder Little Brother wachsender Beliebtheit. Diese digitalen Wächter scannen E-Mails und zeichnen die Datenspuren auf, die Mitarbeiter beim Surfen im Internet hinterlassen haben, akribisch auf.

> Ein Angestellter, der von seinem Büro aus regelmäßig private E-Mails verschickt, muss damit rechnen, dass die Rahmendaten, also Sendetag und -zeit, Absender und Empfänger registriert und gespeichert werden. Voraussetzung für eine solche Überwachung ist

allerdings die Zustimmung des Betriebsrats. Ob und wie überwacht wird, muss Gegenstand einer Betriebsvereinbarung sein.

Mitarbeitern, die unangenehm auffallen, droht eine Abmahnung, im Wiederholungsfall sogar der Rausschmiss. Privates sollten Sie also lieber zu Hause erledigen.

Erlaubt eine Firma ihren Mitarbeitern allerdings die private Nutzung des Firmen-Computers, so fallen die Informationen unter das Fernmeldegeheimnis. Denn dann gilt das Unternehmen laut Informations- und Kommunikationsdienstgesetz als jemand, der „geschäftsmäßig Telekommunikationsdienste erbringt oder daran mitwirkt“. Der Mitarbeiter hat dann dieselben Rechte wie ein Kunde gegenüber einem Unternehmen.

Unter das Fernmeldegeheimnis fällt nicht nur der Inhalt von E-Mails, sondern auch die Information über Absender und Empfänger, Versende- und Empfangsdatum sowie die Länge der Mail. Rufen die Mitarbeiter Internet-Adressen und andere Netzinhalte ab, sind auch diese vertraulich.

Gelöschte E-Mails landen erst mal im „Papierkorb“ (je nach E-Mail-Programm als „Trash“, „Gelöschte Objekte“ oder ähnlich bezeichnet). Sie können dort noch gelesen werden. Nachdem Sie vertrauliche E-Mails gelöscht haben, sollten Sie nicht vergessen, den Papierkorb zu leeren.

13.2 Gegen den digitalen Lauschangriff

Was ist Verschlüsselung überhaupt? Wahrscheinlich wissen Sie mehr über Verschlüsselung als Sie ahnen. Ganz allgemein gesprochen ist Verschlüsselung eine Methode, Informationen so unleserlich zu machen, dass sie nicht oder nur mit sehr großem Aufwand von Personen gelesen werden können, die nicht im Besitzt des Schlüssels sind.

Ein einfaches Beispiel für eine Verschlüsselung: euteh sti ine chöners agt. Sicher haben Sie den Originalsatz gleich erkannt: Heute ist ein schöner Tag. Der erste Buchstabe eines Wortes wurde einfach weggelassen und hinten angehängt. Vielleicht erinnern Sie sich noch an die Zeit, als Sie in der Schule, als Sie oft Texte verschlüsselt haben, damit ihn außer dem Empfänger niemand lesen konnte.

Wenn Sie heute eine elektronische Nachricht über das Internet verschicken, werden Sie diese sicher nicht auf diese Art verschlüsseln, der Text wäre zu einfach zu entschlüsseln.

Abb. 13-1: Es gibt viele Verschlüsselungsmethoden

Im Informationszeitalter müssen Sie schon einen etwas höheren Aufwand betreiben, wenn Sie wollen, dass Ihre Informationen geheim bleiben. Wie das geht, erfahren Sie jetzt.

Sicherheitsdienst – wie Verschlüsselung funktioniert

Bevor Sie daran gehen Ihre E-Mails zu verschlüsseln, sollten Sie wissen, wie Verschlüsselung funktioniert. Dabei ist es nicht erforderlich in die recht komplizierte Materie einzusteigen, schließlich wollen Sie kein Spion werden (oder doch?), Sie erfahren nur, was Sie für die Praxis wirklich brauchen.

Zum Ver- und Entschlüsseln benötigen Sie in der Kryptografie einen Schlüssel. Mit diesem können Sie auf Ihrem Computer Informationen, die sich in diesem Fall in Dateien befinden, verschlüsseln. Der Empfänger dieser E-Mail ist in der Lage, die Informationen im Klartext zu lesen. Dazu benötigt er ebenfalls einen Schlüssel. Auf dem Weg über das Internet kann niemand die verschlüsselte Botschaft lesen. Hacker nicht und andere Drei-Buchstaben-Organisationen (FBI, CIA, NSA etc.) auch nicht oder nur mit einem riesigen Aufwand.

Die digitalen Schlüssel werden von den Verschlüsselungsprogrammen erzeugt. Diese Programme arbeiten mit den E-Mail-Programmen zusammen, können aber auch separat benutzt werden.

Schlüsselerlebnis

Im Gegensatz zur konventionellen Kryptographie arbeitet das Verschlüsselungsprogramm PGP, das Sie weiter unten kennen lernen, nach einem asymetrischen Verfahren. Das heißt, es werden zum Chiffrieren und Dechiffrieren zwei verschiedene Schlüssel eingesetzt. Diese werden private und öffentliche Schlüssel genannt.

- Der private Schlüssel (private key) wird vom Empfänger verwendet, um eine Mitteilung zu entschlüsseln oder zu signieren. Dieser Schlüssel, auch Dechiffrier-Schlüssel genannt, sollte immer geheim gehalten werden.
- Der öffentliche Schlüssel (public key) ist das Gegenstück zum privaten Schlüssel. Er wird vom Sender verwendet, um eine Mitteilung zu verschlüsseln oder eine Unterschrift zu überprüfen. Dieser Chiffrier-Schlüssel ist allen zugänglich.

Im Computerzeitalter ist ein Schlüssel ein digitaler Code, der zur Ver- und Entschlüsselung von Dateien oder Nachrichten verwendet wird. Bei PGP werden Schlüssel immer paarweise erzeugt und in einem Schlüsselring gespeichert.

> Noch einmal, weil es so wichtig ist: Den öffentlichen Schlüssel können Sie an jeden senden, der ihn haben möchte, der private Schlüssel sollte niemals Ihren Computer verlassen. Im nächsten Abschnitt beschäftigen wir uns mit der Erzeugung des Schlüsselpaares, die Voraussetzung für die Verschlüsselung mit PGP.

Pärchenbildung – der private und der öffentliche Schlüssel

Die Public-Key-Verschlüsselung ist im Internet weit verbreitet. Sie arbeitet mit einem privaten und öffentlichen Schlüssel. Wenn Sie jemandem eine verschlüsselte E-Mail schicken wollen, müssen Sie im Besitz des öffentlichen Schlüssels dieser Person sein.

Damit verschlüsseln Sie die E-Mail und können sie unbesorgt über das Internet verschicken.

Nachdem Ihr Freund die E-Mail erhalten hat, kann er sie mit seinem privaten Schlüssel dechiffrieren und lesen. Nur er ist dazu in der Lage, weil er im Besitzt seines privaten Schlüssels ist.

Das funktioniert auch anders herum. Wenn Ihnen jemand eine verschlüsselte Nachricht schicken will, benutzt er zum Verschlüsseln Ihren öffentlichen Schlüssel und schickt Ihnen die Nachricht über das Internet. Sie sind die einzige Person auf der Welt, die diese E-Mail entschlüsseln und lesen kann.

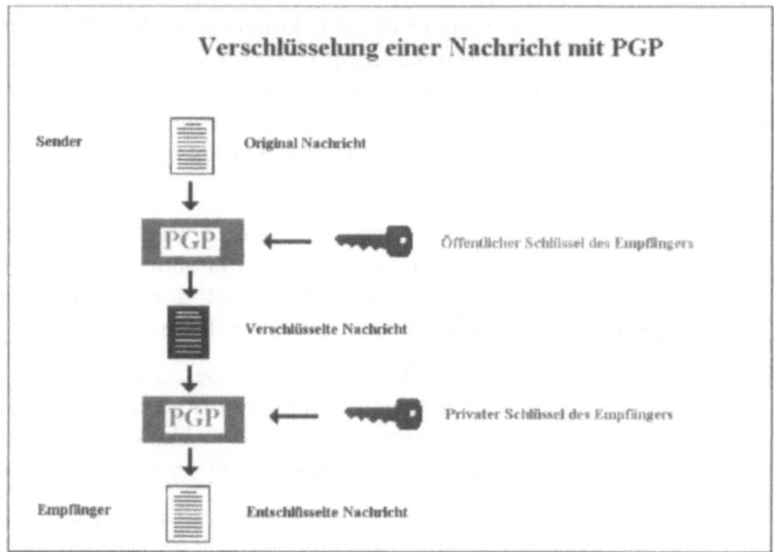

Abb. 13-2: Verschlüsselung einer Nachricht

Das hört sich im Augenblick vielleicht komplizierter an, als es eigentlich ist. Lassen Sie uns von der Theorie wieder in die Praxis zurückkehren. Hier sind noch einmal die einzelnen Schritte:

1. Besorgen Sie sich ein Verschlüsselungsprogramm, wie PGP (siehe nächster Abschnitt) und installieren Sie es auf Ihrem Computer.
2. Starten Sie das Programm und erzeugen Sie einen privaten und einen öffentlichen Schlüssel.
3. Verschicken Sie Ihren öffentlichen Schlüssel an alle, die ihn benutzen sollen. Sie können ihn auch auf einem öffentlichen Server speichern.

4. Lassen Sie sich von Ihren Kommunikationspartnern ihre öffentlichen Schlüssel geben und fügen Sie diese in Ihr PGP-Programm ein.
5. Wenn Sie jemanden eine Nachricht schicken wollen, verschlüsseln Sie die mit dem öffentlichen Schlüssel des Empfängers und versenden sie über das Internet.
6. Haben Sie eine verschlüsselte E-Mail erhalten, benutzen Sie Ihren privaten Schlüssel, um die Nachricht zu entschlüsseln und zu lesen.

Die Public-Key-Verschlüsselung funktioniert nur, wenn andere Personen im Besitz Ihres öffentlichen Schlüssels sind. Sorgen Sie für eine weite Verbreitung dieses Schlüssels. Und sammeln Sie die Schlüssel anderer Kommunikationspartner. Sollten Sie einen Schlüssel einmal ändern, müssen Sie ihn allen Personen erneut zusenden.

13.3 Informationen verschlüsseln mit PGP – das ist ja einfach

Man muss nicht schizophren sein, um PGP zu benutzen, aber es schadet auch nicht. Früher oder später hat jeder Computer-Benutzer das Problem, dass sich andere Personen sehr für die Informationen interessieren, die sich auf der Festplatte befinden oder mit Hilfe der elektronischen Post verschickt werden. In den seltensten Fällen ist das erwünscht, deshalb kommt an dieser Stelle die Verschlüsselung mit PGP ins Spiel.

PGP (Pretty Good Privacy) ist ein leistungsstarkes Verschlüsselungsprogramm. Aber es kommt noch besser: Sie können PGP kostenlos verwenden, wenn Sie es als Privatperson und nicht geschäftlich nutzen.

Woher nehmen? – der Download

Wenn Sie nicht das Glück haben die Software auf einer CD eines Computermagazins zu finden, bleibt Ihnen nur das Herunterladen vom Internet-Server. Das könnte etwas dauern, denn mittlerweile hat die Software einen Umfang von ca. 7,5 MB.

1. Stellen Sie mit Ihrem Browser eine Online-Verbindung zur Website http://www.pgpi.org her.
2. Klicken Sie auf den Hyperlink ***Download***.

3. So gelangen Sie zur Download-Seite. Klicken Sie hier auf ***PGP***.
4. Auf der folgenden Seite werden Ihnen alle PGP-Freeware-Versionen aufgelistet. Klicken Sie auf den Link für das von Ihnen verwendete Betriebssystem.
5. Jetzt wird es Zeit sich eine für Version zu entscheiden. Natürlich nehmen Sie die neueste. Sie können Sie leicht an den Versionsnummern erkennen. Klicken Sie mit der linken Maustaste darauf.
6. Sie können PGP von zwei Haupt-Servern in Norwegen herunterladen. Genau so gut können Sie aber auch einen der vielen FTP-Servern benutzen. Die werden zwar mit 1-2 Tagen Verzögerung aktualisiert, aber das ist nicht so furchtbar wichtig. Entscheiden Sie sich für einen Server, der Ihnen geografisch am nächsten steht.
7. Das Herunterladen beginnt. Klicken Sie auf den Radio-Button ***Datei auf Datenträger speichern***. Wählen Sie ein Verzeichnis, wo Sie PGP speichern möchten.
8. Die Übertragung von PGP dauert jetzt eine Weile. Im Moment können Sie nichts tun, als sich entspannt zurücklehnen und den Fortgang des Prozesses zu beobachten.

Nach dem Herunterladen der Software können Sie mit der Installation beginnen. Danach ist das Programm einsatzbereit. Mit dabei ist ein ausgezeichnetes Hilfe-Systen, bei dem Sie gleichzeitig einen allgemeinen Überblick über das Programm und seine Funktionen bekommen.

Safety first – Dateien verschlüsseln

PGP ist einfach zu bedienen, lesen Sie die Online-Hilfe, wenn Sie einmal nicht weiterkommen. Mit Ausnahme der Verschlüsselung von E-Mails, kann hier nicht näher auf die einzelnen Funktionen von PGP eingegangen werden. Dieses Buch kann kein Ersatz für das PGP-Handbuch sein, aber ein paar wohlmeinende Ratschläge sind sicher nicht fehl am Platz:

- Wenn Sie das Programm zum ersten Mal starten, werden Sie danach gefragt, ob die Schlüssel erzeugt werden sollen. Das sollten Sie umgehend tun. Je länger Ihr Schlüssel ist, desto besser ist die Verschlüsselung. Verwenden Sie keinen Schlüssel unter 2048 Byte.

- Bei der Installation können Sie angeben, mit welchem E-Mail-Programm PGP zusammenarbeiten soll. Das klappt ganz gut mit Eudora, Microsoft Outlook und Outlook Express. Das erleichtert das Ver- und Entschlüsseln sehr.
- Nach der Installation erscheinen in den o.g. Programmen neue Symbole zum Ver- und Entschlüssel sowie zum digitalen Signieren einer E-Mail.
- Bevor Sie eine Datei signieren müssen Sie Ihr PGP-Passwort eingeben.
- PGP speichert den privaten Schlüssel und die öffentlichen Schlüssel an zwei virtuellen Schlüsselringen. Am privaten Schlüsselring sollte sich nur ein Schlüssel befinden, am öffentlichen können es beliebig viele sein.

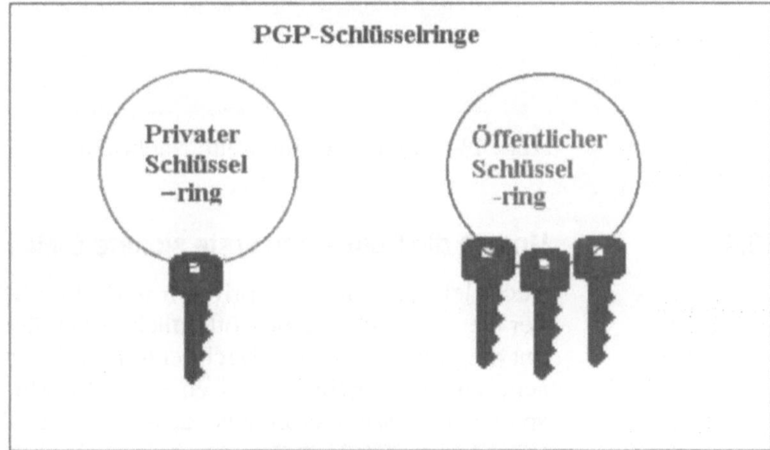

Abb. 13-3: Die PGP-Schlüsselringe

- Zum Entschlüsseln einer Nachricht benötigen Sie den öffentlichen Schlüssel des Absenders. Wenn dieser Schlüssel an Ihrem virtuellen Schlüsselbund ist, geschieht das automatisch. Wenn nicht, müssen Sie sich erst den Schlüssel besorgen.
- Der beste Weg einen öffentlichen Schlüssel an andere weiterzugeben, ist, ihn auf einem Schlüsselserver abzulegen. Das ist im Prinzip nichts anderes, als ein Rechner mit einer großen Datenbank mit PGP-Schlüsseln. Weltweit gibt es eine ganze Reihe davon. Eine Liste der Schlüsselserver erhalten Sie unter: www.pgpi.org/services/key/keyservers.

- Eine verschlüsselte E-Mail sieht aus wie eine Reihe zufällig zusammengewürfelter Zahlen, Symbole und Buchstaben. Klicken Sie auf den Button ***Nachricht entschlüsseln*** und der Zeichensalat verwandelt sich in sekundenschnelle in lesbaren Text.


```
----BEGIN PGP MESSAGE----
Version: 2.6.2

hGwD4tjBaz4akMEBAwCfOexI6aJp1pQZfJDb9mUkMALOpwO0Wva9DheDf3hVH2d6
2O85+aKE3go+IkwBH86WsXJf5voOZ9ufHWXy2AXyPFTKAJkV8UwJraripZcQDHw3
rMPVH/o7d1a3VTHvSbimAAABiqk48PdIINrdiqmqRQCCujrNPibHIAF1WtRCmlaZ
KzQBSkoQgE1soM6H2mtlgPRD9Q6uPSw6Akl dP0AB/h7q+6LEXF9jaXdy4IV7dbCB
I3GIx/ysjOC8ZGu+Wu7VTC/x2C3iY1gZLvlLJS7bVi78eROPhATxKpGiXYH7h4G9
vLVO9n+ZTEqV0NeR+WWLw4j1MgPSavhygZcckZEuNvnYHq3H+eZRUYQc9yj78wKQ
NEtDERzKabJOthalwQkE2i4SEq8OAS5lVqXJYBVylxDataYjscyAMrZp4oELVVP3
6a9sXo6/6YCZZNyd+JfghvelNMo4HhCHY9TGYWT8gSYVdWpo/DMGBFA0ipys91LF
g5CYZhV9V/9NO4xMFmTzDd6GBYbRvelhiNgt8YrL2NDRiV6pA/HKo0KB/AOn9Zml
f4wREWW1xDeq5lA88PaGFEEe6boZ7QPttL80a6wdtwzzk1SnlPJCWN/JAhaT7U4
pK1IOI6LJ36wIF5z9417MS74UMvjlLWOuof7nV8=
=uQri
----END PGP MESSAGE----
```


Abb. 13-4: Eine verschlüsselte Nachricht

13.4 Und ab die Post – Ihre erste sichere E-Mail mit PGP

Nach der Erstellung des privaten und öffentlichen Schlüssels und der Veröffentlichung des öffentlichen Schlüssels können Sie damit beginnen, E-Mails, Nachrichten und Dateien zu verschlüsseln, zu unterzeichnen und zu entschlüsseln. Im folgenden Beispiel gehen wir davon aus, dass Sie PGP als Zusatzprogramm (Plug-In) zu Outlook Express verwenden. Diese Schritte führen zum Erfolg:

1. Schreiben Sie die E-Mail mit dem Editor von Oulook Express.
2. Klicken Sie auf die Schaltfläche ***Nachricht verschlüsseln (PGP)*** in der Menüleiste von Outlook Express. Achtung: Nicht verwechseln mit der Schaltfläche „S/MIME verschlüsseln!“
3. Klicken Sie auf das Symbol ***Nachricht unterschreiben (PGP)*** rechts neben der Schaltfläche für die Verschlüsselung in der Menüleiste von Outlook Express. Vorsicht! Auch hier besteht Verwechselungsgefahr mit der Schaltfläche „Nachricht digital signieren!“

4. Sie können nun die Nachricht für den späteren Versand speichern oder sofort verschicken. In beiden Fällen sucht sich PGP den richtigen Schlüssel, sofern er sich am Schlüsselring befindet, und verschlüsselt und signiert damit sofort die E-Mail.

Abb. 13-5: Verschlüsseln per Mausklick

Schreiben Sie eine Nachricht an mehrere Empfänger, verwendet PGP automatisch den richtigen Schlüssel, vorausgesetzt, Sie haben eine Kopie des öffentlichen Schlüssels an Ihrem Schlüsselring. Konnte ein Empfängerschlüssel nicht gefunden werden oder verfügt ein Schlüssel nicht über den ausreichenden Echtheitsgrad, öffnet Ihnen das Programm ein Dialogfenster, wo Sie den korrekten Schlüssel angeben können.

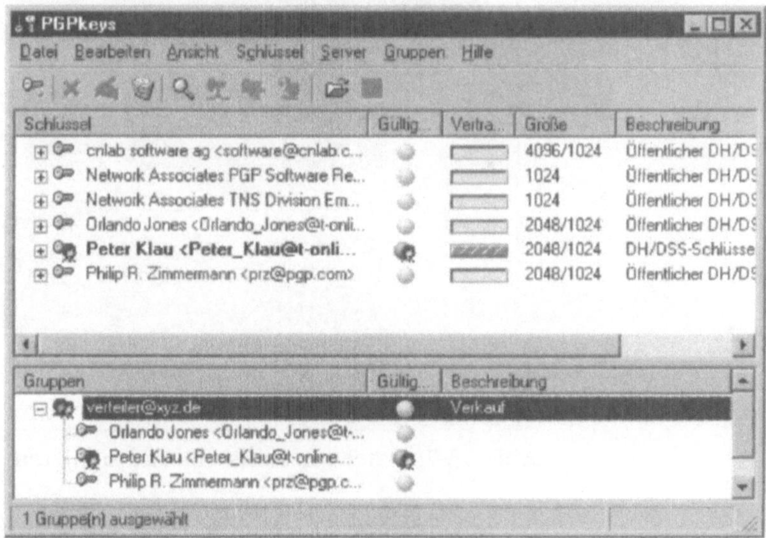

Abb. 13-6: Die PGP-Schlüsselverwaltung

E-Mail-Anhänge verschlüsseln

In einigen Fällen verschicken Sie sicher mit der eigentlichen Nachricht auch noch angehängten Text, der häufig als Attachment (englisch für: Anhang, Anhängsel) bezeichnet wird. Dieser Text wird bei der Verschlüsselung der E-Mail nicht automatisch mit verschlüsselt.

Zum Verschlüsseln von Dateien, die Sie als Attachment versenden wollen, steht Ihnen eine Option im Kontextmenü der rechten Maustaste zur Verfügung. Das funktioniert dann so:

1. Suchen Sie mit dem Windows Explorer die Datei, die Sie als Anhang verschicken wollen.
2. Klicken Sie mit der rechten Maustaste auf das Datei-Icon.
3. Selektieren Sie aus dem aufklappenden Kontextmenü die Optionen ***PGP*** und anschließend ***Verschlüsseln & Unterschreiben***.

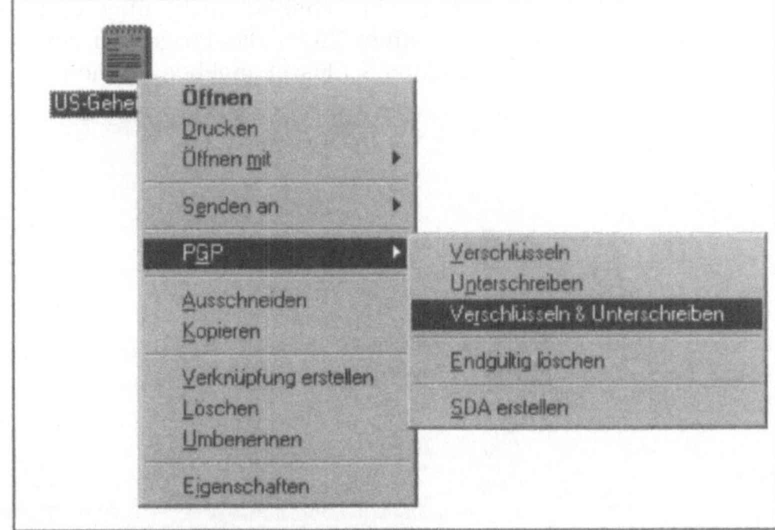

Abb. 13-7: Datei verschlüsseln und signieren

4. Wählen Sie im neuen Fenster den Empfänger der Datei aus, damit PGP den Text mit seinem öffentlichen Schlüssel verschlüsseln kann. Ziehen Sie den Empfänger in das untere Fenster. Klicken Sie dann auf ***OK***. Durch Anklicken des Kästchens ***Original endgültig löschen*** können Sie festlegen, dass die Original-Datei nach der Verschlüsselung ge-

löscht wird – und zwar ohne jede Chance auf Wiederherstellung.

5. Fehlt noch die Unterschrift. PGP bittet Sie jetzt Ihr Passwort einzugeben, damit die Datei signiert werden kann. Sie haben Ihr Passwort doch nicht vergessen – oder? Geben Sie das Passwort und einen Dateinamen für die verschlüsselte Datei ein. Klicken Sie dann auf ***Speichern***.

6. Haben Sie alles richtig gemacht, liegt die Datei jetzt in zweifacher Form vor: die verschlüsselte und signierte Version für den Empfänger und eine verschlüsselte Version der ursprünglichen Datei. Hängen Sie die Datei für den Empfänger als Anhang an Ihre E-Mail an. Bei Outlook Express geht das über die Schaltfläche ***Einfügen***.

Eine E-Mail nur unterschreiben reicht oft aus!

Statt zu verschlüsseln, lässt sich eine Nachricht auch einfach nur unterschreiben. In diesem Fall bleibt der Inhalt der Nachricht weiterhin für alle sichtbar. Die Mail erhält lediglich eine Signatur in Form einer Prüfsumme. Ist die Verifikation einer solchen Nachricht erfolgreich, wissen Sie, dass sowohl der Absender echt ist als auch, dass die Nachricht nachträglich nicht mehr verändert wurde.

Safety First – Präventivmaßnahmen

- ✓ Denken Sie daran: Eine E-Mail ist wie eine Ansichtskarte, der Text kann von vielen gelesen werden. Versenden Sie unverschlüsselt keine vertraulichen Informationen per E-Mail
- ✓ Versenden Sie keine privaten E-Mails vom Arbeitsplatz. Ihr Chef liest vielleicht mit.
- ✓ Verschlüsselungsprogramme wie PGP verwenden zwei Schlüssel: den privaten und den öffentlichen. Den privaten Schlüssel sollten Sie keinesfalls aus den Händen geben.
- ✓ Schicken Sie Ihrem Kommunikationspartner Ihren öffentlichen Schlüssel. Nur so kann er eine von Ihnen verschlüsselte E-Mail entschlüsseln und lesen.
- ✓ Bevor Sie PGP oder ein ähnliches Programm verwenden können, müssen Sie einen privaten und einen öffentlichen Schlüssel generieren.
- ✓ Die meisten Verschlüsselungsprogramme arbeiten problemlos mit den E-Mail-Programmen zusammen.

- ✓ Sie können eine Datei auch signieren. Dadurch stellen Sie sicher, dass niemand den Inhalt ändern kann ohne die Signatur zu zerstören.

14 Modern Talking und die Supergeeks

Was ist das doch für eine Welt. Das Leben ist viel zu kurz, die meiste Zeit arbeiten wir hart, den Rest hängen wir vor dem Fernseher ab oder warten darauf, ins Badezimmer zu dürfen. Dann ist noch der Geschirrspüler auszuräumen und eine Maschine Buntes zu starten. Das war's dann auch schon – wie gut, dass wir wenigstens online ein wenig mit anderen plaudern (chatten) können.

Überall auf der Welt wo Menschen zusammenkommen, gibt es Regeln, so auch beim Chatten. Nur halten sich nicht alle daran und stellen anderen sogar Fallen und Fußangeln. Wer sich damit nicht auskennt, kann böse aufschlagen. Wenn Sie an diesem Modern Talking teilnehmen wollen, sollten Sie wissen, welche Gefahren dort lauern und wie Sie ihnen begegnen können. Auch bei den Newsgroups, den Supergeeks (englisch: geek; deutsch: ~ vom Computer Besessener) im Internet, ist der Schutz Ihrer Privatsphäre ist sehr wichtig. Deshalb werfen wir einen Blick hinter die Kulissen und zeigen, wie Sie sich gegen Angriffe aus diesem Bereich wappnen können. Wie Sie sehen, werden Sie noch ein ganze Menge Spaß haben.

14.1 Chatten – heiße Themen, schnelle Finger

Chat ist der englische Ausdruck für „Plauderei, Unterhaltung, Schwatz" und das Verb chatten lässt sich dementsprechend als „plaudern, quatschen, schnattern" übersetzen. Und das trifft auch genau den Punkt: Erwarten Sie hier keine philosophischen Diskussionen, sondern Small Talk – einfach, schnell und unverbindlich.

Wenn Sie sich Nachrichten per E-Mail zusenden, geschieht das zeitversetzt. Auch die Diskussionsbeiträge für die Newsgroups werden geschrieben, verschickt und irgendwann später von den anderen Teilnehmern gelesen. Chatten ist anders: Hier sitzen alle, die daran teilnehmen, zeitgleich vor ihrem Computer. Was der eine als Text losschickt, wird sofort von allen anderen gelesen und kann gleich beantwortet werden. Ein Chat ist sehr direkt, besteht meistens aus kurzen Bemerkungen, die hin und her gehen – eben wie bei einem „richtigen" Gespräch.

Im Laufe der Zeit haben sich auf diesem Gebiet ein paar unterschiedliche Technologien etabliert. Hier sind die populärsten:

Internet Relay Chat (IRC) – der Großvater aller Chats. IRC war als erstes Chat-System im Internet verfügbar. Um am IRC-Netzwerk teilnehmen zu können, benötigen Sie ein spezielles Programm. mIRC ist beispielsweise ein solches Programm, das mit vielen Tools und Funktionen ausgestattet ist. Sie können mIRC auf der Adresse http://www.mirc.com/ gratis herunterladen. Das Programm gibt es zurzeit nicht in deutsche Sprache, eine deutsche Bedienungsanleitung ist aber erhältlich.

Chats bei Online-Diensten wie T-Online, AOL etc. – auch die großen Online-Dienste haben Chat-Räume eingerichtet, wo Sie, nach Themen getrennt, mit anderen plaudern können. Benutzer können hier auch eigene Chat-Räume einrichten.

Instant Messenger-Programme – angefangen hat es mit ICQ, einer speziellen Kommunikations-Software, inzwischen kommunizieren Millionen Menschen im Internet mit Programmen ICQ; AOL Instant Messenger, Yahoo Messenger, Microsoft Messenger, Trillian u.a. Diese Software können Sie kostenlos nutzen (im Abschnitt 14.2 erfahren Sie, wo Sie die Programme bekommen).

Chaträume im Web – auf manchen Websites können Sie mit Gleichgesinnten chatten. Bekannte Plätze sind www.west.de oder www.giga.de.

Und was soll daran gefährlich sein?

Fantasievoll, blumig, charmant – chatten macht Spaß, alle duzen sich, sind nett, ungezwungen, arglos. Manche sind sogar so arglos, dass sie ohne lange zu überlegen Telefonnummern oder gar Adressen austauschen, um sich im wahren Leben zu begegnen. Doch Achtung: Manchmal steckt hinter einem „Kuschelbär" jemand, der alles andere als Kuscheln im Sinn hat.

Jeder, der die Welt der Chat-Räume durchstreift, trifft früher oder später auf Personen, die ihn nerven oder sogar belästigen. Hier sind ein paar Tipps, wie Sie sich klug verhalten und das Chatten trotzdem ein Spaß bleibt:

- Vergessen Sei nicht: Die Absichten der Chatter sind nicht immer klar. Da bei der Plauderei am Bildschirm die Gesprächspartner gesichtslos sind, ist ein gesundes Misstrauen angemessen. Jemand, der sich „Latinlover" als Nickname zulegt, hat vermutlich eindeutige Absichten. Schwieriger wird es bei Personen, die sich „Cybernaut", „Smiley", „TX16" oder „Baudelaire" nennen. Gerade, wer im Internet auf Partnersuche ist, sollte das wissen.

- Ein Blick in einen Chatroom erlaubt einen tiefen Einblick in die Befindlichkeiten, Wünsche und Fantasien der Bevölkerung. Während Personen wie „Latinlover" diese unverhohlen bekunden, gibt es andere, die im Netz den Anschein wahren, lieb, verständnisvoll, zärtlich zu sein. Steht eine Kontaktaufnahme im realen Leben bevor, wischen vor allem Frauen Bedenken achtlos beiseite und geben Ihre persönlichen Daten weiter.
- Dass in den Chatrooms gelogen wird, das sich die Balken biegen, ist eine Binsenweisheit. Rund 80 Prozent der Angaben von Männern waren falsch, ebenso 35 Prozent der Informationen, die von Frauen stammen. Die Schwindeleien reichen von falschen Fotos bis hin zur komplett erfundenen Biografie. Solange der Chat rein virtuell bleibt, mag es witzig sein, eine falsche Identität vorzuspielen. Bei einem Kontakt, der in die Realität wechseln soll, sind Täuschungen jedoch problematisch.

Gefahr für Kinder im Netz. Das Internet Crime Forum (ICF) der britischen Regierung warnt davor, dass Kinder in Online-Chats grossen Gefahren ausgesetzt sind. In einer Studie hat die Behörde festgestellt, dass 20 Prozent der Benutzer von Kinder-Chat-Angeboten Pädophile sind.

- Wie im richtigen Leben ist auch im Netz nicht jede Bekanntschaft gleich angenehm. Will man den Kontakt zu seiner Mail-Bekanntschaft abbrechen, kann es im ungünstigen Fall böse Überraschungen geben. Stalker verfolgen ihre Opfer, von denen sie abgelehnt wurden, oftmals über einen langen Zeitraum. Sie sind besessen von einem Wahn, der sich als Rachsucht oder Hass äußern kann. Vorsicht geboten ist auch dann, wenn die Netzbekanntschaft erotische „Wünsche" oder „Aufträge" äußert. Abgesehen davon, dass man auf die eigene Gefühle vertrauen soll, weiß man nie, in welche Hände beispielsweise erotische Filme oder Fotos geraten können.

Netzpiraten und Script Kiddies

Bei echten Hackern sind Script Kiddies nicht sonderlich beliebt, bei dem einfachen Anwender schon gar nicht. Script Kiddies nutzen von anderen geschriebene Scripts und andere Programme, um über das Internet Attacken auf fremde Rechner und Systeme auszuführen.

Auch beim Chatten mit IRC und anderen Chat-Programmen werden Scripts eingesetzt. Was zur Vereinfachung der Bedienungsabläufe gedacht war, wird nun sehr gern verwendet, um Viren und Trojaner zu verschicken. Die Bedienung von IRC ist recht einfach, aber das Programm ist sehr komplex und enthält viele verborgene Funktionen. Beim Start eines IRC-Scripts führt der Computer eine Reihe von Befehlen aus, die meistens in einer Datei gespeichert sind. Diese Scripts können mit Hilfe von IRC auch an andere Computer geschickt werden.

Bevor Sie ein Script auf Ihrem Computer laufen lassen, sollten Sie wissen was diese Programm tut, schärfer formuliert: was das Programm wirklich tut. Sie können nie sicher sein, dass ein Script Ihnen nicht das Passwort für Ihren Internet-Zugang stiehlt und es still und heimlich dem Absender zusendet. Auch wenn ein Freund Ihnen sagt, das Script sei sicher, glauben Sie ihm nicht. Es wäre nicht das erste Mal, dass ein vermeintlich sicheres Script gehackt und verändert wurde.

Lassen Sie grundsätzlich nur Ihre eigene Scripts auf Ihrem Computer laufen. Fremde Scripts gehören nicht auf Ihren Rechner, sie sind zu gefährlich und können eine Menge Schaden anrichten.

Speziell die Benutzer von IRC schweben in einer doppelten Gefahr. Neben den Scripts gibt es dort den Befehl DCC, der eine direkte Verbindung zum anderen Computer aufbaut. Eine direkte Verbindung kann sehr nützlich sein, ermöglicht sie doch die persönliche und verzögerungsfreie Unterhaltung zwei Kommunikationspartner. Mit DCC kann man aber auch Dateien senden und empfangen, und genau an dieser Stelle ist Schluss mit lustig.

In dem Augenblick in dem Sie eine DCC-Verbindung öffnen, ist Ihr Computer ziemlich schutzlos gegen viele Angriffsarten. Sie sind nicht dagegen gewappnet, wenn Ihnen jemand, bewusst oder unbewusst, einen Trojaner schickt. Und was dann passieren kann wissen Sie aus früheren Kapiteln.

Eine DCC-Verbindung wurde von Hacker benutzt, um den Trojaner BackOrifice auf vielen Tausend Computern im Internet zu verbreiten. Danach tat der infizierte Computer nur noch, was der Hacker gestattete. Schlimmer noch: Passwörter und andere persönliche Daten gehörten zur leichten Beute.

Normalerweise ist zum Öffnen einer DCC-Verbindung Ihre Zustimmung notwendig. Auch wenn Sie eine Datei per DCC verschicken wollen, müssen Sie den Empfänger um Erlaubnis fragen. Das bedeutet, Sie können sich den Ärger vom Hals halten. Wenn Sie das nächste Mal gefragt werden, ob Sie eine Datei empfangen wollen, sagen Sie einfach: Nein!

Klingt einfach, oder? Leider ist im Internet nichts so einfach, wie es manchmal aussieht. Die IRC-Software lässt sich sehr vielfältig konfigurieren. Etwas Kopfzerbrechen bereitet eine Einstellung, die von Hackern oder Datenschnüfflern gern ausgenutzt wird: ***Auto-Get***. Überprüfen Sie, ob diese Funktion aktiviert ist. Dann empfängt IRC Dateien ohne eine Warnung. Diese Funktion sollten Sie umgehend deaktivieren. Ein Maximum an Sicherheit erreichen Sie, wenn Sie die Funktion auf ***Ignore All*** setzen. Dann wird eine Datei automatisch abgewiesen.

14.2 Instant Messenger – das bleibt aber unter uns

Bei der Benutzung von Instant Messenger-Progammen (kurz: IM) gelten die Sicherheitsregeln wie beim Chatten. Auch mit IM-Software können Sie Dateien austauschen – ein guter Weg zum Verbreiten von Informationen, aber auch eine gute Möglichkeit, um Viren und Trojaner auf die Reise zu schicken.

Die erste Regel lautet auch hier: Akzeptieren Sie keine Dateien von Personen, die Sie nicht kennen.

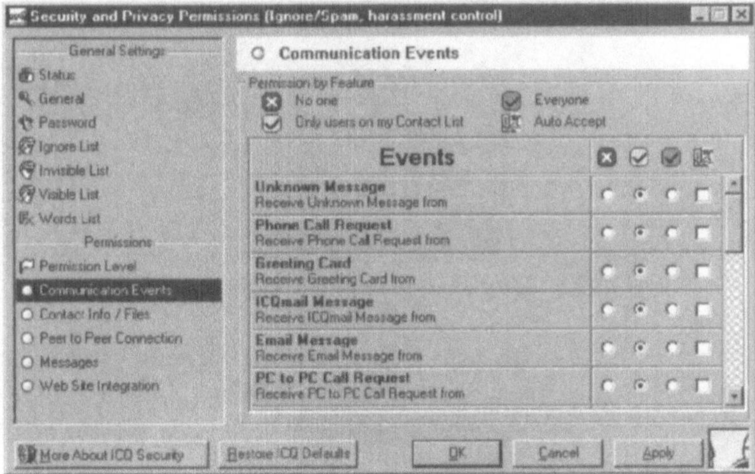

Abb. 14-1: Keine fremden Dateien akzeptieren

Überprüfen Sie auch die Einstellungen Ihres IM-Programms, ob es Dateien ungefragt empfängt und unterbinden Sie dieses sofort. Bei der Installation eines IM-Programms werden Sie gefragt, ob Sie persönliche Informationen (Sprachen, Hobbys etc.) über sich preisgeben wollen. Verzichten Sie darauf, das einzige, was Sie ohne Probleme veröffentlichen können, ist, ob Sie ein Mann oder eine Frau sind. Machen Sie der Sicherheit zuliebe keine weiteren Angaben.

ICQ – Small Talk mit der ganzen Welt

ICQ ist das am häufigsten verwendete IM-Programm. Auch diese Software enthält zahlreiche Konfigurationsmöglichkeiten und verborgene Funktionen. Einige davon sind sehr wichtig zur Wahrung des Datenschutzes und der Privatsphäre.

> Die folgenden Einstellungen beziehen sich auch die Version 2001b. Bei älteren ICQ-Versionen gibt es diese Konfigurationsmöglichkeiten oft nicht, oder sie befinden sich in anderen Menüs.

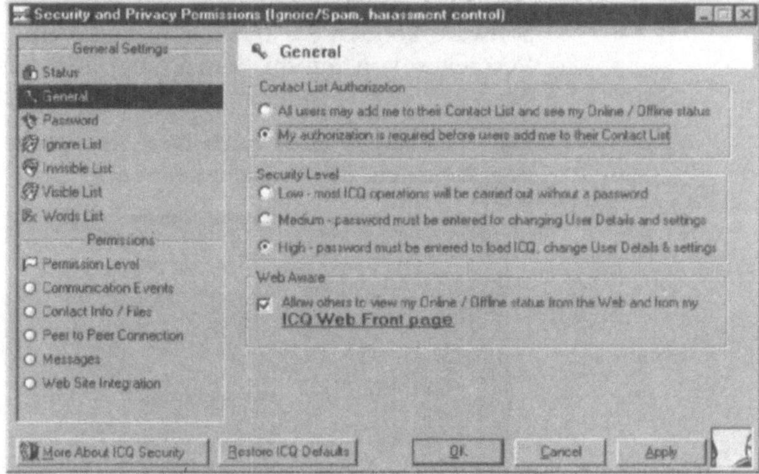

Abb. 14-2: Security Level auf High setzen

Als erstes sollten Sie die Sicherheitseinstellungen auf ***High*** setzen. Klicken Sie im ICQ-Hauptmenü auf ***Main***. Sie finden diese Einstellungsmöglichkeit in der Sektion ***Security and Privacy Permission*** unter ***General***.

ICQ-Benutzer werden häufig mit Spam-Nachrichten und Angeboten mit sexuellem Charakter überschüttet. Treffen Sie Vorkehrungen, dass Ihr Eingangs-Ordner davon verschont bleibt. Klicken Sie in der Sektion ***Security and Privacy Permissions*** auf die Option ***Messages***. Aktivieren Sie hier unbedingt die Checkbox ***Do not accept Multi-Recipient Messages form Users not in my Contact List***. Damit verhindern, Sie dass Sie der Empfänger von Massen-ICQ-Nachrichten werden.

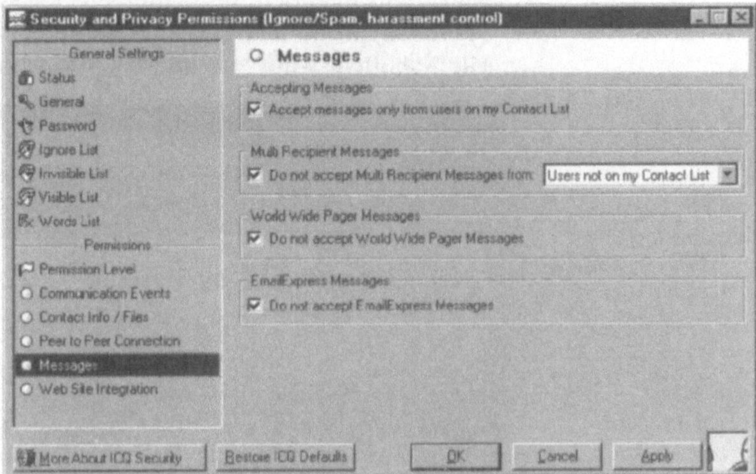

Abb. 14-3: Einstellungen für den Empfang von ICQ-Nachrichten

Lauscher unerwünscht – Instant Messenger-Nachrichten verschlüsseln

Im Prinzip sind die Instant Messenger-Systeme keine besonders sichere Angelegenheit. Sie können aber einiges für die Sicherheit tun und die Nachrichten nur noch verschlüsselt versenden. Inzwischen bieten die meisten Programme solche Funktionen an oder lassen die Aufgabe von PGP übernehmen.

Bei ICQ wird dafür ein so genanntes PGP-Plugin installiert. Danach wird im ICQ-Fenster im unteren Bildschirmbereich die Schaltfläche ***Send Key*** und in der Menüleiste ein Icon mit einem Schlosssymbol angezeigt.

Bevor Sie mit Kommunikationspartnern via ICQ verschlüsselte Nachrichten austauschen können, müssen Sie im Besitz der öffentlichen Schlüssel der anderen Personen sein. Haben Sie den Schlüssel noch nicht an Ihrem Schlüsselring, hilft Ihnen ICQ großzügig bei der Beschaffung.

Nach dem Austausch der öffentlichen Schlüssel können Sie nun unbeschwert Ihren Kommunikationspartnern verschlüsselte Nachrichten senden und empfangen. Das ist auch überhaupt nicht kompliziert.

1. Schreiben Sie die Nachricht wie gewohnt.
2. Nach dem Beenden des Schreibens klicken zu auf das kleine ***Schlosssymbol*** in der Symbolleiste und danach auf ***Send***. Die Nachricht wird verschlüsselt und versandt.

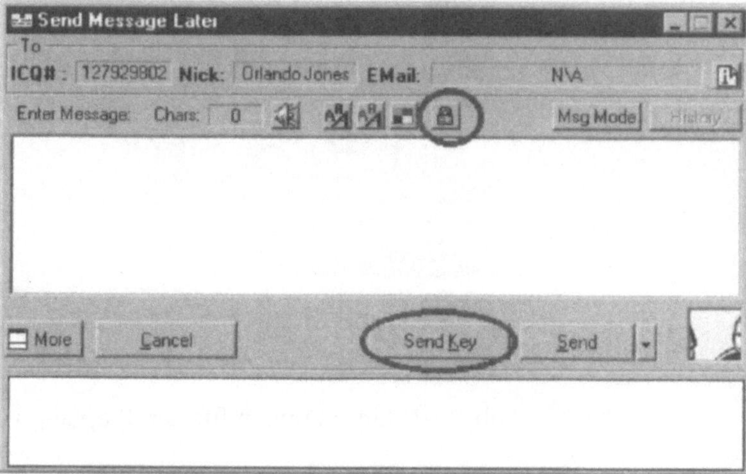

Abb. 14-4: Verschlüsseln Sie Ihre IM-Nachrichten

Wenn die andere Person nicht online ist, müssen Sie darauf achten, dass Ihre Nachricht nicht länger als 450 Zeichen enthalten darf. Ist der Kommunikationspartner gleichzeitig online besteht keine Längenbegrenzung.

Plauderei am Arbeitsplatz. Das Instant Messaging am Arbeitsplatz erfreut sich immer größerer Beliebtheit. Viele Firmen fürchten, Angestellte könnten nicht nur mit Kunden und Kollegen chatten, sondern zu viel privat online plaudern - und Firmengeheimnisse preisgeben. Die Software wird oft privat installiert. Häufig wissen die Chefs gar nicht, wie viele Angestellten aus dem Büro chatten. Abhilfe soll dann eine IM-Überwachungssoftware schaffen. In Deutschland gilt auch hier: Keine Schnüffel-Software ohne Zustimmung des Betriebsrats.

14.3 Newsgroups – bleiben Sie anonym

Eine Newsgroup (englisch: news; deutsch: ~ Neuigkeiten, Nachrichten; englisch: group; deutsch: ~ Gruppe) ist ein Forum, wo via Internet miteinander diskutiert wird. Die Mitglieder einer Newsgroup tauschen ihre Beiträge zu Neuigkeiten und Meinungen über ein gemeinsames Thema aus. Wer sich an einer Newsgroup beteiligt, kann mit Leuten aus der ganzen Welt diskutieren. Man kann Fragen stellen, die andere vielleicht beantworten können, aber auch anderen bei ihren Problemen oder Fragen helfen. Oder man kann auch einfach nur mitlesen, was andere zu einem bestimmten Thema zu sagen haben.

Newsgroups sind eine spannende Angelegenheit: Wer einmal mitgemacht hat, wird nicht mehr damit aufhören wollen. Am besten besorgen Sie sich eine Extra-Software, Newsreader genannt. Sie können die Nachrichten aber auch mit dem normalen Web-Browser lesen und beantworten. Die Newsgroups sind nicht die einzigen Diskussionsforen ihrer Art. Auch bei den großen Online-Diensten wie T-Online oder AOL gibt es Foren, in denen über alle möglichen Themen diskutiert wird. Besonders hilfreich sind diese schwarzen Bretter, wenn Sie eine Auskunft beispielsweise zu einem Computer-Problem suchen. In den Newsgroups finden Sie die Experten (Supergeeks), die Ihnen fast jede Frage beantworten können.

Der Vorteil dieser „schwarzen Bretter" ist der, dass man mit einer Nachricht sehr viele Leser erreichen kann. Der Nachteil: durch unsachgemäße Äußerungen können Sie sich auch bei sehr vielen Lesern unbeliebt machen, und zwar gleichzeitig und weltweit. Danach lebt man keineswegs ungeniert, sondern mit den Folgen seiner Äußerungen. Der Umgangston in diesen Brettern ist oft etwas leger, um es vorsichtig auszudrücken. Die Newsgroups sind kein Platz für besonders sensible Menschen, die Gefahr dort auf Schimpfwörter zu treffen, ist nicht eben gering.

Risiken und Gefahren

Was soll denn gefährlich daran sein mit „Bozo" aus Idaho über die Aufzucht mittelamerikanischer Minikrokodile im heimischen Swimmingpool zu diskutieren? Oder sich einer Gruppe anzuschließen, die kleine Plastikfiguren aus Schokoladeneiern sammelt und tauscht? Im Prinzip nichts – doch Vorsicht, das Terrain ist vermint. Wer an einer öffentlichen Diskussion teilnimmt, sollte mit folgenden Problemen rechnen:

- ***Persönliche Informationen*** – Sie könnten Informationen verraten, die in Ihrem Umfeld niemandem etwas angehen. Beispiel: Sie nehmen an einer Diskussionsgruppe über AIDS teil, oder über politische Themen. Es ist sehr einfach, Ihre Diskussionsbeiträge zu verfolgen, zum Beispiel auch für Ihren Chef.
- ***Persönliche Profile*** – aus der Mitgliedschaft in den einzelnen Gruppen lässt sich wunderbar ein persönliches Profil erstellen. Was sind Ihre Vorlieben, welche Auffassungen vertreten Sie, was bewegt Sie, wofür geben Sie Geld aus, etc?
- ***Werbung*** – in den Newsgroups sammeln Spammer ihre E-Mail-Adressen. Damit erhöhen Sie die Chance, dass Ihre Mailbox bald von Werbung überquillt.
- ***Belästigung*** – sicher sind die meisten Mitglieder einer Gruppe normal (okay, fast normal), aber es gibt immer wieder Zeitgenossen, die müssen andere schikanieren oder belästigen. Sie brauchen nicht einmal einen besonderen Grund dazu. Oft ist es schwer, sie wieder loszuwerden.

Schutzmaßnahmen

Wie Sie sehen, gibt es eine Menge Gründe auch in den Newsgroups seine Privatsphäre zu schützen. Aber lassen Sie sich keinen Schrecken einjagen, es gibt eine Menge Schutzmöglichkeiten. Die folgenden sollten Sie kennen:

Verstecken Sie Ihre E-Mail-Adresse

Wenn Sie eine Nachricht in einer Newsgroup veröffentlichen (auch „posten" genannt), ist Ihre E-Mail-Adresse immer dabei. Dafür sorgt Ihr Web-Browser oder Newsreader. Aber was nicht drin ist, kann auch nicht heraus kommen. Ziehen Sie Ihre E-Mail-Adresse aus dem Verkehr oder verändern Sie diese, dass sie nur von Menschen, nicht aber von Programmen verstanden wird. Bringen Sie in Erfahrung, wie das bei Ihrem Newsreader möglich ist. Wie das bei Outlook Express geht, können Sie noch einmal im Kapitel 12.3, Spinner & Spammer nachlesen (siehe auch Abb. 12-4).

Keine Speicherung Ihres Postings in Datenbanken

Sites wie Google.de oder Web.de haben die Angewohnheit, die Nachrichten in einer Datenbank zu speichern, so dass jeder jederzeit nach allen möglichen Kriterien suchen kann. Das heißt: Ihre Worte werden unsterblich (na ja, sie bleiben recht lange gespeichert). Ohne große Probleme können Sie nachlesen, was Sie 1999 in den Newsgroups gepostet haben. Das können Sie ändern. Schreiben Sie in den Kopf Ihrer Nachricht die Zeile: `X-no-archive:yes`. Wenn Sie das tun, weiß man bei Google Groups oder den anderen Sites, dass diese Nachricht nicht gespeichert werden soll. Bringen Sie in Erfahrung, wie Sie Ihren Newsreader entsprechend konfigurieren können. Bei Outlook Express ist das nicht mögliche, es gibt aber ein Tool, das Abhilfe schafft.

Die Outlook Express Tools (OET) erweitern Microsoft Outlook Express (OE) um zusätzliche Funktionen für einfachen Umgang mit dem Usenet. Die Software enthält einen Editorersatz für komfortables Erstellen technisch korrekter Postings, die Möglichkiet des Einfärbens von Zitatebenen im Nachrichtenfenster von OE, einfache Tastatur-Shortcuts für häufig benutze Funktionen und viele kleine Features, die den täglichen Umgang mit OE vereinfachen. Sie bekommen die Software unter: www.oe-tools.de.vu.

Benutzen Sie einen Alias-Namen

Manche Newsgroups haben etwas gegen anonyme Postings. Bestenfalls bekommen Sie dann den freundlichen Hinweis, dass Ihre Nachricht wegen des fehlenden Real-Namens ignoriert wird. In diesem Fall ist es ratsam, sich einen Alias-Namen zuzulegen. Bei den Freemail-Anbietern bekommen Sie die zugehörige Adresse, und niemand bei den Newsgroups käme auf die Idee, nachzuprüfen, ob hinter der Adresse Harald-Müller@gmx.de auch wirklich Harald Müller steckt.

Melden Sie Verstöße

Sind Sie Ziel von Verfolgungen, Beleidigungen und Belästigungen melden Sie das Ihrem Internet-Anbieter. Eventuell interessiert sich auch der Staatsanwalt dafür.

Safety First – Präventivmaßnahmen

- ✓ Denken Sie daran, dass Sie nicht die wahre Identität Ihres Chat-Partners kennen. Sie wissen nicht einmal, ob es ein Mann oder eine Frau ist.
- ✓ Suchen Sie sich einen neutralen Online-Namen (Nicknamen), damit Sie unerwünschte Zeitgenossen erst gar nicht auf sich aufmerksam machen.

- ✓ Moderierte Chats sind etwas sicherer als unmoderierte. Halten Sie sich immer an die im Chatroom geltende Regeln und beschweren Sie sich beim Moderator über

Belästigungen.

✓ Geben Sie in einem Chatroom niemals Ihren wirklichen Namen, Anschrift, Telefon- oder Handynummer bekannt.

✓ Unterbinden Sie beim Chatten mit IRC und anderen Chat-Programmen die Verwendung von Scripts.

✓ Deaktivieren Sie bei Chat- und IM-Programmen das Empfangen von Dateien ohne vorherige Genehmigung.

✓ Wenn Sie nicht wollen, dass Ihr Newsgroup-Posting in einer Datenbank gespeichert wird, bringen Sie den Vermerk: `X-no-archives:yes` im Kopf einer Nachricht an.

✓ Falls anonyme Postings in einer Newsgroup nicht geduldet werden, benutzen Sie einen Alias-Namen.

Teil 4: E-Commerce

15 Online-Shopping – aber sicher

Vielleicht mögen Sie Einkaufscenter nicht besonders. Geschäfte sind Ihnen ein Graus. Eventuell hassen Sie es, den mühsam gekauften Plunder auf einem gottverlassenen Parkplatz ins Auto zu schmeißen und nach Hause zu fahren. Dann sollte Sie der Gedanke an das Online-Shopping morgens mit einem Lächeln aufstehen lassen. Online-Shopping, das heißt: kein Kampf um den Parkplatz, keine Staus, keine Wartezeit in der Schlange vor der Kasse, keine Ladenschlusszeiten, keine Hektik.

Computer sind nicht intelligent, sie glauben nur, dass sie es sind. Trotzdem kann man mit diesen Geräten allerlei nützliche Dinge anstellen, wie zum Beispiel das Online-Shopping. Das hat so seinen Vorteile: Bequem im Schlafanzug bestellen Sie vom Wohn- oder Arbeitszimmer aus mit einem Mausklick Software, Computer, Kameras, CDs oder was immer Sie wollen. Ein paar Tage später wird geliefert. Klingt gut – ist es auch. Da sind nur ein paar klitzekleine Dinge, die Sie beachten sollten, damit Sie sich nicht in die Fallstricke und Fußangeln verfangen. Lesen Sie in diesem Kapitel, was Sie tun müssen, um den Gefahren beim Online-Shopping aus dem Weg zu gehen. Erfahren Sie außerdem, wie Sie sich gegen Betrügereien schützen können und was Sie tun müssen, wenn die von Ihnen bestellten Strümpfe Löcher haben. Sie können die Zukunft nicht aufhalten – aber Sie können dabei sein.

15.1 Leben und Sparen – Einkaufen ohne Ladenschluss

Online einzukaufen, ist eines der leichtesten Dinge überhaupt. Geben Sie in Ihren Browser die Adresse des Online-Shops ein, klicken Sie mit der Maus auf den gewünschten Artikel und machen Sie sich auf den Weg zur virtuellen Kasse. Wenige Tage danach klingelt ein Paketservice bei Ihnen und liefert die bestellte Ware.

Im Internet sind so gut wie alle Waren und Dienstleistungen erhältlich. Die Unternehmen melden steigende Umsätze und setzen voll auf den Online-Handel. Dies sind die häufigsten Einkaufsmöglichkeiten:

- Sie können direkt vom Hersteller kaufen. Beispiel Computer: www.dell.de.

- Auch von Ihrem Kaufhaus in der City gibt es oft einen Online-Ableger. Beispiel: www.karstadt.de.
- Außerdem gibt es reine „Cybershops", deren Filialen Sie in den Einkaufszentren vergeblich suchen würden. Beispiel: www.amazon.de.

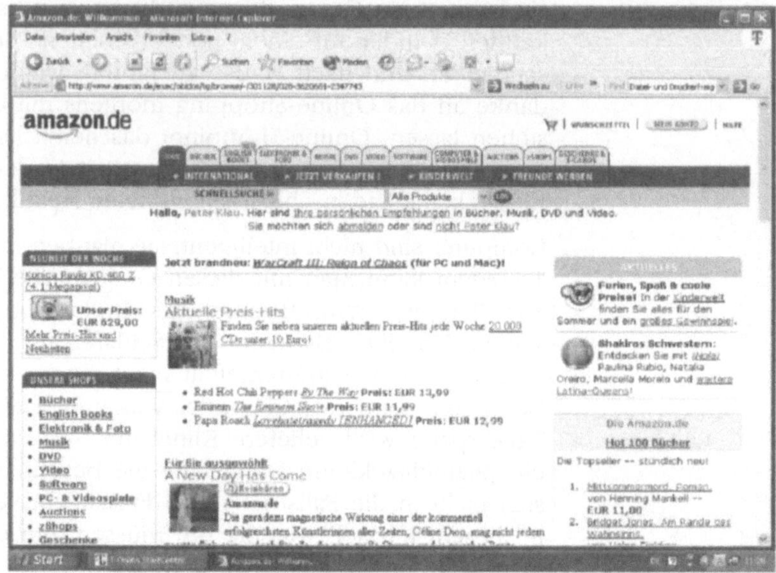

Abb15-1: Das Angebot ist riesig

- Auch viele kleinere Geschäfte mit unterschiedlichem Sortiment sind online vertreten. Beispiel: www.unserkleinerladen.de.
- Jede Menge Schnäppchen können Sie auch bei Online-Auktionen machen. Hier werden Sie sogar den Trödel von Omas Dachboden los (mehr darüber lesen Sie in Kapitel 17, Online-Auktionen). Beispiel. www.ebay.de.
- Versandhäuser vertreiben Ihre Produkte längst online. Wozu noch dicke Kataloge wälzen? Beispiel: www.schwab.de.
- Anlageberatung, Geldgeschäfte, Aktien und andere Finanzprodukte gibt es schon lange im Internet. Dazu Börsennachrichten, Kurse, Charts und Wirtschaftsinformationen. Beispiel: www.consors.de.

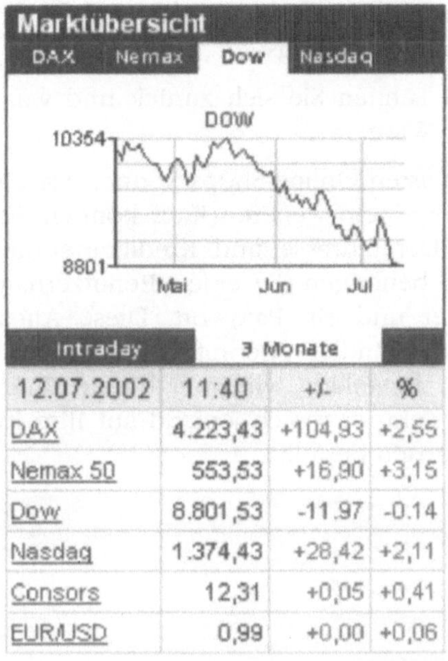

12.07.2002	11:40	+/-	%
DAX	4.223,43	+104,93	+2,55
Nemax 50	553,53	+16,90	+3,15
Dow	8.801,53	-11.97	-0.14
Nasdaq	1.374,43	+28,42	+2,11
Consors	12,31	+0,05	+0,41
EUR/USD	0,99	+0,00	+0,06

Abb. 15-2: Marktübersichten und Finanzinformationen

Falls Sie bereits genau wissen, was Sie brauchen, dann werden Sie bestimmt am günstigsten Angebot interessiert sein. Bevor Sie Stunden damit verbringen, in allen Online-Shops nach dem Preis für dieses Produkt zu suchen, versuchen Sie's doch mal mit www.uCompare.de, der Preisvergleichs-Maschine im Internet. Mit einem Klick können Sie sich einen Überblick über die Preise eines Produkts bei zahlreichen Online-Shops verschaffen - und auch gleich bei dem von Ihnen bevorzugten Shop bestellen. Der Service ist kostenlos.

Armani oder Banani – wie Sie online einkaufen

Nachdem Sie das Angebot eines Online-Shops besichtigt und ein paar Dinge gekauft haben, werden Sie zu einem besonders gesicherten Bereich des Online-Shops geleitet. Alle Informationen die dorthin übertragen werden, sind von nun an verschlüsselt. Jetzt müssen Sie Ihren Namen und die E-Mail- und die Lieferadresse eingeben. Danach fehlt noch die Eingabe der Bankverbindung, Kreditkartenummer oder einer anderen Abrechnungsart. Noch ein abschließender Mausklick und Ihre Bestellung ist unterwegs. Viele der Online-Shops senden Ihnen eine E-Mail zur Bestätigung des Auftrags.

Das war's. Lehnen Sie sich zurück und warten Sie auf das Eintreffen der Ware.

Bei den meisten Online-Shops können Sie ein Kundenkonto einrichten. Bei einem weiteren Kauf können Sie sich dann die Eingabe der Lieferadresse und Kreditkartennummer ersparen. Für das Konto benötigen Sie einen Benutzernamen oder eine Kundennummer und ein Passwort. Diese Angaben werden Ihnen vom Online-Händler übermittelt und damit sollten Sie ebenso vorsichtig umgehen, wie mit Ihrem Internet-Passwort, sonst könnte es sein, dass sich jemand auf Ihre Kosten ein paar schicke Unterhosen bestellt.

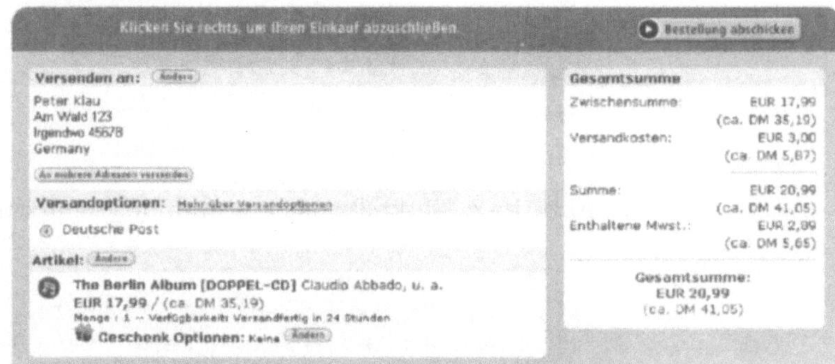

Abb. 15-3: Eine Bestellung

Bei der Übermittlung Ihrer Kontodaten sollten Sie unbedingt darauf achten, dass der Shop eine sichere Verbindung in Form von SSL-Verschlüsselung benutzt. Die Verschlüsselung (SSL oder Http-S) erkennen Sie an dem Schloss-Symbol am unteren Rand Ihres Browsers.

Im Internet gelten sowohl Regeln des Verbraucherschutzes als auch die AGB-Gesetze. Deshalb sind Ihre Rechte als Online-Kunde und als Kunde der realen Einkaufswelt innerhalb Deutschlands weitgehend gleich.

Anders sieht es aus, wenn Sie in einem Shop im Ausland bestellen. Dank der Fülle an Möglichkeiten fällt es nicht schwer, selbst die ausgefallensten Güter im Netz zu entdecken. Zu Problemen kommt es deswegen erst dann, wenn Sie die gewünschten Waren gefunden haben und Sie bestellen möchten. Nicht selten sind Waren wochenlang unterwegs. Portogebühren und Zoll machen das Schnäppchen schnell zur teueren Angelegenheit. Eine CD oder ein Buch im Ausland zu bestellen, ist sicher kein Problem. Bei elektrischen oder elektronischen Geräten ist schon wegen der unterschiedlichen technischen und elektrischen Normen von einem Kauf abzuraten. Und denken Sie an die Garantie. Der Paketzusteller ist in diesem Fall ein schlechter Ansprechpartner.

Fragen Sie bei Unklarheiten per E-Mail beim Anbieter nach. Auf diesem Wege können Sie auch gleich die Qualität des Kundenservice testen. Erhalten Sie keine Antwort, werden Sie auch bei späteren Problemen lange oder vergeblich warten müssen.

15.2 Betrug online – kleine Gauner und große Betrüger

Wie alles im Leben, hat auch das Online-Shopping seine Schattenseiten. Auch hier kann einen Menge schief gehen. Die folgenden Ratschläge helfen Ihnen, die Klippen zu umschiffen:

- Kaufen Sie nur in Online-Shops, die beim Bezahlen eine Verschlüsselung benutzen. Sie laufen sonst Gefahr, dass Ihre Kreditkartennummer und andere Daten unterwegs abgefangen und missbräuchlich verwendet werden.
- Shoppen Sie nur in Online-Geschäften, denen Sie vertrauen können. Was nützt das schönste Angebot, wenn die Firma bei Reklamationen nur auf den Cayman Islands zu erreichen ist. Bevorzugen Sie Shops, die über ein Gütesiegel verfügen (siehe unter: Online-Shops mit Gütesiegel).
- Speichern Sie jeden Bestellvorgang oder drucken Sie die Bestellung auf Ihrem Drucker aus. Wenn Sie nicht wissen, was oder wie viel Sie gekauft haben und wie viel Sie bezahlt haben, können Sie leicht über den Tisch gezogen werden.
- Wenn andere Personen Zugang zu Ihrem Computer haben, deaktivieren Sie die One-Click-Bestellung (auch Express-Bestellung). So schön diese Bestellung mit einem Mausklick auch ist, so öffnet sie doch dem Missbrauch Tür und Tor.
- Denken Sie an die versteckten Kosten. Bevor Sie mit Ihrer Kreditkartennummer rüberkommen überprüfen Sie, ob die Mehrwertsteuer und Porto- und Verpackungskosten bereits aufgeführt sind. Nur damit Sie später keine Überraschung erleben.
- Studieren Sie die Garantie- und Rückgabebestimmungen. Wie lange haben Sie Zeit, den Artikel zurückzugeben? Wer

ist Ansprechpartner im Falle einer Reparatur? Wo kann der Artikel repariert werden? Das sollten Sie wissen, bevor Sie einen Artikel kaufen.

- Achten Sie darauf, das Kundennummern und Passwörter nicht in falsche Hände kommen. Sonst lässt sich schwer nachweisen, dass Sie einen Artikel nicht bestellt haben.

Online-Shops mit Gütesiegel

Keine Online-Käufer ohne Sicherheit und Service. Die Vertrauenswürdigkeit des Anbieters sowie die Daten- und Zahlungssicherheit sind wichtige Faktoren für Bestellungen im Internet. Viele Unternehmen führen deshalb ein Gütesiegel, die sie zum vertrauenswürdigen Shop machen. Das heißt: Sicherheit bei der Daten-Übertragung, eine Geld-zurück-Garantie und eine neutrale Möglichkeit, Beschwerden vorzubringen.

Die bekanntesten und zuverlässigsten Gütesiegel gibt es von folgenden Institutionen:

Trusted Shops – die Trusted Shops GmbH ist ein Unternehmen der Gerling-Versicherungsgruppe. Die Firma vermarktete Gütesiegel mit zusätzlichem Versicherungsschutz: Wird von einem Shop ein bezahltes Produkt nicht geliefert oder bekommt der Kunde nach einer Warenrückgabe sein Geld nicht zurück, tritt Gerling für den Schaden ein. Allerdings muss der Kunde mehrere Bedingungen wie die Ausfüllung eines Formulars bei der Bestellung und die Einhaltung von Reklamationsfristen erfüllen. Die Garantie reicht bis 5000 Euro. Die teilnehmenden Shops finden Sie unter: www.trustedshops.de.

Safer Shopping – hinter diesem Gütesiegel steht der TÜV Management Service vom TÜV Süddeutschland. Dieses Unternehmen arbeitet mit dem Schweizer Versicherungskonzern DBV-Winterthur zusammen. Der TÜV bewertet die technische und organisatorische Zuverlässigkeit eines Online-Shops, die DBV-Winterthur prüft die unternehmerische und finanzielle Solidität und gibt eine Geld-zurück-Garantie, wenn Ware nicht geliefert oder nach Rücksendung der Kaufpreis nicht erstattet wird. Weitere Infos unter: www-safer-shopping.de.

TÜV Online-Check – (auch VZ-OK) ein Prüfsiegel des Rheinisch-Westfälischen TÜVs. Der RWTÜV prüft Shops anhand von Kriterien, die von der Verbraucherzentrale NRW vorgegeben wurden. Kunden, die beim Einkauf in Shops mit diesem Siegel auf Mängel stoßen, können sich unter der E-Mail-Adresse VZ-OK@vz-nrw.de beschweren. Weitere Infos: www.tuev-online-check.de.

Geprüfter Online-Shop – dieses Gütesiegel wird vom EHI-Euro-Handelsinstitut, einem von Industrie und Handel getragenen Forschungs- und Bildungsinstitut, vergeben. Die Prüfkriterien und das Beschwerde-Management sind sehr ausführlich auf der Website aufgelistet. Weitere Infos: www.shopinfo.net.

15.3 Dubiose Geschäfte – www.HierwerdenSieabgezockt.com

Es erwischt eine Unmenge von Surfern, und eine Schande ist das für die Betroffenen nicht: Der Online-Betrug boomt und wird – auch technisch gesehen – immer raffinierter. Millionen von Spams würden nicht existieren, wenn sie nicht kostendeckend wären – immer wieder einmal lässt sich jemand auf irgendeinen Unsinn ein.

Die berüchtigten Dialer sorgten darüber hinaus in letzter Zeit dafür, dass allein das gedankenlose Anklicken eines E-Mail-Anhangs reichte, um schon einmal einen halben Monatslohn in der Telefonrechnung zu versenken, bevor man merkte, was überhaupt passierte.

Doch es sind nicht die Dialer, die das Gros der verursachten Betrugsschäden verursachen – sondern ganz profaner Handelsbetrug. Nach einer Studie der BBC entstehen die größten Betrugsschäden in Online-Auktionen. Da werden Waren versteigert, für die kassiert wird – und die nie beim Käufer ankommen. Hier sind die Top-10 der häufigsten Betrugsdelikte, mit denen Verbraucher um ihr Geld gebracht werden (Quelle: BBC):

1. Betrügerische Online-Auktionen, bei der bezahlte Ware nie ausgeliefert wird.
2. Die absichtlich falsche Darstellung oder Nicht-Auslieferung online bestellter Konsumgüter (ohne Elektronik).
3. Das beliebte Geldangebot aus Nigeria. Kaum zu glauben, dass dieser „Klassiker“ immer noch Opfer findet (siehe unten unter Nigeria Connection).
4. Die absichtlich falsche Darstellung oder Nicht-Auslieferung von online bestellter Hard- oder Software.
5. Betrug mit Zahlungen für den Zugang zu Internet-Diensten: Hier wird kassiert für Dienste, die nie bestellt wurden.

6. Die Belastung von Telefonrechnung oder Kreditkarte für Dienste, die entweder nie bestellt, oder aber fälschlich als „kostenfrei“ beworben wurden (häufig geht es um Pornografie).
7. Sogenannte Heimarbeit-Angebote mit krass überzeichneten Verkaufs- und Verdienstmöglichkeiten.
8. Kreditangebote, bei denen man erst Gebühren zahlt, bevor man keinen Kredit bekommt.
9. Kreditkarten-Sonderangebote, die man ebenfalls erst nach Zahlung von Gebühren nicht bekommt.
10. Geschäfts- oder Franchisebeteiligungen, die auf Basis bewusst überhöht dargestellter Gewinnaussichten verkauft werden

Die Nigeria Connection – Globalisierung auf afrikanische Art

Man glaubt es kaum, aber selbst nach mehr als einem Jahrzehnt lebt und gedeiht der bekannte Betrug der „Nigeria Connection“ und versorgt ganze Familien-Clans im afrikanischen Busch mit Brot und Auskommen. Inzwischen hat sich der „westafrikanische Vorschussbetrug“ oder „419 Fraud[1]“, wie diese Masche auch genannt wird, völlig ins Internet verlegt. Kriminelle passen sich schnell an moderne Techniken an. Diese Betrugsart ist ein gutes Beispiel dafür, wie man mit geringem Risiko hohe Gewinne erwirtschaften kann.

Allein im letzten Jahr, sagt das FBI, fielen einige Tausend Amerikaner auf den Klassiker unter den Betrugsaktionen herein, die Anzeige erstatteten. Die Dunkelziffer? Unbekannt. Um Peanuts geht es jedenfalls nicht: Experten schätzen den von der Nigeria Connection angerichteten Schaden auf bis zu 50 Millionen pro Jahr, US-Dollar, versteht sich. Viele der Opfer schämen sich, den Betrug bei den Behörden anzuzeigen. Auszurotten ist die Masche nicht, auch wenn in einigen afrikanischen Ländern ab und zu mal die Handschellen klicken.

Es gibt eine klassische 419-Startegie und eine Reihe von Abwandlungen. Das Opfer erhält eine E-Mail mit einem Absender aus Nigeria oder von einem Freemail-Account, bei dem die Her-

[1] Der Artikel 419 des nigerianischen Strafgesetzbuches befasst sich mit Betrug

kunft des Absenders nicht zu erkennen ist. Die Korrespondenz findet meistens in englischer Sprache statt, es gibt aber auch Varianten in schlechtem Deutsch.

Der Absender gibt vor, eine leitende Persönlichkeit der Nigerian National Petroleum Corporation (NNPC) oder der Central Bank of Nigeria (CBN) oder einer anderen einflussreichen staatlichen Organisation zu sein. Die E-Mail informiert den Leser dann darüber, dass auf irgendwelchen Konten höhere Geldbeträge (oft Millionen US-Dollar) lagern, an die der Absender nur herankommt, wenn er es ins Ausland (sprich auf das Konto des Opfers) umleitet. Danach soll das Geld auf das Konto des Absenders weitergeleitet werden. Für die Bereitstellung der Bankverbindung wird eine exzellente Provision in Aussicht gestellt. Ein für beide Seiten vorteilhafter Handel, wie es scheint.

EIN „VERLOCKENDES" ANGEBOT AUS NIGERIA

FROM: Mr. Ben Ahore

Central Bank of Nigeria

Lagos, Nigeria

[Phone Number]

TO: Dupe

Address

Dear Sir:

I have been requested by the Nigerian National Petroleum Company to contact you for assistance in resolving a matter. The Nigerian National Petroleum Company has recently concluded a large number of contracts for oil exploration in the sub-Sahara region. The contracts have immediately produced moneys equalling US$40,000,000. The Nigerian National Petroleum Company is desirous of oil exploration in other parts of the world, however, because of certain regulations of the Nigerian Government, it is unable to move these funds to another region.

You assistance is requested as a non-Nigerian citizen to assist the Nigerian National Petroleum Company, and also the Central Bank of Nigeria, in moving these funds out of Nigeria. If the funds can be transferred to your name, in your United States account, then you can forward the funds as directed by the Nigerian National Petroleum

Company. In exchange for your accomodating services, the Nigerian National Petroleum Company would agree to allow you to retain 10%, or US$4 million of this amount.

However, to be a legitimate transferee of these moneys according to Nigerian law, you must presently be a depositor of at least US$100,000 in a Nigerian bank which is regulated by the Central Bank of Nigeria.

If it will be possible for you to assist us, we would be most grateful. We suggest that you meet with us in person in Lagos, and that during your visit I introduce you to the representatives of the Nigerian National Petroleum Company, as well as with certain officials of the Central Bank of Nigeria.

Please call me at your earliest convenience at [Phone Number]. Time is of the essence in this matter; very quickly the Nigerian Government will realize that the Central Bank is maintaining this amount on deposit, and attempt to levy certain depository taxes on it.

Yours truly, etc.

Ben Ahore

Hat das Opfer Vertrauen gefasst beginnt der Absender vertrauliche Papiere zu übermitteln, auf offiziellem Papier und mit Siegel. Um es kurz zu machen: Lässt sich das Opfer auf den Deal ein, müssen zunächst Anwaltsgebühren, Notare, Steuern, Bestechungsgelder, Bankgebühren etc. bezahlt werden. Immer neue Probleme tauchen auch – und müssen vom Opfer bezahlt werden. Die verlangten Zahlungen stehen natürlich in keinem Verhältnis zum erwarteten Profit. Sind die Zahlungen geleistet worden, hört das Opfer selbstverständlich vom Empfänger nichts mehr.

In seiner neuesten Variante bitten angebliche amerikanische Armeeangehörige oder aber Mitarbeiter von Hilfsorganisationen in Afghanistan um den kleinen Gefallen, mal eben ein paar Millionen zu „parken".

Ein letztes Wort: Aus den Anschreiben geht häufig hervor, dass sich das Opfer an einer Unterschlagungsaktion oder an anderen kriminellen Machenschaften beteiligen soll. Wer darauf eingeht und hereingelegt wird, kann sich weder mit Naivität noch mit Unkenntnis herausreden. Kein Wunder, das viele Opfer auf den Gang zum Staatsanwalt verzichten.

Wo bin ich hier bloß gelandet? – falsche Sonderangebote

Im Internet gibt es eine klare Regel: Trauen Sie niemandem. Das gilt ganz besonders für scheinbare Sonder- oder völlig kostenlose Angebote. Niemand hat etwas zu verschenken

So werben beispielsweise viele Erotikseiten mit einem angeblich kostenlosen Probezugang. Wer sich darauf einlässt, muss sich in der Regel entweder einen 0190-Dialer installieren oder seine Kreditkartennummer (angeblich für den Altersnachweis) angeben. Unseriöse Anbieter nutzen die Kartennummer, um unbeschränkt Geld von Ihrem Konto abzubuchen. Sitzt das Unternehmen dann auch noch im Ausland, haben Sie kaum eine Chance, dieses Geld zurückzubekommen. Auch der Zugang über einen 0190-Dialer lohnt sich nur für das Unternehmen.

Auch bei kostenloser Software ist oft Vorsicht angesagt: entweder, Sie installieren sich damit gleichzeitig Spyware oder gar einen Virus auf Ihren Rechner, oder es handelt sich um Schwarz- oder Raubkopien. Achten Sie deshalb in jedem Fall auf die Seriosität des Anbieters.

Geschäfte im Internet unterliegen in der Regel den Vorschriften des Fernabsatzgesetzes. Im Internet geschlossene Verträge können damit binnen 14 Tagen vom Kunden widerrufen werden. In diesem Fall genügt die fristgerechte Rücksendung der gekauften Ware. Ausnahme von dieser Regelung ist allerdings z.B. Software, deren Kopierschutz beschädigt ist.

Kettenbriefe und Schneeballsysteme – make money fast

Eigentlich ein alter Hut, sollte man meinen, das Prinzip der Kettenbriefe dürfte mittlerweile jedem bekannt sein:

Sie bekommen eine Nachricht (E-Mail oder Postbrief) und sollen einen bestimmten Betrag an den Absender schicken. Danach verschicken sie diesen Brief weiter an eine Anzahl von Bekannten und kassieren dort ab. Diese sollen den Brief ebenfalls weitergeben und sie kassieren immer einen Teil mit, dadurch soll sich ihr Geld vervielfachen.

Man muss kein Finanz-Genie sein, um sich auszurechnen, dass dieses Schneeballsystem schon nach kurzer Zeit totläuft, die Letzten gehen immer leer aus. Gewinnen werden immer nur die Veranstalter des Kettenbriefes, daher die ersten Absender. Sie werden immer zu den Abgezockten gehören.

Um die Leute zu locken werden diese Schneeballsysteme mit toll klingenden Namen versehen um der Sache einen seriösen Anstrich zu geben. Anteile werden dann als Zinsen oder Gewinnausschüttungen bezeichnet.

Fallen Sie nicht auf solche Maschen herein. Finger weg von diesen Angeboten.

```
Herzlichen Glückwunsch!
Mit diesem Brief hat Ihnen Fortuna die Hand gereicht zum sicheren
Millionärsdasein. Schicken Sie einen Barscheck über 1000 DM an die
oberste Adresse der folgenden Namensliste, streichen Sie diese
Adresse und fügen Sie Ihre Adresse unten an.
Schreiben Sie den Brief 6 mal ab und schicken Sie ihn an vom Glück
wie Sie begünstigte Freunde, damit sie die Glückskette fortsetzen.
Millionen werden an Sie gehen, wenn so in kurzer Zeit Ihr Name an
die Spitze gerückt ist!
Lassen Sie die Kette nicht abreißen! Menschen sind schon plötzlich
verstorben, die das Glück der Kette mißachtet haben.

Franz Huber        Hierher schicken Sie Ihren Barscheck; dann Name streichen
Ingrid Schön
Franz Haserer
Doris Hasenfuß
Franziska von Donnermarck
Dr. Ludwig Vorndran
Simon Olbricht
Hans Erdrich
Otto von Clever
.............................(Ihr Name)
Bald werden Sie Mitglied im Klub der Millionäre sein!
```

Abb. 15-8: Kettenbrief

Eine Variante sind so genannte Gewinnspiele bei denen das Mitmachen von Bill Gates mit $1000 oder eine Windows XP-CD belohnt wird. Bei anderen verschenkt Nike Sportartikel, Disney World zahlt jedem eine Alles-Inklusive-Reise nach Disney World und so weiter und so weiter...

Mit ein bisschen gesundem Menschenverstand merkt man gleich, was für ein Unsinn das ist. Da wird zum Beispiel von einem Microsoft E-Mail-Tracking-System berichtet, das jede weitergeleitete Mail registrieren könne. Wer mitmacht und das System teste, erhält eine Belohnung. Vergessen Sie' s, ein solches System existiert nicht.

Bei Mausklick Sex? – fiese Fallen für Lustsuchende

Immer mehr Benutzer verbringen ihre kostbare Zeit auf einschlägigen Hardcore-Seiten. Dabei vermindert die „Lust" offenbar den Verstand, denn viele lassen sich beim „Online-Sex" bis auf die Unterhose ausplündern. Die Tricks der Abzocker sind so zahlreich wie die Bilder kopulierender Männer und Frauen. Durch das internationale Angebot – vor allem aus den USA und aus Skandinavien – ist die Zahl der Anbieter unüberschaubar und nicht mehr zählbar geworden.

Weil das Internet weltweit genutzt wird, greifen strenge Gesetze einzelner Länder gegen Pornografie hier nicht. Und wie im „echten" Leben gibt's auch im Internet ein übles Milieu, das im höchsten Maße kriminell handelt: Sie werden als User betrogen und geneppt. Wenn Sie nicht aufpassen, bekommen Sie für viel Geld wenig Spaß. Und leicht ist auch Ihre Freiheit in Gefahr.

So surfen Sie in den Knast: Einige Neugierige suchen im Internet gezielt nach Kinderpornographie. Vielleicht, weil es sie interessiert, was daran so grausam sein soll – oder wirklich aus sexuellen Neigungen. Doch schon die Neugier kann der direkte Weg zur Polizei sein. Denn jeder, der im Netz surft, hinterlässt Spuren – auch für Fahnder. Wer Kinderpornographie konsumiert darf mit mindestens einem Jahr Gefängnis rechnen.

Der teuere Weg ins zweifelhafte Vergnügen ist mit Stolpersteinen und Fußangeln gespickt:

- ***Adult-Check*** – einige Sites bieten so genannte Adult-Checks. Dazu muss die Kreditkartennummer eingeben werden. Damit soll die Volljährigkeit überprüft werden, denn nur Volljährige besitzen eine Kreditkarte. Der Haken an der Sache ist: Oft ist der Check schon die Beitrittserklärung. Das Geld ist futsch und es wird nicht ganz leicht da wieder rauszukommen.
- ***Highspeed-Zugang*** – viele Sites möchten einen Highspeed-Zugang einrichten, damit der Kunde die Videos auch ruckelfrei genießen kann. Abgesehen davon, dass das technisch gesehen schierer Unsinn ist (eine Modem-Verbindung wird nicht zum DSL-Anschluss), wird nur ein Dialer auf dem Rechner installiert. Sagen Sie Tschüß zu Ihrem Geld, das Einzige, was mit Highspeed läuft, ist der Gebührenzähler.
- ***Zugangs-Software*** – ja, so hätten sie es gerne, für die Benutzung der Site ist eine spezielle Zugangs-Software notwendig. Nach der Installation entpuppt sich das Programm als Dialer, der sehr gerne eine 0190er-Nummer wählt. Ab in die Tonne!

- ***Platinum-Membership*** – wow, noch mehr Leistung für wenig Geld. Irrtum, damit sind Sie gleich für ein Jahr gefangen, billiger wird das deshalb aber noch lange nicht.

Abb. 15-9: Adult-Check – die Kreditkartennummer ist erforderlich

> Melden Sie Seiten mit Kinderpornographie an das
> Landeskriminalamt Bayern
> Abteilung Netzwerkfahndung

Maillingerstraße 15,
80636 München
Tel. 089/1212-1524
Vertrauliches Hinweise: 089/1212-1212 (Anrufbeantworter)
E-Mail: baylka@aol.com oder baylka@t-online.de

Sie verhalten sich ausgesprochen klug, wenn Sie außerdem die folgenden Ratschläge beachten:

- Achten Sie darauf, dass ein Adult-Check keine Mitgliedschaft zur Folge hat. Das darf nur mit Ihrem Einverständnis geschehen. Lesen Sie unbedingt das Kleingedruckte.
- Unterbinden Sie die Möglichkeit, dass Kinder von Ihrem Rechner aus diese Angebote nutzen. Investieren Sie ein paar Euro für ein Sicherungsprogramm, mit dem Sie den Zugang zu solchen Sites sperren können.
- Erstellen Sie einen Zahlungsbeleg. Machen Sie eine Bildschirmkopie (Taste: Druck). Öffnen Sie dann ein neues Word-Dokument und wählen Sie die Option ***Einfügen*** im Menü ***Bearbeiten***. Speichern Sie das Dokument unter einem sinnvollen Namen. Nur so können Sie später nachvollziehen, für welche Website Sie welche Angaben gemacht haben.
- Achten Sie darauf, dass die Kreditkarteninformationen nicht unverschlüsselt verschickt werden.
- Prüfen Sie Ihre Kreditkartenabrechnung genau. Auch bei kleineren Beträgen sollten Sie immer wissen, wofür sie abgebucht wurden.

Die hier geschilderten Beispiele sind sicher nur die Spitze des Eisbergs. Oft benutzen die Betrüger die alten Methoden im neuenen Medium Internet. Was früher per Fax oder Brief erledigt wurde, geht heute im Internet viel einfacher und schneller. Bei vielen Betrugsversuchen sollten die Warnleuchten im Gehirn angehen. Denn eins ist in allen Fällen unersetzlich: Gesunder Menschenverstand und eine gewisse Portion Vorsicht

Safety First – Präventivmaßnahmen

✓ Drucken Sie sich Ihre Einkaufsliste vor dem endgültigen Auslösen der Bestellung aus, damit Sie bei eventuellen Problemen einen Beleg für die Bestellung haben.

✓ Lesen Sie sich vor dem Einkauf die Allgemeinen

Checkliste

Geschäftsbedingungen (AGBs) des Anbieters durch, um eventuellen Missverständnissen vorzubeugen.

- ✓ Bei einer Bestellung sollten Sie immer darauf achten, dass der Anbieter mit Name, Adresse und Telefonnummer bekannt ist, damit Sie bei evtl. auftretenden Problemen Ihre Rechte geltend machen können.

- ✓ Vergessen Sie nicht: Ein gültiger Kaufvertrag bedarf nicht der Schriftform. Ein Klick auf den Bestellbutton ist für einen Kaufvertrag ist ausreichend.

- ✓ Das Fernabsatzgesetz verpflichtet Online-Shops u.a., über ihre Identität und Anschrift, über Liefer- und Versandkosten, sowie über das gesetzliche Widerrufs- und Rückgaberecht rechtzeitig vor Vertragsabschluß zu informieren. Selbstverständlich müssen Sie auch Gelegenheit haben, die Allgemeinen Geschäftsbedingungen (AGBs) des Anbieters zu lesen. Wie bei jedem Vertrag gilt: Konnte der Kunde keine Kenntnis von den AGBs haben, so sind sie unwirksam.

- ✓ Finger weg von speziellen Geldgeschäften (besonders aus Nigeria) mit unrealistischer Gewinnerwartung. Zahlen Sie keine Gebühren im Voraus. Macht Ihnen jemand ein Angebot Geld zu parken, Rohöl zu kaufen oder bei der Abwicklung eines Testaments zu helfen – vergessen Sie's, die Meute will nur eines: Ihr Geld.

- ✓ Antworten Sie nicht auf E-Mails oder Faxe, die in das Betrugsschema der Nigeria Connection passen. Eine Weiterleitung an die Polizei kann eventuell den Behörden bei ihren Ermittlungen helfen.

- ✓ Wenn Sie sich durch den Anbieter einer Sex-Seite betrogen fühlen – erstatten Sie Anzeige. Wenn Sie nicht Ihren Namen nennen wollen, melden Sie wenigstens anonym den Betrug der Polizei.

16 Und wie möchten Sie zahlen? – Surfer zur Kasse

Wenn Ihr Hund Sie für den besten Menschen der Welt hält, sollten Sie zur Sicherheit vielleicht noch eine zweite Meinung einholen. Völlig sicher dagegen können Sie sein, dass Sie auf Ihrem Weg zum Sicherheits-Experten nun bei den Themen Bezahlen im Internet und Online-Banking angelangt sind.

Wie sagte der amerikanische Autor Arthur C. Clarke? „Magie ist nichts weiter als hoch entwickelte Technologie". Und hochentwickelte Technologie ist reichlich im Spiel beim Bezahlen per Mausklick. Bevor Sie also Ihr Plastikgeld über die virtuelle Ladentheke schieben oder zum Handy greifen, um eine finanzielle Transaktion vorzunehmen, sollten Sie nicht nur wissen, welche Bezahlsysteme sich inzwischen etabliert haben, sondern auch wo es Probleme geben kann und was in solchen Fällen zu tun ist.

Schauen wir uns also an, wie das Bezahlen im Internet funktioniert und was Sie tun können, wenn es nicht funktioniert. Danach werfen wir einen Blick auf das Online-Banking und zeigen, wie Sie Ihre finanziellen Transaktionen bequem und sicher erledigen können. Schließlich ist es Ihr Geld.

16.1 Auf Nummer sicher – die virtuelle Abrechnung

Weit über die Hälfte aller Bundesbürger mit einem Internet-Anschluss kauft im World Wide Web ein. Doch so progressiv sie in ihrem Shopping-Verhalten sein mögen, beim Bezahlen der bestellten Ware setzen die meisten Online-Shopper immer noch auf konservative Zahlungsverfahren. Dies zeigt eine aktuelle Umfrage der Deutschen Postbank.

Danach überweisen über 80 Prozent der Befragten den fälligen Betrag von ihrem Girokonto nach Erhalt der Rechnung. Fast 64 Prozent zahlen per Nachnahme. Fast ebenso viele Online-Shopper lassen den Rechnungsbetrag per Lastschrift abbuchen. Kreditkarten setzen 56 Prozent der Befragten ein. Bei ausländischen Online-Shops bezeichnen die Online-Shopper die Plastikwährung als nahezu unverzichtbar.

Mit fast sieben Prozent wird das Handy deutlich häufiger beim Bezahlen genutzt als noch vor einem Jahr. Damals lag der Anteil bei nur 3,5 Prozent. Auch Inkasso- und Billingverfahren können einen deutlichen Zuwachs von 3,1 Prozent im Jahr 2001 auf 7,5

Prozent im Jahr 2002 verbuchen. Pre-Paid-Systeme haben sich bis jetzt nicht durchgesetzt. Ihr Anteil beträgt lediglich 1,9 Prozent.

Als größte Hemmschwelle für die Online-Shopper gilt der mögliche Missbrauch der übermittelten Daten durch Dritte. Beim Kauf per Mausklick sind zudem auch die Zuverlässigkeit und Seriosität der kontaktierten Händler fraglich. Online-Shops sehen sich ihrerseits stets mit Betrugsrisiken konfrontiert. Nicht erst seit den Skandalen um Millionen geklaute Kreditkartennummern im Internet dürfte auch dem vertrauensseligsten Internet-Nutzer klar sein, dass andere, sicherere Zahlungssysteme her müssen.

Trotzdem – die Branche boomt, E-Commerce weist große Wachstumsraten auf. Dazu kommt noch der neue Markt fürs M-Commerce. Damit erweitert sich die Schar möglicher Kunden auf ein Vielfaches, denn die Verbreitung von Mobiltelefonen ist weitaus höher als die Ausstattung mit PCs oder tragbaren Computern.

Die Kreditkarte – zahlen mit dem Plastikgeld

Shopping im Internet ist ohne Kreditkarte nur eingeschränkt möglich. Die überwiegende Anzahl der Online-Anbieter bietet keine Nachnahme- oder Lastschrift-Rechnungen an und besteht stattdessen auf der Angabe der Kreditkartennummer. Viele Kartenbesitzer scheuen aber die Eingabe ihrer persönlichen Daten, da sie fürchten, dass es für findige Hacker kein Problem sein wird, die Sicherheitsvorkehrungen auszuhebeln und dann in ihrem Namen unter Waren zu bestellen.

Einen Ausweg aus dem Dilemma gibt es für alle Kartennutzer seit Juni 2000: Das Fernabsatzgesetz. Darin wurde festgelegt, dass beim Kauf über die Kreditkarte das Kreditunternehmen einen ordnungsgemäß erfolgten Kauf nachweisen muss. Wenn also auf Ihrer Abrechnung etwas auftaucht, was Sie nicht bezahlt haben, muss das Unternehmen beweisen, dass es doch so war. In der Regel kann es das nur durch Vorlage Ihrer Unterschrift oder durch die erfolgte Nutzung Ihrer Geheimzahl. Kreditkartenbesitzer haften grundsätzlich nicht mehr für Zahlungen mit ihrer Karte, wenn diese – wie im Internet üblich – beleglos, also ohne Unterschrift und ohne Geheimzahl erfolgt sind. Trotzdem haben Sie als Kartenbesitzer erst einmal den Ärger, denn bis bewiesen wurde, dass Sie die 250 Stücke Luxusseife nicht bestellt haben, kann einige Zeit vergehen.

Abb. 16-1: Kreditkarten

Ein paar Regeln zu Ihrer eigenen Sicherheit sollten Sie unbedingt beachten:

- Heben Sie Kreditkartenbelege mindestens bis zur nächsten Abrechnung auf und vergleichen Sie, ob Sie alle Abbuchungen nachvollziehen können.
- Bewahren Sie niemals PIN und Karte gemeinsam auf – wenn Sie nie am Automaten abheben, lassen Sie sich erst gar keine PIN zuteilen.
- Lassen Sie Ihre Karte sofort sperren, wenn Sie verschwunden ist – auch wenn Sie möglicherweise nur verlegt wurde. Wenn Sie sich nämlich dann später doch als gestohlen herausstellt, gilt das als grob fahrlässig.
- Kaufen Sie nur bei Ihnen bekannten Online-Anbietern mit einem Sicherheitssystem zur Verschlüsselung von Kundendaten. Fehlt bei einem Online-Anbieter der Hinweis auf die interne Sicherheit ganz: Finger weg!
- Sollte es zu einer Fehlbelastung Ihres Kartenkontos kommen, wenden Sie sich umgehend an den Kundendienst Ihrer Kartengesellschaft.
- Achtung bei kostenfreien Angeboten. „Schnupper-Angebote" können schnell teuer werden, wenn sie z. B. einen ungewollten kostenpflichtigen Dauerauftrag zur Folge haben. Prüfen Sie daher regelmäßig, an wen, für was Sie wie häufig zahlen.

Unterschreiben Sie niemals einen Blanko-Kreditkartenbeleg. Insbesondere, wenn die Karte als Sicherheit gilt, z. B. bei einer Mietwagenbuchung, wird gerne als Kaution die Unterschrift unter den Blankobeleg verlangt. Geben Sie einer solchen Forderung niemals nach – schon gar nicht, wenn Sie den Empfänger nicht kennen. Die Unterschrift auf einem Kreditkartenbeleg gilt als direkte Zahlungsanweisung an die Bank und der Besitzer des Beleges kann jede beliebige Summe einsetzen. Sie haften in vollem Rahmen für die Erfüllung dieser Summe.

SET – Secure Electronic Transactions

SET (Secure Electronic Transaction) wurde 1996 durch VISA, MasterCard, IBM und Microsoft entwickelt. SET eine Protokoll-Technik entwickelt, die weiter gehenden Schutz und größere Bequemlichkeit bietet. Sie ist inzwischen ein weltweit gültiger Standard. Dabei wird dem Schutz der Privatsphäre ein hoher Stellenwert beigemessen: Der Händler kennt die Kreditkartennummer nicht, die Bank erfährt nicht, was der Kunde gekauft hat und das Geschäft wird mit einem Höchstmaß an Sicherheit abgewickelt.

Herzstück des SET-Protokolls sind Zertifikate, mit denen sich Kunde und Händler gegenseitig ausweisen und die von einem Trustcenter bestätigt sind. Dementsprechend kann eine SET-Transaktion auch nicht so einfach rückgängig gemacht werden wie eine Transaktion per SSL. Der Kunde kann nicht behaupten, seine Kreditkartendaten seien missbraucht worden.

Der Nachteil: SET-Angebote im Netz sind noch rar, denn der Aufbau der Trustcenter nimmt einige Zeit in Anspruch. Darüber hinaus haben bisher nur relativ wenige Kunden bei ihrer Bank ein Zertifikat beantragt. Die Macht der Kreditkarten-Gesellschaften dürfte aber ausreichen, um SET langfristig durchzusetzen. Bisher sind in Deutschland nur wenige Shops SET-fähig.

SSL – Secure Socket Layer

Das derzeit verbreitetste digitale Zahlungsverfahren beruht auf dem SSL-Protokoll. SSL ist kein eigenständiges Zahlungsverfahren, sondern lediglich eine Methode zur gesicherten Übertragung von sensiblen Daten. Das Verfahren wurde von Netscape entwickelt und in den Netscape Navigator und Internet Explorer ab Version 4 und Opera ab Version 3.4 integriert. Zur Sicherung sensibler Daten wie Kreditkarten-Informationen kombiniert SSL asymmetrische und symmetrische Verfahren.

Möchten Sie Ihre Bestellung per Kreditkarte zahlen, so füllen Sie ein Bestellformular mit den entsprechenden Informationen aus.

Der Browser baut dann eine verschlüsselte Verbindung zum Server des Händlers auf und überträgt die Daten verschlüsselt. Beim SSL-Verfahren findet keine gegenseitige Identifizierung von Käufer und Verkäufer statt.

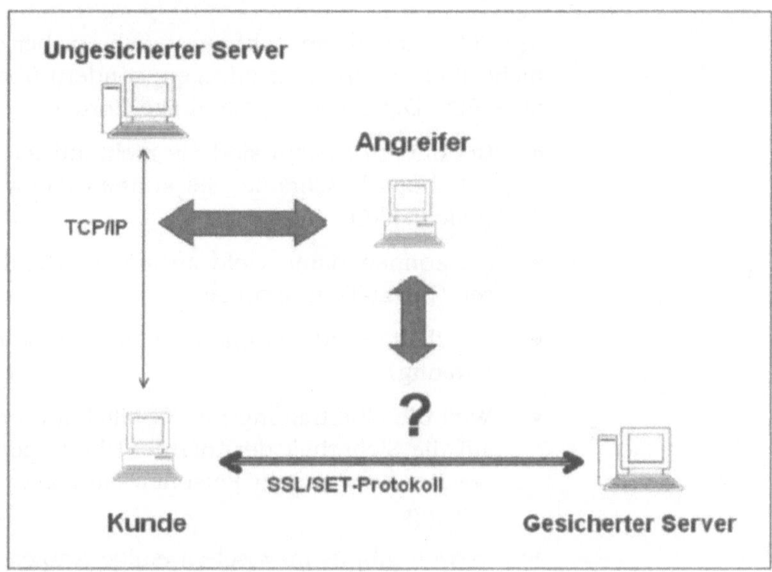

Abb. 16-2: Sicher zahlen mit SSL oder SET

Eine SSL-Verbindung erkennen Sie am Schloss-Symbol in der Statuszeile und an der Bezeichnung https:// anstatt http:// in der Adresszeile des Browsers.

Abb. 16-3: Zeichen in der Statuszeile

Größter Nachteil von SSL: Der Händler kann bei diesem Verfahren nicht überprüfen, ob der Kunde seine eigenen Daten verwendet hat oder fremde. Zudem muss er die Kartendaten selbst in seine Kasse tippen, um sie bei der Kartengesellschaft einzureichen.

Zahlen mit dem Handy

Seit 2000 gibt es ein Zahlungsverfahren, bei dem die Zahlungen nicht über das Internet erfolgen, sondern über ein Mobilfunkgerät + PIN. Diese Lösung hat einige Vorteile:

- Bei diesem System sind Sie nicht auf das Angebot der Internet-Shops beschränkt, Sie können damit auch an der Tankstelle zahlen.
- Sie können damit Geld an andere Handy-Besitzer überweisen (Privat-Transaktionen).
- Mit dem Handy können Sie Ihr Girokonto führen (mobile Banking).
- Weil die Übertragung per Mobiltelefon erfolgt, sind Sie nicht auf die Sicherheit der Internet-Übertragung angewiesen. Außerdem haben mehr Personen ein Handy, als einen Internet-Zugang.

Europaweit gibt es inzwischen einige Anbieter. Am bekanntesten ist Paybox (www.paybox.de). Beim Paybox-Verfahren benötigt ein Hacker dagegen zusätzlich physikalischen Zugriff auf das Mobiltelefon des Benutzers und seine PIN-Nummer. Damit ist Paybox das derzeit sicherste Verfahren zur Abwicklung von Zahlungen über das Internet.

Micropayment – haste mal n Euro

Inzwischen bieten viele Unternehmen so genannte Mocropayment-Systeme an, die das centgenaue Abrechnen ermöglichen.

Für Händler mit Micropayment-Angeboten sind Click & Buy und Net900 gute Alternativen. Beide können als sicher eingestuft werden, da keine sensiblen Daten zum Händler übertragen werden.

Hinter Click & Buy steckt ein sehr simples Prinzip. Nach der Registrierung ändert der Anbieter aus seiner Website die Links auf die kostenpflichtigen Angebote nach den Vorgaben von Firstgate ab. Firstgate (www.firstgate.de) kassiert von den Kunden den vom Anbieter festgelegten Preis für das Abrufen der entsprechenden Inhalte - und überweist diesen monatlich aufs Konto des Anbieters.

Für Kunden ist zunächst eine Registrierung nötig. Nach der Eingabe von Daten wie Name, E-Mail-Adresse und Bankverbindung, legt der Benutzer Username und Passwort fest. Letztere sind für Anmeldung und Bezahlung erforderlich. Die Daten werden – sowohl bei der Registrierung als auch bei der Anmeldung - verschlüsselt übertragen. Als weitere Maßnahme zur Sicherheit erhält der Benutzer den Aktivierungsschlüssel für die Freischaltung des Kontos per E-Mail.

Die Telekom mischt ebenfalls im lukrativen Markt für das Zahlen im Internet mit. Mit den kostenpflichtigen Seiten im BTX hatte der ehemalige Monopolist als einer der ersten Anbieter ein System für Online-Zahlungen im Portfolio. Das Micropayment-System wurde jedoch Ende 1999 eingestellt.

Anfang April 2000 stellte man nun den Nachfolger vor: Click & Pay net900. Net900 geht einen anderen Weg zur Abrechnung von Kleinstbeträgen: Zunächst muss der Anwender ein spezielles Programm für das DFÜ-Netzwerk installieren. Geht er nun auf eine kostenpflichtige Seite, beendet der net900-Client die aktuelle DFÜ-Verbindung und baut eine neue auf - über eine kostenpflichtige 0900-Nummer. Beim Verlassen des Angebots baut der Client die alte DFÜ-Verbindung wieder auf. Die Abrechnung der kostenpflichtigen Seiten erfolgt über die Telefonrechnung oder auch das Girokonto des Kunden.

An interessanten Konzepten für das sichere Bezahlen über das Internet oder mit dem Handy mangelt es nicht. Fast täglich kommen neue Anbieter hinzu, viele große Unternehmen mischen auf diesem lukrativen Markt mit. Dabei ist noch nicht abzusehen, welche Systeme sich einmal durchsetzen werden.

16.2 Online-Banking – klicken und zahlen

Durch das Online-Banking werden persönliche Finanzinformationen über das Internet übertragen. Bis die Daten den Bankrechner erreicht haben, sind sie oft durch viele Netzwerke gelaufen und wurden von anderen Computern weitergereicht. Wenn Daten im Internet unverschlüsselt übertragen werden, können sie unter bestimmten Umständen durch fachkundige Dritte abgefangen und verfälscht werden. Um das zu vermeiden, empfehlen die Banken die Benutzung von Web-Browsern, welche die Daten verschlüsseln. Dazu ist eine Schlüssellänge von 128 Bit erforderlich.

Bei der Nutzung älterer Internet-Browser (Internet Explorer oder Netscape Navigator – beide vor Version 4.0) besteht das Risiko, dass der von den älteren Browsern angebotene 40 Bit-Schlüssel von Spezialisten mit entsprechender Technik geknackt werden kann.

Um einem möglichst großen Nutzerkreis das Online-Banking zu ermöglichen, werden die im Internet liegenden Sicherheitsrisiken in den meisten Fällen vom Geldinstitut getragen. Auch hier empfiehlt sich vorher ein klärendes Gespräch mit dem Kundenberater zu führen.

Transaktionen werden von den Banken nur bei vollständigen und zweifelfreien Aufträgen durchgeführt, die mit einer gültigen Transaktionsnummer versehen sind. Im Zweifelsfall wird sich Ihre Bank den erteilten Auftrag telefonisch bestätigen lassen. Es liegt auf der Hand, dass alle Auftragsdaten vom Kontoinhaber gründlich zu prüfen sind.

Der Zugang zu Ihrem Online-Konto geschieht mittels eines Passworts und einer PIN-Nummer (Personen Identifikations Nummer). Natürlich liegt es zum größten Teil in Ihrer Macht, wie sicher diese Daten aufbewahrt und vor neugierigen Personen geschützt werden.

Risikofaktor Mensch

Alle Banken haben ihre speziellen Vertragsbedingungen aus den Online-Seiten oder in gedruckter Form veröffentlicht. Auch wenn es schwer fällt, es lohnt sich diese genau zu studieren. Fragen Sie nach, wenn Ihnen etwas nicht klar ist. In den Vertragsbedingungen wird nicht nur die Frage der Haftung geregelt, Sie erfahren auch etwas über die sogenannte Sorgfaltspflicht.

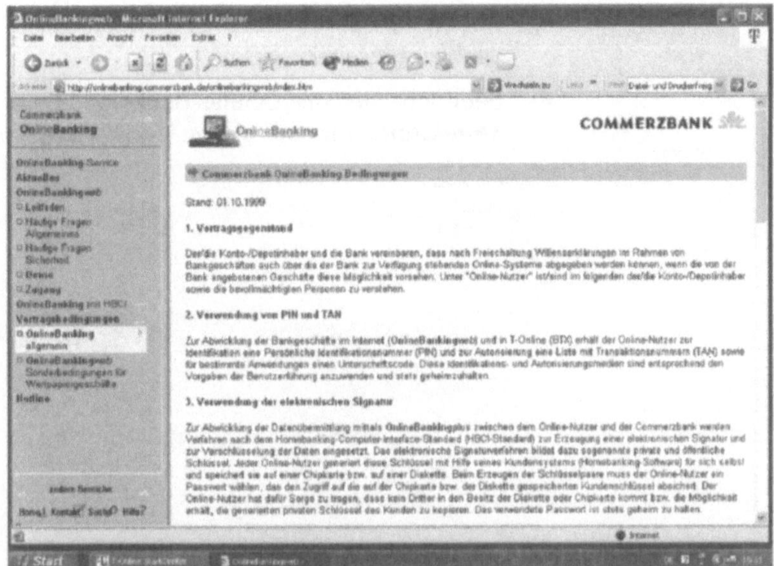

Abb. 16-4: Lesen Sie die auch das Kleingedruckte

Leider ist der Kunde selbst beim Online-Banking ein wesentlicher Risikofaktor. Trotz aller technischen Sicherungen steht natürlich der verantwortungsvolle Umgang mit sensiblen Daten an erster Stelle. Die folgenden Regeln sollten Sie unbedingt beachten:

- Halten Sie Ihre PIN geheim. Teilen Sie die PIN niemandem mit, auch keinem Mitarbeiter der Bank oder Sparkasse.
- Ändern Sie Ihre PIN in unregelmäßigen Abständen.
- Merken Sie sich Ihre PIN und notieren Sie diese nirgendwo.
- Speichern Sie unter keinen Umständen Ihre PIN und/oder Ihre TANs auf Ihrem Computer (auch nicht innerhalb Ihrer Finanz-Software). Dies ist wichtig, um sicherzustellen, dass kein Unbefugter vom Internet auf diese Daten zugreifen kann, und dass PIN und TANs nicht in unbefugte Hände gelangen können, wenn Sie den Computer plötzlich zur Reparatur geben müssen.
- Achten Sie darauf, dass das Protokoll am Anfang der Adresse https lautet und nicht http. Nur so haben Sie eine sichere Verbindung.

- Geben Sie die angeforderten Daten nur in die Felder ein, die dafür vorgesehen sind.
- Beenden Sie Ihr Online-Banking immer mit dem Button ***Abmelden***. Nur so wir eine Verbindung sofort beendet.

Martin Mustermann

Kontonummer: 123456789
Kontoinhaber: Martin Mustermann
Letzter Saldo: 1.234,00 EUR / (2.423,58 DM) +
Kreditlinie: 2.000,00
Zeitpunkt des letzten Umsatzes: 17.02.1999, 10:30 Uhr

Buchungen in EUR

Buchungstag	Buchungstext	Valuta	Betrag
17.02.1999	Lohn/Gehalt Monat März	17.02.1999	1.111,00+
03.02.1999	Miete	03.02.1999	666,00-
08.01.1999	Strom/Gas/Wasser Rechnung Kundennummer 9872347474-3 Rechnungsnummer T7898746637	08.01.1999	222,00-
07.01.1999	Telefon März	07.01.1999	333,00-
06.01.1999	Steuerrückzahlung 1998	06.01.1999	555,00+

Mehr...

Abb. 16-5: Online-Banking – praktisch und bequem (Quelle: Commerzbank)

Safety First – Präventivmaßnahmen

Checkliste

- ✓ Überprüfen Sie Ihre Kreditkartenrechnung sofort und sehr genau. Sollte es zu Fehlbuchungen gekommen sein, melden Sie sich unverzüglich bei Ihrer Kreditkarten-Gesellschaft.
- ✓ Haben Sie den Verdacht, dass Ihre Kreditkarteninformationen in falsche Hände geraten sein könnten, informieren Sie umgehend Ihre Kreditkarten-Gesellschaft.
- ✓ Beantworten Sie keine elektronischen Anfragen zu Ihrer Kreditkarte oder Kontoverbindung.
- ✓ Geben Sie Ihre persönlichen Daten nie in öffentliche Rechner (Internet-Cafes etc.) ein. Sie wissen nicht, ob sie dort nicht gespeichert (Trojaner) und gegen Sie verwendet werden.
- ✓ Tätigen Sie Ihre Geschäfte – genau wie im nicht-virtuellen Geschäftsverkehr – nur mit bekannten und seriösen Anbietern. Diese haben auch eine überprüfbare postalische Geschäftsadresse.
- ✓ Verzichten Sie darauf die PIN- und TAN, Unterschriftscode, private Schlüssel und Passwörter elektronisch speichern.

Sonst kann jede Person, die Zugang zu Ihrem Rechner hat, auf Ihr Konto zugreifen. Außerdem gibt es spezielle Viren, die versuchen diese Daten auszuspähen und unbemerkt per E-Mail an eine unbekannte Person zu schicken. Schützen Sie den Zugang zu Ihrem Computer außerdem mit einem Passwort.

✓ Wenn Sie annehmen müssen, dass jemand Kenntnis von Ihrer PIN und/oder Ihren TANs erlangt hat, rufen Sie bei der Bank oder Sparkasse an und sperren Sie umgehend Ihr Online-Konto.

✓ Falls Sie dass Online-Banking längere Zeit nicht benutzen werden, sollten Sie erwägen, Ihren Zugang zu sperren, um ihn zusätzlich gegen unbefugte Benutzung zu sichern.

17 Online-Auktionen – bis der Hammer fällt

Wir brauchen im Leben zwei Arten von Bekannten: die einen, um uns bei ihnen auszuweinen, die anderen, um vor Ihnen zu prahlen. Zumindest ein wenig angeben können Sie, wenn Sie auf einer der zahlreichen Online-Auktionen (oder Web-Auktionen) im Internet ein Schnäppchen gemacht haben.

Doch der Weg zur gesuchten Rarität ist steinig und hart. Echte Schnäppchen sind bei Online-Auktionen so selten wie vegetarische Krokodile. Dafür gibt es aber jede Menge Fallen, Stolperdrähte und Schlingen. Web-Auktionen haben ihre eigenen Gesetze, die nicht immer mit den Regeln der Menschen übereinstimmen. Lesen Sie deshalb in diesem Kapitel wie Online-Auktionen funktionieren, wie Sie dort als Bieter oder Verkäufer mitmischen können. Lernen Sie die Tricks der Profis kennen und wie Sie vermeiden, dass Ihr Geld weg, die Ware aber nicht da ist. Erkennen Sie, wo die größten Gefahren lauern und wie Sie sich dagegen wappnen können. Bei Web-Auktionen gehr es nicht immer darum, was man braucht, sondern was man gerne haben möchte.

17.1 Wer bietet mehr? – So funktionieren Online-Auktionen

Online-Auktionen im Internet sind der ideale Marktplatz für die Veräußerung sämtlicher Staubfänger in unseren Regalen. Hunderte von Schallplatten, die, seit Jahrzehnten ungehört, viel Platz wegnehmen. Von gebrauchten U-Booten (wer auch immer sich daran erfreuen kann) bis hin zu sündhaft teuren Rasenstücken vom Wembley Stadion, im Normalfall aber Handys, CD-Spieler, Computer, Uhren und anderer alltäglicher Schnickschnack. Güterhandel gegen bares. Das Höchstgebot entscheidet. Darum geht es. Millionen Menschen tun es mittlerweile täglich. Es hat nicht viel gemein mit dem hammerschwingenden Auktionator, der bei den großen Auktionshäusern zumeist Kunsthändler in Ekstase bringt. Obwohl schon so mancher Online-Bieter in nachtschwarze Verzweiflung gestürzt sein soll, nachdem er im Auktionsfieber mehr geboten hatte, als er wollte.

Mittlerweile existieren die verschiedensten Ausformungen:

- ***Normale*** Online-Auktion

- ***Reverse*** Auktionen wie beispielsweise auf www.sixt.de (hier sinkt der Preis solange, bis der erste Bieter zuschlägt).
- ***Undercover*** Auktionen wie bei www.ricardo.de. Das ist eine Art geschlossene Ausschreibung: Jeder Teilnehmer kann genau ein Gebot abgeben, dass aber für die anderen Mitbieter nicht sichtbar ist – der Meistbietende erhält den Zuschlag aber er bezahlt nur die Summe des zweithöchsten Gebotes.
- ***Powershopping*** (Interessenten für ein Produkt werden gesammelt die dann mit Gruppenrabatt billiger einkaufen können) wie beispielsweise bei www.letsbuyit.com.

Durch Online-Auktionen werden Sie nicht reich, aber sie sind eine gute Gelegenheit den alten Krempel auf dem Dachboden loszuwerden. Die Teilnahme an einer Auktion ist kinderleicht. Sie gehen zu einer Auktions-Site, suchen nach interessanten Dingen, die Sie ersteigern möchten und geben ein Gebot ab. Das setzt allerdings voraus, dass Sie sich dort vorher registriert haben. Bei der Registrierung möchte der Online-Auktionator Ihre Adresse und die Bankverbindung wissen. Außerdem müssen Sie sich einen Benutzernamen und ein Passwort zulegen. Die Registrierung ist kostenlos, wenn Sie eigene Gegenstände oder Dienstleistungen versteigern wollen, ist eine Gebühr fällig.

Persönliche Kontakt Informationen	
E-Mail-Adresse z.B. Anwender-Name@aol.com	Hans_Mustermann@t-online.de * Hinweis: Um den Anmeldevorgang abzuschließen, senden wir eine Bestätigungs-E-Mail an die von Ihnen oben eingegebene E-Mail-Adresse. **Vergewissern Sie sich bitte, dass Sie den "Domain-Namen" ("@dienstanbieter.de") angegeben haben.**
Geben Sie Ihre E-Mail-Adresse erneut ein	Hans_Mustermann@t-online.de * **Bitte geben Sie Ihre E-Mail-Adresse erneut ein.**
Vollständiger Name z.B. Hans Schmidt	Hans * Mustermann * **Vorname** **Nachname**
Firma	
Adresse	Am Waldchen 12 *
Postleitzahl	12345 *
Ort	Irgendwo *
Erste Telefonnummer z.B., 01703-333555	0222/334455 *
Zweite Telefonnummer	

Abb. 17-1: Ohne Registrierung läuft nichts

Jede Auktion läuft über einen bestimmten Zeitraum. Die meisten Auktionen laufen fünf bis sieben Tage, es kann aber auch schon einmal zwei Wochen dauern, bis Sie der virtuelle Hammer fällt. Wenn Sie etwas ersteigern wollen, sollten Sie in regelmäßigen Abständen die Gebote überprüfen, denn nur selten sind Sie der einzige Interessent.

Nach dem Einloggen können Sie sich die Gebote anschauen. Sie erfahren wie hoch der Preis inzwischen ist und wie viele Bieter es gibt. Die folgende Abbildung zeigt eine typische Auktion bei eBay.de.

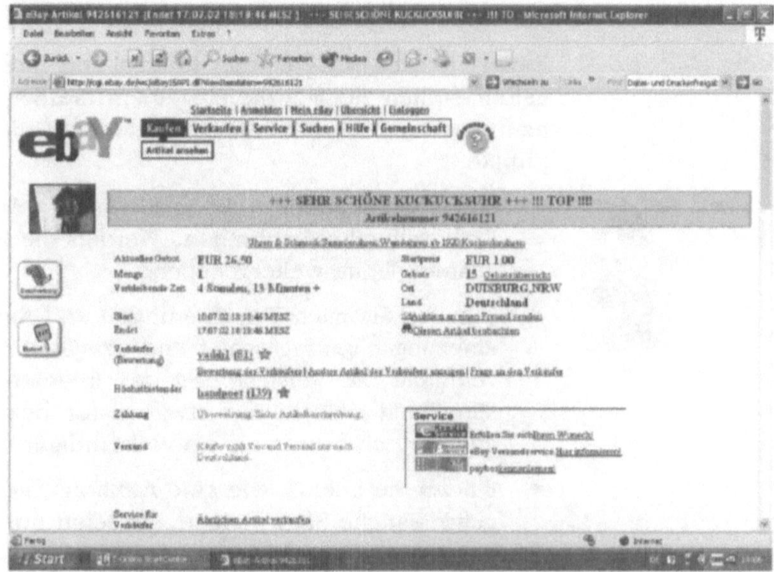

Abb. 17-2: Fertig zum Bieten!

Haben Sie am Ende einer Auktion nicht das höchste Gebot abgegeben, haben Sie nur Zeit verloren – aber kein Geld (obwohl Sie es sich nie verzeihen werden, für die alte chinesische Vase nicht noch 5 draufgelegt zu haben).

Ist Ihr Traum wahr geworden und Sie haben das gute Stück für die Hälfte des Ladenpreises ersteigert, bekommen Sie bald eine E-Mail vom Anbieter. In den meisten Fällen teilt er Ihnen seine Bankverbindung mit und bittet höflich um Überweisung des Betrags (erst das Geld, dann die Ware).

Schauen Sie sich die Internet-Auktionshäuser genau an

Mit echten Auktionshäusern sind diese Handelsplattformen nur in etwa vergleichbar. Denn als „echte" Auktionshäuser müssten sie sich eigentlich nach der Versteigerungsverordnung richten. Diese besagt, dass sich der Auktionator beispielsweise die Ware vorher anschauen muss, bevor sie unter den Hammer kommt, oder dass er die Auktion bei eventuellen Störungen unterbrechen muss. Bei Internet-Auktionshäusern funktioniert dies aber nicht: Es gibt keinen menschlichen Auktionator, der Ablauf ist vollkommen automatisiert. Der Hammer fällt einfach mit dem Ablauf der vorher festgelegten Auktionszeit.

Bevor Sie sich in Getümmel stürzen und Ihre ersten Gebote abgeben, sollten Sie sich die einzelnen Internet-Auktionshäuser genau anschauen. Achten Sie besonders auf die folgenden Checkpunkte:

- Lesen Sie, besonders bei ausländischen Auktionshäusern, die Datenschutzbestimmungen. Werden die Kundendaten an eventuell Dritte weitergegeben?
- Schauen Sie nach Versicherungen und Ausfallgarantien. Geht eine Versteigerung schief und das Geld ist futsch, springt eventuelle die Versicherung des Internet-Auktionhauses ein. Manchmal müssen Sie etwas dafür bezahlen, das ist aber immer noch besser, als ein vollständiger Verlust.
- Finden Sie heraus, wie eine Auktions-Site mit Betrügern umgeht. Manche Sites meinen, sie seien nur Vermittler und das ginge sie alles nichts an. Andere verfolgen Betrüger energisch und schließen sie von der weiteren Teilnahme aus.
- Sind dort Adressen aufgeführt, an die Sie sich wenden können, wenn Sie Hilfe brauchen? Gibt es einfache und klar verständliche Hinweise darüber, wie eine Auktion abläuft? Sind diese Informationen einfach zu finden?
- Vertrauen Sie nicht auf Ihr Glück und lesen Sie die Information über die Verkäufer und studieren Sie das Bewertungssystem. Schauen Sie sich an, was der Verkäufer bisher verkauft hat und wie die Käufer ihn bewertet haben.
- Überprüfen Sie, ob bestimmte Gegenstände wie Raubkopien, Nachahmungen, verschreibungspflichtige Medikamente, Plagiate etc. von vornherein von Auktionen ausgeschlossen sind.

Als Käufer sollten Sie auch wissen, dass die Häuser die Identitäten der Käufer und Verkäufer hinter ihren Login-Namen nicht vollends nachprüfen können. Hier liegt nämlich das große Problem der Auktionshäuser: Sie kennen Ihren Gegenüber nicht, Sie wissen nicht ob Ihr Geschäftspartner seriös ist, ob er Bonität hat. Wenn Sie dann in Vorleistung treten und als Verkäufer Ihre Ware an den Käufer schicken, gehen Sie das Risiko ein, dass der Käufer das Geld nicht überweist. Andersherum weiß auch der Käufer nicht, ob er die Ware bekommt, falls er vor Erhalt zahlt.

Persönliche Daten dürfen nur soweit erhoben und verarbeitet werden, wie es das Vertragsverhältnis zwischen Auktionator und Teilnehmer erfordert. Nach dem Teledienstdatenschutzgesetz dürfen diese Daten nur mit ausdrücklicher Einwilligung genutzt werden. Dem Auktionator ist es somit verwehrt, zu Marktforschungszwecken, Werbung oder ähnlichem Adressdatenbanken anzulegen.

17.2 Virtuelle Auktion – reelle Gefahren

Allein in Deutschland nutzen inzwischen mehr als vier Millionen Konsumenten die Handelsplattform, um Neu- und Gebrauchtwaren loszuschlagen. Damit bei diesem Geschäftsvolumen möglichst wenig krumme Dinger gedreht werden, gibt es gleich mehrere Sicherheitskontrollen: ein Beurteilungssystem, einen Treuhandservice und eine Schadensversicherung. Auf der Website erklärt eBay im Detail, wie sich Mitglieder vor Betrügern schützen können, und warnt vor der weit verbreiteten Zahlung per Vorkasse. Wer diese Hinweise missachtet, ist eigentlich selbst schuld. Die vermeintliche Sicherheit durch zahlreiche positive Beurteilungen eines Verkäufers verleitet aber viele zum Handel nach Treu und Glauben.

Folgenden Gefahrenzonen sollten Sie besondere Aufmerksamkeit schenken:

Lieferung

Geboten wird unter einem Benutzernamen, erst nach Ablauf der Auktion bekommen Sie den Namen und die vollständige Anschrift des Käufers/Verkäufers mitgeteilt. Der Verkäufer legt im Allgemeinen die Liefer- und Zahlungsbedingungen fest. Der Alptraum jedes Käufers ist, dass er eine Auktion gewinnt, die Ware wie gefordert bezahlt, diese aber nie bei ihm eintrifft. Das kommt zwar nicht häufig vor, aber wer sich einmal die Finger verbrennt, wird nie mehr an einer virtuellen Auktion mitbieten.

Der wirksamste Schutz dagegen ist ein Treuhandkonto: Beide Parteien zahlen eine Gebühr, damit der Service den gezahlten Kaufpreis zwischenlagert, bis der Käufer einen Blick auf die erstandene Ware geworfen und diese für gut befunden hat. Allerdings lohnt sich die Inanspruchnahme erst ab einem Verkaufspreis von 200 Euro. Wenn dann aber ein Verkäufer nicht darauf einsteigt – Hände weg von seinem Angebot.

Beschreibung

Eine andere Gefahr liegt in der Beschreibung des feilgebotenen Gegenstandes. Ist diese inadäquat, ist der Frust vorprogrammiert. Es ist deshalb gut zu wissen, dass nicht etwa der Auktionator die Ware beschreibt, sondern jeder Anbieter selbst. Auch der Zustand des Objekts – gebraucht, neu oder kaputt – wird von niemandem außer dem Anbieter selbst eingeschätzt.

Abb. 17-3: Der Anbieter beschreibt den Artikel

Alle Risiken kann man nie ausschließen, selbst wenn ein Foto den Gegenstand zeigt. Doch wer bewusst auf gewisse Details achtet, kann genauer bestimmen, wofür er letztlich bezahlt: Finden Sie z.B. heraus, ob Ihr Wunschobjekt taufrisch oder gebraucht ist, in welchem Zustand es ist und, bei Computer-Equipment, welche technischen Spezifikationen es aufweist.

Ganz wichtig: Klären Sie ab, ob nötige Kabel, Karten, Software, Handbücher etc. mitgeliefert werden. Was nützt etwa ein Modem, wenn entsprechende Treiber und Zusatzsoftware bei der Lieferung durch Abwesenheit glänzen? Da die Beschreibung kaum alle Ihre Fragen beantworten dürfte, schicken Sie dem Anbieter eine E-Mail. Bitten Sie ihn um ergänzende Hinweise zum Produkt oder zum Zustand, Alter, Neupreis oder den Versandkosten.

Preismanipulationen – Shill-Biddung

Neues Notebook für 1 , ein Mercedes A-Klasse für 100 - glauben Sie das? Das sollten Sie besser nicht tun, auch wenn das Anfangsgebot so lautet. Eine weitere Gefahr droht mit dem so genannten Shill Bidding. Dieser Ausdruck bezeichnet eine Preismanipulation, bei welcher der Anbieter selbst oder seine Komplizen durch Mitbieten den Preis künstlich in die Höhe treiben. Immer wieder sollen Computerhändler so ihre Ware Gewinn bringender als im Laden loswerden. Dabei handelt es sich um eine höchst einfache, kaum kontrollierbare Methode.

Die Strafen, die Shill Bidders blühen, sind hart: Der erste Fehltritt zieht ein 30-tägiges Zugangsverbot nach sich, die rote Karte bedeutet ewige Verbannung.

17.3 Zuschlag – so schützen Sie sich

Es müssen ja nicht immer so spektakuläre Fälle sein wie in Amerika, wo ein Online-Händler über eBay Figuren an Porzellanliebhaber verkaufte und die Sammler um mindestens 225 000 Dollar prellte. Er verschwand dann spurlos, nachdem er sein Konto leergeräumt hatte. Die Porzellanfiguren, die zum Teil über 1 000 Dollar kosten, wurden nie an die Kunden ausgeliefert.

Neben Fällen wie diesem, die eine gehörige Portion kriminelle Energie beim Anbieter vermuten lassen, gibt es auch die kleineren Vorfälle, wo die Grenzen zwischen geplantem kriminellem Vorgehen, simplem „Übers-Ohr-hauen" und reinen Missverständnissen fließend werden. Da gibt es die Digitalkamera, die als „fast neu" angepriesen wurde und der Käufer erst beim Auspacken feststellt, dass die Linse verkratzt ist. Oder den Computer, der nicht geliefert wird, obwohl schon längst bezahlt wurde.

Schließlich geht es in der Online-Welt nicht viel anders zu als in der restlichen Welt: Immer mischen sich unter die Mehrzahl der ehrlichen Käufer und Verkäufer auch eine Handvoll Schummler und Betrüger.

ebY ID-Karte pkamadeus (92)

Mitglied seit: Donnerstag, 01. Apr. 1999

Ort: Deutschland

Übersicht über die jüngsten Bewertungen

	Letzte 7 Tage	Letzter Monat	Letzte 6 Monate
Lob	0	3	47
neutrale Bewertungen	0	0	0
Negativ	0	0	0
Gesamt	**0**	**3**	**47**
Zurückgezogene Gebote	0	0	0

Abb. 17-4: Ratings sagen etwas über die Vertrauenswürdigkeit

- Die Vertrauenswürdigkeit eines Anbieters kann man auch anhand so genannter Ratings ablesen: Nutzer können nach Geschäftsabschluss Lob oder Kritik über ihren Geschäftspartner vermerken, und auf diese Weise Empfehlungen für andere Interessenten abgeben. Doch auch hier ist blindes Vertrauen unangebracht: So manch geschickter Betrüger konstruiert sich sein gutes Image auch selbst: er lässt sich einfach durch Freunde einschätzen – Objektivität adieu, das Schummeln kann losgehen.
- Wer nach Bezahlung keine Ware erhält, sollte die Schuld auch bei sich selbst suchen. Ein paar Euro drauf gelegt und das Treuhänderverfahren genutzt. So kann man diese Probleme nämlich wirklich ausschließen. Andere Zahlungsweisen sind einfach immer mit einem gewissen Restrisiko behaftet.
- Hat ein Produkt Mängel haben Sie es mit einem typischen Problem eines Distanzgeschäftes zu tun. Doch auch hier können Sie gegenüber dem Verkäufer einen Mangelgewährleistungsanspruch geltend machen. Sie können dann Nacherfüllung verlangen, eine Reparatur oder sogar Schadenersatz.
- Geht beispielsweise eine Uhr nach kurzer Zeit kaputt, ist der Verkäufer verpflichtet, diese zu ersetzen oder zu reparieren –

falls er ein Unternehmer ist. Bei Verkäufen von Privat an Privat funktioniert das nicht, da müssen Sie einfach mit gewissen Risiken leben.

- Anders als im reellen Verkauf können Sie sich Verkäufer und Ware nicht vorher ansehen. Aber der virtuelle Internet-Handel hat ja auch Vorteile: Sie bekommen ganz andere Preise als im Offline-Markt, schon allein wegen des größeren Einzugsgebietes. Das höhere Risiko korreliert hier also auch mit einem höheren Nutzen.

Safety First – Präventivmaßnahmen

Checkliste

✓ Vergleichen Sie trotzdem die Preise – etwa mit Discount-Märkten. Nicht jedes vermeintliche Schnäppchen ist auch eins. Der häufig angegebene Richt-, Laden- oder Neupreis ist vom Anbieter eingegeben und muss nicht im Geringsten die Tatsachen widerspiegeln. Informieren Sie sich direkt bei einem Händler oder beim Hersteller.

✓ Ein Blick in die Beurteilung des Anbieters durch andere Kunden gibt erste Hinweise auf die Vertrauenswürdigkeit. Mailen Sie den Verkäufer an, und stellen Sie weitere Fragen zum angebotenen Produkt, lassen Sie sich ggf. seine Telefonnummer geben.

✓ Vorsicht bei Vorkasse! Bei Beträgen über 200 Euro (Versicherungslimit bei eBay) sollte unbedingt ein Treuhandservice eingeschaltet werden.

✓ Bei Überweisungen ins Ausland – vor allem in osteuropäische Länder – ist besondere Vorsicht geboten.

✓ Setzen Sie sich ein oberes Limit für Ihre Gebote. So vermeiden Sie, dass Sie im Eifer des Gefechts zu viel bezahlen.

✓ Kaufen Sie in Online-Auktionen keine teuren Gegenstände. Weder das Internet-Auktionshaus noch Sie haben die Ware vorher zu Gesicht bekommen. Auch Bilder und Beschreibungen müssen nicht mit der Realität übereinstimmen.

✓ Melden Sie Unregelmäßigkeiten sofort dem Auktionshaus. Es könnte sein, dass Hacker Ihre Identität gestohlen haben und in Ihrem Namen Geschäfte machen.

Teil 5: Die mobile Revolution

18 Handy & Co – Welt ohne Strippen

Wenn Ihr Hund Sie für den besten Menschen der Welt hält, sollten Sie zur Sicherheit noch eine zweite Meinung einholen. Völlig sicher können Sie nach dem Lesen dieses Kapitels sein, dass Sie sich in der Welt der drahtlosen Kommunikation ein wenig besser auskennen.

Wir leben in einer Welt, in der Informationen nur noch ein paar Mausklicks entfernt sind. Mobile Telefone, Persönliche Digitale Assistenten (PDAs), wie Palm- oder Pocket-Computer und drahtlose Netzwerke, all diese Dinge haben die Welt ein bisschen bequemer gemacht. Doch das zeigt, dass nicht nur Computer durch Angriffe gefährdet sind, auch PDAs und Handys sind heute Ziel dieser Attacken. Lesen Sie in diesem Kapitel, welchen Gefahren Ihr Handy ausgesetzt ist und was Sie tun können, um vor 0190er-Fallen, SMS-Terror, Diebstahl und ähnlichem einigermaßen sicher zu sein. Erkennen Sie, warum auch bei PDAs ein Virenschutz immer wichtiger wird. Lernen Sie, Ihr drahtloses Netzwerk gegen Schnüffler und eingeschleuste Viren zu verteidigen. Ihre Zukunft hängt von Ihrem Wissen ab – tun Sie heute etwas dafür.

18.1 Hasenjagd – Saboteure im Funknetz

Nach der massenhaften Verbreitung des Mobilfunks und der drahtlosen Netzwerke haben Hacker, Cracker und Datenräuber ein neues Betätigungsfeld gefunden. Und dieses Feld beackern sie kräftig, kein Tag vergeht ohne Meldungen, dass Hacker in drahtlose Netze eingedrungen, neue Viren für PDAs erschienen oder Handys durch SMS lahmgelegt worden sind.

Getreu dem Motto: „Was man nicht sieht, gibt es auch nicht", stecken viele den Kopf in den Sand. Dabei sind die drahtlosen Kommunikationswege vielfältigen Gefahren ausgesetzt.

Unsichere Netze

„Falsche Hasen" werden Wireless Hacker genannt. Diese neugierigen Spitzohren versuchen auch in schlecht gesicherte drahtlose Heimnetzwerke einzudringen, die immer größere Verbreitung finden.

Ein drahtloses Netzwerk „spricht“ im Umkreis von bis zu maximal 500 Metern im Prinzip mit jedem Gerät, auch mit dem im Auto platzierten Notebooks eines Hackers, der auf der Straße vor Ihrem Haus oder Ihrer Wohnung parkt. Die Basisstation (Access Point) weist diesem Notebook eine IP-Adresse zu, zeigt ihm alle anderen Clients im Funk-LAN und beschenkt ihn sogar mit den Kodierungsschlüsseln, sofern der Hacker genügend Zeit hat. Die eigentliche Sicherheitsstruktur bestehend aus Firewalls und anderen Komponenten wird komplett ausgehebelt, weil der Saboteur sich per Funk als interner und legaler User ausgeben kann.

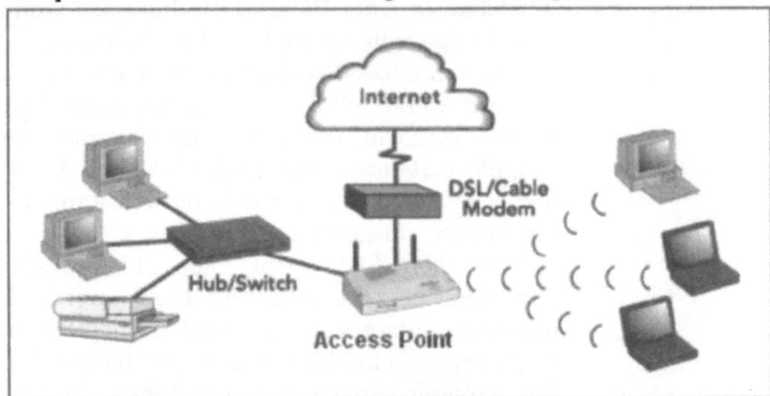

Abb. 18-1: Wireless LAN mit Access Point

Unternehmen schaffen sich die Datenschnüffler mit teueren Wireless Scannern und anderen Sicherheitssystemen vom Hals, ein Weg, der für das Heimnetzwerk zurzeit aus Kostengründen sicher noch nicht gangbar ist. Trotzdem sind Sie in drahtlosen Netzwerken nicht schutzlos diesen Angriffen ausgeliefert. Beachten Sie die folgenden Empfehlungen, um Ihre drahtloses Netzwerk sicherer zu machen:

- ***Verschlüsseln Sie Ihre E-Mails*** – immer mehr Hotels, Cafes oder Gaststätten bieten mit so genannten Hotspots drahtlosen Zugang zum Internet. Wie angenehm – dann können Sie bei einer Tasse Cappuccino gleich Ihre E-Mails verschicken. Angenehm auch für den Hacker am Nebentisch, der kann sie gleich mitlesen. Also: Drahtlose E-Mails grundsätzlich verschlüsseln.
- ***Benutzen Sie ein Virtual Private Network (VPN)*** – viele Unternehmen benutzen für den drahtlosen Anschluss an das

Firmennetzwerk ein VPN. Erkundigen Sie sich bei Ihrem Netzwerkverwalter, wie Sie sich dort einklinken können.

- ***Verschlüsselung aktivieren***– drahtlose Heimnetzwerke haben einen eingebauten Verschlüsselungsmechanismus. Oft muss diese Funktion aktiviert werden. Tun Sie's, bevor Schaden entsteht.
- ***Verwenden Sie eine Firewall*** – beim Kauf eines drahtlosen Netzwerks ist oft eine Firewall enthalten. Wenn nicht, verwenden Sie ein kommerzielles oder freies Produkt (über Firewalls können Sie sich ausführlich in Kapitel 6, ***PCs hinter Schloss und Riegel***, informieren).
- ***128-Bit-Verschlüsselung*** – Funk-Netzwerkkarten gibt es mit einer 64-Bit und einer 128-Bit-Verschlüsselung. 128-Bit-Karten kosten zwar etwas mehr, sind aber dafür sicherer.
- ***Passwort*** – was nützt Ihnen die beste Verschlüsselung, wenn Ihr Passwort leicht zu knacken ist. Lesen Sie in Kapitel 1, ***For your eyes only – ein Passwort einrichten***, wie Sie ein richtiges Passwort finden.

Killerviren auf dem PDA?

Nein, es gibt keine Virenschwemme auf mobilen Geräten – noch nicht jedenfalls. Aber es kann nicht schaden, gut vorbereitet zu sein auf Attacken und Datenklau. Auf Personal Computern sind Viren-Scanner schon lange ein Standard. Als stolzer PDA-Besitzer sollten Sie ihn auch auf Ihrem Organizer etablieren.

Der Brief an die Freundin, Ihre Adress-Datenbank oder wichtige Notizen – schützen Sie die Daten auf Ihrem PDA. Ihr Tagebuch veröffentlichen Sie auch nicht in der Zeitung. Hier sind ein paar sinnvolle Schutzprogramme:

VirusScan Wireless – ein Anti-Virus-Programm aus der McAfee Wireless-Produktreihe. Es bietet Virenschutz auch für mobile und Handheld-Geräte wie PalmPilots und PocketPCs, die mit Ihrem Netzwerk verbinden. Kommerzielle Software, Infos: www.mcafeeb2b.com/international/germany/default.asp.

PC-cillin Wireless Version for Palm OS - ein Virenscanner, der versucht PDA-Viren an jedem Eintrittspunkt abzuwehren – Beamen, Synchronisation, E-Mail, Internet Downloads. Das Realtime launch scanning wird aktiviert immer dann wenn Applikationen auf dem Device gestartet werden, so dass sich Viren nicht aktivieren können. Kommerzielles Produkt, Infos: http://www.trendmicro.de.

Symantec AntiVirus 2003 für Palm OS – bietet sehr guten Virenschutz auch für Handheld-Geräte. Virendefinitionen lassen sich über HotSync schnell und problemlos aktualisieren. Kommerzielles Produkt, Infos: www.symantec.de.

Kaspersky Anti-Virus für Palm OS – KAV erkennt und entfernt die ungebetenen Gäste problemlos. Obwohl die Software auf dem Palm selbst installiert ist, scannt sie sämtliche Programme, sogar auf externen Speicher-Medien. Nützlich ist der automatische Viren-Scan mit dem Desktop-Computer nach jedem Datenabgleich. Das Gleiche gilt für Daten, die über Infrarot übertragen werden. Kommerzielles Programm, Infos: www.kaspersky.com.

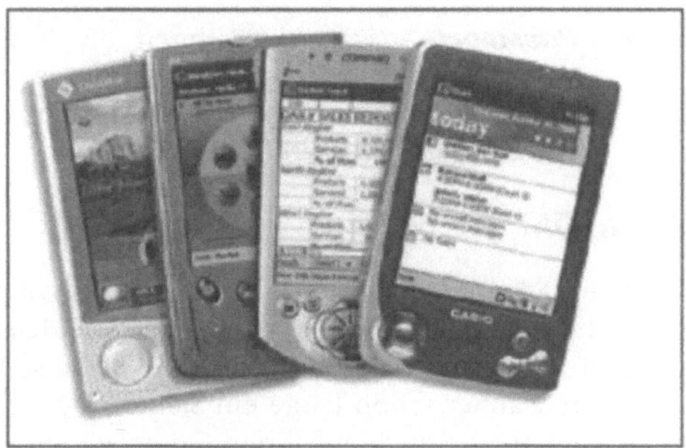

Abb. 18-2: PDAs in Gefahr

TopSecret für Palm OS – mit TopSecret bleiben Ihre Daten vor fremden Blicken geschützt. TopSecret setzt auf den in Palm OS integrierten Schutz auf: Es rüstet die fehlende Verschlüsselung nach. Die Software verschlüsselt die Daten mit 128 Bit. Selbst wenn Ihr PDA gestohlen wird, kommt der Dieb zumindest nicht an Ihre Daten. Kommerzielle Produkt, Infos: www.gdata.de.

18.2 Handy-Manie – Gefahren in der mobilen Funworld

Gefährdet sind nicht nur die PDAs und Pocket-Computer, auch das Handy ist in Gefahr. Und diese Gefahr ist sehr mannigfaltig, wie Sie noch erkennen werden.

Abb. 18-3: Handys sind als nächstes dran

Handy-Viren? Gibt es so etwas überhaupt?

Nein, noch gibt es sie nicht. Die derzeit gebräuchlichen GSM-Mobilfunkgeräte sind absolut virensicher. Das hat vor allem zwei Gründe:

- Die Handy-Software lässt sich nicht drahtlos über das Mobilfunknetz, sondern nur per Kabel und in Spezialwerkstätten manipulieren. Zugriff auf das SIM-Toolkit (Subscriber Identity Module) hat nur der Netzbetreiber.
- Mit den aktuellen Handys lassen sich keine Programme übertragen.

Was da als so genannte Handy-Viren durch die Presse geistert, sind nichts weiter als spezielle Kurznachrichten (SMS), mit denen die Absender allerlei Schabernack treiben. Das Problem entstand, als Handy-Hersteller damit begannen Funktionen einzubauen, die das Aktualisieren der SIM-Karte per SMS ermöglichten. Damit ist es auch möglich, die Grundeinstellungen des Handys zu ändern, oder das Gerät so zu verwirren, dass sinnlose Zeichen auf dem Display erscheinen oder es seinen Dienst einstellt.

Zurzeit ist es mit diesen SMS-Späßen nur möglich das Handy durch einen Speicherüberlauf abstürzen zu lassen. Das ist extrem nervig. Das Handy reagiert dann nicht mehr auf Benutzereingaben und lässt sich auch nicht mehr abschalten. Dumm, wenn so etwas mitten in einem Gespräch passiert und sich das Telefonat nicht mehr beenden lässt. Sollte sich Ihr Handy eine solche SMS mit so genannten ICM-Symbolen (Indicator Control Message) eingefangen haben, gibt es folgende Lösungsmöglichkeiten:

- Um sein Gerät nach dem Absturz wieder in Gang zu bringen, entfernen Sie den Akku und setzt ihn wieder ein. Falls das Handy wieder einfriert, schickt Ihnen ein übelmeinender Absender eine Serie von SMS-Schädlingen. Dann heißt es: SIM-Karte in ein anderes Handy stecken und alle Nachrichten löschen.
- ICM-Symbole lassen sich durch spezielle SMS der Provider wieder löschen. Melden Sie die Störung bei der Hotline Ihres Mobilfunkbetreibers.
- Einen kostenlosen Löschservice bei störenden Display-Meldungen erhalten Sie Hilfe auf den Web-Seiten von 2way Interactive (www.2way.de).
- Melden Sie den Vorfall Ihrem Mobilfunkbetreiber. Dieser kann bösartige SMS-Nachrichten herausfiltern.

GPRS-Handys erleichtern Attacken

GPRS-Mobiltelefone sind aufgrund ihrer erhöhten Übertragungsgeschwindigkeit empfänglicher für Angriffe. Mit Einführung des WML-Standards 1.2 können Programme auf WAP-Handys übertragen werden. Das eröffnet Hackern die Möglichkeit künftig Viren in das mobile Endgerät einzuschleusen. Die ersten Virusattacken werden noch harmlos ausfallen, weil die verschiedenen WAP-Gateways, Server und andere Mobilfunkkomponenten noch zu unterschiedlich sind. Mit zunehmender Standardisierung verbessern sich jedoch die Ausbreitungsbedingungen für Handy-Viren. Mögliche Gefahren:

- Telefonbuch ändern: Nummern löschen, verändern oder hinzufügen.
- Manipulation verschiedener Handyfunktionen

Smartphones – Hacker lieben Microsoft

Mit diesen Geräten kann ihr Anwender mobil im Internet surfen, E-Mails verschicken, Musik und Videos abspielen sowie Daten zwischen PCs und Multimedia-Telefonen austauschen. Smartphones sind mit intelligenten Betriebssystemen und PC-ähnlichen Programmen ausgestattet. Damit bieten sie Viren einen idealen Nährboden. Noch kämpfen die Betriebssysteme PalmOS, EPOC und demnächst Stinger von Microsoft um die Vorherrschaft. Sollte sich das von Microsoft propagierte Handy-Betriebssystem Stinger durchsetzen, würde dies sicher eine Menge Virenschreiber anziehen. Denn Hacker attackieren meist Systeme, die populär und zugänglich sind.

Auch bei der nachfolgenden UTMS-Generation erwartet die Benutzer ein beträchtliches Risiko. Wenn schon die Sicherheit von persönlichen Daten auf Desktop-PCs nicht hundertprozentig gewährleistet ist, wie sieht es dann mit der persönlichen Datensicherheit bei mobilen Endgeräten aus? Sicherheitsexperten warnen bereits jetzt vor neuen, mobilen Viren oder unsicheren M-Commerce-Anwendungen. Sicher ist, dass die Handys oder Digitalen Assistenten der nahen Zukunft mit überaus zahlreichen Funktionen ausgestattet sein und neben E-Mail-, Kommunikations- und Surfanwendungen auch private Organizer enthalten werden.

Handy kaputt? – was tun?

Wenn Sie Ihr Handy zur Reparatur geben, sollten Sie daran denken, dass Sie in seinem Speicher sowohl private als auch geschäftliche Telefonnummern und Adressen abgelegt haben. Beim Abholen des Geräts müssen Sie dann vielleicht feststellen, dass die Speicher nicht mehr die eigenen, sondern fremde Daten enthalten. Denn oftmals erhält der Kunde ein Austauschgerät, damit er nicht auf die Reparatur seines eigenen Handys warten muss.

Dieses an sich kundenfreundliche Verfahren kann also dazu führen, dass ein Fremder, der im Austausch Ihr Handy erhält, auch in den Besitz Ihrer Daten kommt.

- Löschen Sie besonders schützenswerte Daten, die in Ihrem Handy gespeichert sind, bevor Sie es zur Reparatur geben, wenn Sie verhindern wollen, dass Fremde von diesen Daten Kenntnis bekommen. Ist eine Löschung beispielsweise wegen technischer Probleme nicht mehr möglich, sprechen Sie mit Ihrem Händler darüber. Eventuell müssen Sie vertraglich vereinbaren, dass die gespeicherten Daten durch ihn oder den Reparaturservice gelöscht werden.

- Viele Handys können Rufnummern sowohl in der Chip-Karte (SIM) als auch im Gerät selbst speichern. Ist das bei Ihrem Handy möglich, sollten Sie vertrauliche Telefonnummern in der Karte speichern und diese bei einer Reparatur aus dem Gerät nehmen. Über die Verwendung dieser Telefonbuchfunktion sollte die Gebrauchsanleitung des Handys Auskunft geben.

18.3 Schlechte Nachrichten – SMS-Terror und Werbemüll

Piep-piep, Piep-piep. Sie haben eine Kurzmitteilung erhalten. "Hallo, ich habe bereits versucht dich zu erreichen. Bin jetzt unter 01 90 83 95 70 zu erreichen". Betätigen Sie jetzt die Rückruffunktion dürfte Ihre nächste Telefonrechnung etwas höher ausfallen als gewöhnlich. Hinter der Rufnummer, einer 0190-8er Nummer, die vom Festnetz aus 1,855 /min und vom Handy gut und gerne schon mal das Doppelte kostet, verbirgt sich ein Tonband, das den Anrufer so lang wie möglich in der Leitung halten soll.

Oder: „Sie haben einen Hotelgutschein über 500 Euro gewonnen! Melden Sie sich bei 0190 ...!“ Das liest sich gut. Das dicke Ende haben Sie als vermeintlicher Glückspilz allerdings noch vor sich – wenn Sie unvorsichtig genug sind, die Nummer anzurufen: Der vermeintliche Gutschein entpuppt sich dann als Lockangebot – und Sie zahlen horrende Gesprächsgebühren.

SMS wie diese gibt es in unzähligen Varianten und die Flut steigt. Klar – Sie können lästige Werbe- und Flirt-SMS einfach löschen und vergessen. Dann haben Sie allerdings nur wenig in der Hand, wenn Ihnen irgendwann der Kragen platzt und Sie sich wehren wollen. Hier ein paar Tipps:

- Bei Spam-SMS oder unaufgefordert zugesandten SMS nehmen Sie kurz den Akku heraus und schalten das Gerät danach wieder ein.
- Sie können selbstverständlich bei Ihrem Provider auch eine neue Telefonnummer beantragen ohne Telefonbucheintrag. Das ist leider mit Kosten verbunden.
- Sie können sich bei unerwünschter SMS-Werbung auch in die so genannte Robinson-Liste eintragen: www.sms-robinsonlist.de oder www.free-sms.de. Ob es hilft ist fraglich.

- Bei obszönen oder beleidigenden SMS bleibt Ihnen in der Regel nur der Weg zur Polizei. Diese kann bei Ihrem Provider Nachforschungen anstellen, wer Ihnen die SMS schickt. Dies geht sogar bei SMS, die von freien Internet-Diensten kommen.
- Auch wenn Sie nicht sofort etwas unternehmen wollen, sollten Sie die Daten der SMS notieren und aufbewahren. Besonders wichtig: die Absender-Kennung. Sie wird allerdings manchmal von den Werbe-Firmen gelöscht. Die 0190-Nummer ist dann der einzige Anhaltspunkt – es sei denn, sie führt zu einem ausländischen Betreiber. Gegen den lässt sich dann juristisch oft nichts ausrichten.
- Wenn Sie sich durch Werbe-SMS belästigt fühlen, können Sie sich auch an Institutionen wenden, die solche Beschwerden sammeln und die betroffenen Werbe-Firmen abmahnen. Beispiele: Zentrale zur Bekämpfung des unlauteren Wettbewerbs e.V., Landgrafenstraße 24 B, 61348 Bad Homburg oder www.verbraucherschutzverein.de.

Im Gegensatz zur brieflichen Werbung sind Werbe-SMS in Deutschland verboten. Auch bei SMS-Müll gilt die Regel Nr. 1 der E-Mail-Werbung: Antworten Sie niemals auf eine Werbebotschaft. Widerstehen Sie der Versuchung eine Protest-SMS zurückzuschicken. So erfährt der Absender, dass das Handy genutzt wird und die Nachricht gelesen wurde.

18.4 Handycap – Schnüffler, Diebe, Cloner & Lauscher

Vorbei sind die guten alten Zeiten, als es beim Telefonieren noch in der Leitung knackte und man im Scherz sagte: „Hör mal, wir werden abgehört." Heute macht man über so was keine Scherze mehr. Es knackt auch nicht mehr in der Leitung, abgehört wird trotzdem. Auch beim Telefonieren mit dem Handy können Sie nicht mehr davon ausgehen, dass die Informationen vertraulich bleiben.

Big Brother im Funknetz – Feind hört mit

Sie sind gerade unterwegs, um einige Besorgungen zu erledigen, da klingelt Ihr Handy. Ihre Frau ist dran und hat – mal wieder – die Geheimzahl zu Ihrem gemeinsamen Konto vergessen. Ein Glück haben Sie das Handy dabei, so können Sie alles gut klären. Doch halt, war da nicht was? Dämmert da nicht etwas im

Hinterstübchen? Kann man das Handys nicht abhören? Jetzt sind Sie verunsichert.

Und Ihre grauen Zellen haben ganz recht: Da ist was dran. Handys sind entgegen aller Versprechungen genauso sicher, oder besser gesagt unsicher wie normale Telefonanlagen. Jeder Mensch, der ein elektronisches Lauschgerät (auch IMSI-Catcher genannt) besitzt, kann das Handy-Gespräch in Echtzeit verfolgen. Zwar dürfen solche Lausgeräte nur von bundesdeutschen Behörden zur Strafverfolgung eingesetzt werden, aber welchen Mafiosi interessiert das schon? Einen so genannten Frequenz-Catcher kann man ganz einfach im Fachhandel erwerben, das ist kein Problem. Sollte jemand eine solche Wunderbox besitzen und in Ihrer Nähe lauern, kann er die sorglos diktierte Geheimzahl des Bankkontos mitschreiben. So könnte Ihr Bankkonto bald um einige Euro ärmer sein.

Das beunruhigt Sie? Sollte es auch. Der einzige wirksame Schutz gegen das Abhören des Inhaltes von Telefonaten ist die netzübergreifende Ende-zu-Ende-Verschlüsselung. Da diese Verschlüsselung aber nicht realisiert ist, kann jede Verbindung, ob im Festnetz oder im Mobilfunknetz, potenziell abgehört werden. Folgende Maßnahmen können zur Verringerung der Gefährdung empfohlen werden:

- Legal ist die Lauscherei nur, wenn sie von staatlicher Seite betrieben wird. Die Betonung liegt hierbei auf „legal". Achten Sie also in Zukunft genau darauf, was Sie am Telefon sagen. Überlegen Sie zweimal, ob Sie vertrauliche Daten nicht lieber in einem persönlichen Gespräch mitteilen. Das ist einfach sicherer.
- Wechseln Sie im Verdachtsfall das Mobiltelefon.
- Prüfen Sie den Einzelverbindungsnachweis auf unbekannte Rufnummern hin. Überprüfen Sie auch, ob alle Gesprächsgebühren dem Teilnehmer in Rechnung gestellt wurden. Fehlende Gebühren für bestimmte Verbindungen können auf Abhören hindeuten.

Auch für den Normalbürger ist es möglich, sich als James Bond zu fühlen, zumindest, was das Mithören von Gesprächen betrifft, die über jegliche Art von Funkwellen geführt werden, ob per CB- oder Mobilfunk, Schnurlosem Telefon, Handy geführt, oder auch auf den Funkwellen der Sanitätsorganisationen. Nur relativ gering sind die Investitionen, um sich beispielsweise einen leistungsfähigen Funkscanner zuzulegen. Die kleinen, aber feinen elektronischen Lauscher sind bereits für unter 250 Euro völlig legal zu erwerben.

Lauschen statt plauschen – das Handy als Wanze

Ein Handy kann mit einfachen Mitteln als Wanze verwendet werden. Bei einigen marktüblichen Handys muss man hierfür lediglich zwei Leistungsmerkmale gleichzeitig aktivieren und eine transportable Freisprecheinrichtung anschließen. Und fertig ist die unauffällige Abhöreinrichtung.

Sind bei einem „liegengelassenen" Handy die Funktionen „Automatische Anrufannahme" und „Lautlosbetrieb" aktiviert, kann von außen sogar zu einem beliebigen Zeitpunkt abgehört werden. Erst ein Anruf versetzt das Handy dann in den Gesprächszustand. Zwar schließen sich bei vielen Geräten diese Funktionen gegenseitig aus und die automatische Anrufannahme kann im allgemeinen nur in Kombination mit einer Freisprecheinrichtung genutzt werden; aber durch eine geschickte Auswahl von Ruftonoptionen und dem Einsatz von Mikrofon und Ohrhörer kann der beschriebene Effekt trotzdem erreicht werden. Somit ist ein Handy allein durch die Nutzung von Standardmerkmalen und frei verfügbarer Technik schon als recht leistungsfähiges Abhörgerät zu betreiben. Hier sind ein paar Tipps, wie Sie sich in solchen Situationen richtig verhalten:

- Es ist zwar strafbar, eine solche Wanze zu verwenden. Da dies aber nicht jeden abschreckt, sollten Sie bei vertraulichen Besprechungen auf eingeschaltete Handys im Raum achten. Geräte, die zuverlässig anzeigen, ob ein Handy in der Nähe sendet, sind leider nicht für jeden Geldbeutel erschwinglich, im professionellen Umfeld bei vertraulichen Gesprächen aber zu empfehlen.
- Das Ausschalten des Mobiltelefons reicht als Schutz nicht aus, da im Manipulationsfall ein unbemerktes Einschalten über Funk nicht mit hinreichender Sicherheit ausgeschlossen werden kann. Eine solche ungewollte Inbetriebnahme lässt sich allein durch das Entfernen des Akkus unterbinden.
- Aktive Mobiltelefon-Detektoren, die auch Mobiltelefone im Ruhebetrieb (Standby) erkennen können, sind ebenfalls sinnvoll. In Deutschland gibt es zurzeit für diese Geräte aber keine Betriebserlaubnis.

- Ähnliches gilt auch für Computer. Wenn ein Mikrofon angeschlossen bzw. eingebaut ist und ein Spionage-Programm aktiv ist, das ähnlich wie ein Virus auf einem PC eingeschleust werden kann, können Gespräche über eine Telefonleitung oder das Internet übertragen werden. Bei besonders vertraulichen Besprechungen sollten Sie also die Computer ausschalten.

SIM-Karte weg – was nun?

Die SIM-Karte wird oft auch als Mobilfunk-Karte bezeichnet. Dieses Modul zur Identifizierung eines Teilnehmers wird Ihnen vom Netzbetreiber zur Verfügung gestellt. Die Karte müssen Sie ins Mobilfunk-Gerät einlegen. Hier sind die Informationen gespeichert, mit denen Sie sich nach Eingabe der PIN in Ihrem Mobilfunk-Netz anmelden. Sie können – sofern diese Funktion von Ihrem Mobilfunk-Gerät unterstützt wird – auf der SIM-Karte auch persönliche Daten wie Adressen und Telefonnummern speichern. Dadurch stehen auch nach einem Wechsel des Handys diese Daten zur Verfügung.

Gelangt ein Unbefugter in den Besitz einer SIM-Karte (z.B. durch Fund oder Diebstahl), kann er, sofern ihm die persönliche Geheimzahl PIN bekannt ist, auf Kosten des rechtmäßigen Karteninhabers telefonieren. Auch die Daten im Telefonbuch oder die Kurznachrichten, die auf der SIM-Karte gespeichert sind, können dann gelesen werden.

Für den Fall, dass Ihnen das Handy samt Karte gestohlen wurde, oder Sie einfach Ihre Karte verlegt oder verloren haben, sollten Sie auf jeden Fall folgende Dinge beachten:

- Bei Verlust der SIM-Karte sollte sofort beim Netzbetreiber eine Kartensperre veranlasst werden, um einen eventuellen Missbrauch, und damit auch einen persönlichen Schaden, abzuwehren.
- Wenn Sie einen Vertrag mit einem Service-Provider abgeschlossen haben, dann ist dieser auch für die Sperrung Ihrer Karte verantwortlich und nicht etwa der Netzbetreiber.
- Das Mobiltelefon und die SIM-Karte sollten stets sicher aufbewahrt werden. Die PIN darf keinesfalls zusammen mit der Karte aufbewahrt werden.
- Zeigen Sie einen Diebstahl immer an. Einige Netzbetreiber oder Service-Provider verlangen einen Nachweis, dass Sie

den Diebstahl angezeigt haben, bevor sie die Karte kostenlos ersetzen und eventuell für Kosten bei Missbrauch aufkommen.

- Um eine Sperrung der Karte zu beschleunigen und zu erleichtern, sollten Sie immer Ihre Mobilfunk-Nummer und Ihr Kundenpasswort bei sich haben.

Bewegungsprofile – wir wissen, wo Sie sind

Eines vorweg: Geortet werden Sie immer, wenn Sie Ihr Handy auch nur eingeschaltet haben. Die Möglichkeit ein Handy zu orten, liegt bereits im Wesen der mobilen Kommunikation. Damit man überhaupt mit einem Handy telefonieren kann, muss es ein Netz haben. Dazu bucht sich das Handy bei einer Basisstation ein.

Abb. 18-4: Die Handy-Ortung ist technisch kein Problem

Das sogenannte GSM-Netz besteht aus einer Vielzahl von solchen Stationen. Da sich das Handy immer in die nächstgelegene Basisstation einbucht, kann man ein Handy darüber ziemlich genau orten. Schließlich bucht sich das Handy dort mit seinen gesamten Daten ein.

Diese Daten sind natürlich erst einmal nicht für jeden einzusehen. Sie laufen aber bei Ihrem Mobilfunkbetreiber ein und werden dort bis zu einem halben Jahr gespeichert. Auf diese Daten kann dann zum Beispiel die Kriminalpolizei zurückgreifen. Der

Mobilfunkbetreiber muss sogar nach richterlicher Genehmigung eine Überwachung ermöglichen.

Was auf den ersten Blick vielleicht praktisch und vernünftig aussieht, hat leider einen kleinen Haken: Nicht nur das Handy kann geortet werden, sondern der Benutzer gleich mit. Das öffnet der Bewachung Tür und Tor.

Doch Halt! Bevor Sie gleich in Panik ausbrechen, so einfach geht das nicht. Die Handy-Ortung wird nur von der Polizei bei Zielfahndungen eingesetzt. Wenn Sie diesen Dienst nutzen möchten, müssen Sie sich an Ihren Mobilfunk-Anbieter wenden und sich registrieren lassen. Das geht allerdings ganz einfach per SMS. Das bedeutet: Möchte ein Unbefugter Ihr Handy orten, muss er es zunächst für den Dienst registrieren und dafür Ihr Handy in die Hände bekommen. Und das lässt sich natürlich leicht verhindern:

- Geben Sie Ihr Handy nie weiter (auch nicht leihweise) und lassen Sie es nie unbeaufsichtigt irgendwo liegen (auch nicht bei Freunden oder im Büro). Damit wären Sie als normaler Benutzer aus dem Schneider.
- Sollte es aber dennoch einmal so weit gekommen sein, dass jemand für Ihr Handy den Ortungs-Dienst freigeschaltet hat, so ist dem einfach auf die Schliche zu kommen. Der Dienst ist nämlich kostenpflichtig (Ausnahme ist der Handy-Finder von Loop). Die Abrechnung erfolgt mit der Handy-Rechnung. So können Sie – wenn auch erst im Nachhinein – sehen, ob jemand unbefugter Weise die Handy-Ortung benutzt und Sie heimlich bespitzelt hat.
- Wird die Erstellung von Bewegungsprofilen, z.B. in einer Firma, als Gefährdung angesehen, dann sollten, falls umsetzbar, die Mobiltelefone und auch die SIM-Karten häufiger unter den Mitarbeitern getauscht werden. So wird eine Zuordnung der Geräte und Karten zu einem bestimmten Nutzer zumindest erschwert.
- Soll der Aufenthaltsort zu bestimmten Zeiten unentdeckt bleiben, hilft nur ein Ausschalten des Mobiltelefons. Um ganz sicher zu sein, sollten Sie den Akku entfernen.

Lange Finger – und plötzlich ist das Ding weg

Mobil telefonieren, rund um die Uhr erreichbar sein – alles schön und gut. Aber was ist zu tun, wenn das Handy plötzlich weg ist? Viele Benutzer sind dann ratlos und das ist nicht gut, denn gerade jetzt zählt jede Minute, sonst kann es ganz schön teuer werden.

Erste Maßnahme: Wenn Sie einen Kartenvertrag abgeschlossen haben und zu Hause oder unterwegs das Handy vermissen, lassen Sie sofort bei Ihrer Telefongesellschaft die Karte und das Handy sperren. War nämlich das Handy eingeschaltet, müssen Sie die Telefonate des Diebes oder Finders so lange zahlen, bis die Karte gesperrt ist. Das kann ins Geld gehen, denn auch für Auslandsgespräche müssen Sie zahlen.

Schalten Sie generell das Handy aus, wenn Sie es unbeaufsichtigt liegen lassen. Da der Dieb in der Regel die Geheimzahl (PIN) nicht kennt, kann er zumindest keine Telefonkosten verursachen.

Um auf den Anruf bei der Hotline vorbereitet zu sein, benötigen Sie ihre eigene Mobilfunk-Rufnummer, die Kundennummer, Ihr Passwort sowie die so genannte IMEI (International Mobile Equipment Identifier). Das ist die unverwechselbare und einmalige Seriennummer Ihres Mobiltelefons. Es gibt drei Möglichkeiten, diese 15-stellige Nummer in Erfahrung zu bringen:

- Sie erscheint nach Eingabe von *#06# bei fast allen Handys auf dem Display.
- Sie ist unter dem Handy-Akku aufgedruckt.
- Sie steht auf der Originalverpackung.

Diese Nummer sollten Sie sich nach Auspacken des Handys an einem unverdächtigen Ort notieren.

Abb. 18-5: Die IMEI-Nummer

Weniger Scherereien bereitet der Verlust einer Prepaid-Karte. Hier ist der Schaden nie größer als die Höhe des verfügbaren Guthabens. Und wenn Sie in Europa irgendwo eine Prepaid-Karte brauchen, können Sie auch die Karte eines ausländischen Netzbetreibers nehmen. Die funktioniert auch in Ihrem Handy.

Weitere Maßnamen gegen Handy-Diebe:

- Verraten Sie die PIN niemanden, auch nicht dem besten Freund. Diese Nummer ermöglicht schließlich den vollen Zugriff auf das Handy.
- Zeigen Sie einen Diebstahl grundsätzlich an. Eine Anzeige bei der Polizei hilft Ihnen den Schaden zu begrenzen, denn manche Telefongesellschaften stellen Ihnen dann bei missbräuchlicher Kartenbenutzung nur 50 Euro in Rechnung. Außerdem benötigen Sie den Nachweis über eine Anzeige, um eine neue Karte zu bekommen.
- Vielleicht ist es sinnvoll die Anrufsperre auf Ihrem Handy zu aktivieren. Unter Einstellungen „Sicherheit – Anrufsperre" finden Sie diese Option. Dann können Sie zwar angerufen werden, selbst telefonieren kann man aber nur noch nach Eingabe der PIN. Der Dieb kann so gar nichts mit Ihrem Handy anfangen.
- Der beste Tipp ist immer noch: Bewahren Sie Ihr Handy sicher auf. Es ist zwar schick, ein wenig mit dem Handy zu telefonieren und es auf den Tisch zu legen, damit jeder Ihr Model bewundern kann. Aber damit machen Sie potentielle Diebe erst recht auf Ihr Telefon aufmerksam. Wenn sie es also nicht gerade zum Telefonieren brauchen: ab in die Tasche. Reißverschluss zu und alles ist gut.

Safety First – Präventivmaßnahmen

Checkliste

✓ Schicken Sie niemals unverschlüsselte E-Mails über ein drahtloses Netzwerk.

✓ Aktivieren Sie die Verschlüsselungsfunktion in Ihrem drahtlosen Heimnetzwerk. Benutzen Sie eine Netzwerkkarte mit einer Verschlüsselung von 128-Bit.

✓ Betätigen Sie bei einer Werbe-SMS in keinem Fall die Rückruffunktion. Sie landen nur bei einer 0190er-Nummer, das wird teuer.

✓ Übersteigt die Belästigung durch Werbe-SMS ein erträgliches

Maß, wenden Sie sich an die nächste Verbraucherberatung.

- ✓ Veröffentlichen Sie Ihre Handy-Nummer nicht unnötig oft, schon gar nicht in Klein- oder Kontaktanzeigen.

- ✓ Achten Sie bei vertraulichen Besprechungen in einem Raum auf eingeschaltete Handys oder Computer. Diese können die Informationen ganz leicht nach außen tragen.

- ✓ Übermitteln Sie keine vertraulichen Informationen über das Handy. Die Gefahr abgehört zu werden ist durchaus real.

- ✓ Bei Verlust oder Diebstahl des Mobiltelefons kann der Netzbetreiber die weitere Nutzung des Mobiltelefons unterbinden. Hierzu benötigt er die Angabe der Gerätenummer (IMEI). Sie steht häufig auf der Rückseite des Gerätes und sollte daher notiert und unabhängig vom Gerät aufbewahrt werden.

Zum Schluss

Das Leben ist kein bunter, schöner, gerader Gang, den wir ungehindert frei durchschreiten können, sondern ein Labyrinth aus Korridoren, durch die wir unseren Weg bahnen müssen, verirrt, verwirrt und immer aufs Neue in Sackgassen gefangen. Das scheint besonders auf den Umgang mit modernen Medien zuzutreffen.

Kein Buch ist jemals vollständig, aber an dieser Stelle soll erst einmal Schluss sein. Damit ist das Thema aber noch lange nicht vom Tisch. Die hier gezeigten Gefahren, Fallen und Fußangeln werden uns noch lange Zeit weiter beschäftigen. Es ist besser, wenn Sie dann wissen, was zu tun ist.

Das ist nicht das Ende, nicht einmal der Anfang vom Ende – höchstens das Ende vom Anfang. Bleiben Sie wachsam!

Schlagwortverzeichnis

D

E

F

R

S

T

U

V

W

X

Y

Z